Erziehung zur Wehrpflicht?

Europäische Hochschulschriften
Publications Universitaires Européennes
European University Studies

Reihe XI
Pädagogik

Série XI Series XI
Pédagogie
Education

Bd./Vol. 84

PETER D. LANG
Frankfurt am Main · Bern · Cirencester/U.K.

Ingrid Anker
Fritz Zelinka

Erziehung zur Wehrpflicht?

Eine Inhaltsanalyse sicherheitspolitischen Lehrstoffs in Sozialkundebüchern der Bundesrepublik Deutschland

PETER D. LANG
Frankfurt am Main · Bern · Cirencester/U.K.

CIP-Kurztitelaufnahme der Deutschen Bibliothek

Anker, Ingrid

Erziehung zur Wehrpflicht? : Eine Inhaltsanalyse sicherheitspolit. Lehrstoffs in Sozialkundebüchern d. Bundesrepublik Deutschland / Ingrid Anker ; Fritz Zelinka. - Frankfurt am Main, Bern, Cirencester/U.K. : Lang, 1980.
(Europäische Hochschulschriften : Reihe 11, Pädagogik , Bd. 84)
ISBN 3-8204-6741-6
NE: Zelinka, Fritz F.:

ISBN 3-8204-6741-6

INHALTSVERZEICHNIS Seite

Seite

Zur Einführung

In parlamentarischer und öffentlicher Diskussion wird das Ansteigen der Quote der Kriegsdienstverweigerer gegen Ende der 70er Jahre besonders häufig mit dem Versagen des bundesdeutschen Bildungssystems, seiner Einrichtungen und seines Lehrkörpers begründet. Argumentiert wird vielfach mit zumeist unüberprüften Verallgemeinerungen: die Schule betreibe einseitige Indoktrination; der heutigen Jugend mangele es an elementaren Kenntnissen und Orientierungen, aufgrund derer es ihr überhaupt erst möglich sein könne, die vom Staat an den jungen Bürger herangetragenen sicherheitspolitischen Anforderungen abzuschätzen und den persönlichen Beitrag zur Aufrechterhaltung von Frieden, Demokratie und Freiheit im Rahmen der eigenen Wertvorstellungen einzuordnen! Welcher Wahrheitsgehalt verbirgt sich aber hinter diesen oder ähnlichen Behauptungen? Ist die Schule eine staatlich getragene Institution, die dem jungen Bürger in der Tat jene wesentlichen Informationen vorenthält, aufgrund derer er erst in die Lage versetzt werden kann, diejenigen Komponenten zu beurteilen, die seine politische und gesellschaftliche Sicherheit über Jahre hinaus bestimmen? Davon ausgehend, daß die in der Schule bewirkten Sozialisationsprozesse vor allem im kognitiven Bereich von Qualität und Quantität der abgegebenen Information gesteuert werden, muß eine Analyse, die oben gestellter Frage nachgeht, ihr Augenmerk vornehmlich auf Inhalte, Strukturen und Prozesse der Wissensvermittlung richten. Unterscheidet man hierbei zwischen Vermittlungsmedien, Lehrinhalten, Vermittlungsfunktionen und Vermittlungsagenten, bleibt anzumerken, daß ein solches Vorgehen das Gebiet der Wirkungsforschung noch nicht betritt; es beschränkt sich auf die Sicherung und Beurteilung des Informationsangebots, vernachlässigt Situation und Umfeld, in welchem die Information abgegeben wird weitgehend und fragt schon gar nicht nach dem, was beim Rezipienten dann auch tatsächlich ankommt. Insofern ist es bescheiden. Der Vorteil eines solchen Ansatzes mag aber darin gesehen werden, daß er in hohem Maße nachvollziehbare Interpretationsgrundlagen erbringt und im Rahmen des derzeit Machbaren verbleibt.

Während sich der hiermit vorgelegte Band 'Erziehung zur Wehrpflicht?', der eine behutsame Neubearbeitung des Berichtes 14 des Sozialwissenschaftlichen Instituts der Bundeswehr 'Sicherheitspolitik in den Schulen' darstellt, allein auf das Vermittlungsmedium 'Sozialkundebuch' beschränkt und versucht, das darin enthaltene Lehrstoffangebot sicherheitspolitischer Inhalte mit inhaltsanalytischen Methoden so aufzubereiten, daß dieses sowohl überschaubarer als auch einer Bewertung zugänglich wird, bleiben Vermittlungsfunktion und Vermittlungsagenten der Anschlußuntersuchung 'Lehrauftrag: Sicherheitspolitik und Landesverteidigung?', welche sich auf eine Anfang 1979 bei 877 Lehrern durchgeführte Befragung stützt, vorbehalten.

Es ist unmöglich, ein Buch dieser Art zu schreiben, ohne einer großen Anzahl von Kollegen verpflichtet zu sein. Diese Verpflichtung ist offensichtlich, wo wir die Arbeiten anderer zitieren. Darüber hinaus trugen zum Gelingen der in 'Erziehung zur Wehrpflicht?' vorgestellten Inhaltsanalyse mehrere Mitarbeiter des Sozialwissenschaftlichen Instituts der Bundeswehr maßgebend bei: Dr. Heidelore Dillkofer, Agnes Sturhan, Ingrid Welcker, Dr. Simon Andrä und Dr. Detlef Bald. Ihnen danken wir für konstruktive Hilfestellung bei der Entwicklung und mehrmaligen Überprüfung des Kodierplans sowie für die Übernahme von Kodierarbeiten. Der Leiter des SOWI, Dr. Ralf Zoll, hat den Fortgang der Untersuchung durch Kritik und Ermunterung gleichermaßen gefördert; Dipl.-Psych. Karl Hegner verwandte viel Zeit darauf, die erforderlichen EDV-Rechengänge im statistischen Bereich zu progammieren und durchzuführen. Beiden danken wir ebenso herzlich wie Ursula Döbereiner, die einen Teil der umfangreichen Tabellen auf Composer setzte, und Fanny Ziegler, die das umfassende Manuskript in die vorliegende Reinschrift übertrug.

In die überarbeitete Fassung des Berichtes 14 des SOWI, den vorliegenden Band 'Erziehung zur Wehrpflicht?', ließ Frau Welcker wesentliche Gesichtspunkte aus ihrem pädagogischen Erfahrungsschatz und Anregungen, die der Abrundung der getroffenen Ansätze und Aussagen dienten, einfließen; ihr gilt unser besonderer Dank.

München, im Januar 1980 — I.A. und F.F. Z.

Teil I: Problemzusammenhang und forschungsleitende Fragen

Der Zugang zum Untersuchungsthema "Erziehung zur Wehrpflicht?" ist über eine Vielzahl von gedanklichen Ansätzen möglich. Dem Verständnis folgend, welches dieser Studie zugrundeliegt, ist beabsichtigt, nicht nur empirisch erhobenes Datenmaterial auszuweisen und zu kommentieren, sondern auch auf einige Ansätze und Forderungen, die an den politischen Unterricht allgemein herangetragen werden und für den sicherheitspolitischen Unterricht in Schulen im besonderen Geltung haben, einzugehen. Aus diesen Rahmenbedingungen leiten sich nicht zuletzt auch jene Anforderungen und Annahmen ab, denen u.a. Sozialkundebücher in bezug auf die in ihnen kommunizierten Inhalte sicherheitspolitischer Art genügen sollten.

Einen Hauptstrang dieses Zugangs bilden Aussagen zum Problemzusammenhang Politik und Gesellschaft: Einer gerafften Abhandlung über Politikverständnis und über gängige Politikbegriffe folgt eine Vorstellung verschiedener Konzeptionen zur politischen Bildung; daran schließen sich Anmerkungen zum Verhältnis von Sicherheitspolitik und Gesellschaft in der Bundesrepublik Deutschland unter besonderer Berücksichtigung der Problemfelder "Sicherheitspolitik und Öffentlichkeit" sowie "Sicherheitspolitik und Wehrpflichtige" an.

Der zweite Hauptstrang der Explikation orientiert sich unmittelbar an den Gegebenheiten sicherheitspolitischer Unterrichtung von Schülern - einmal dargestellt an Anlaß und Entwicklung der sogenannten Wehrkundedebatte, zum anderen verdeutlicht an bisher vorliegenden Forschungsergebnissen (Meinungsbefragungen, Schulbuchanalysen) zum hier interessierenden Thema. Eine Erläuterung von Funktion und Stellenwert von Schulbüchern in der heutigen Zeit rundet die vorgetragenen Vorüberlegungen ab.

Bei diesen unterschiedlichen Problemaufrissen des Untersuchungsrahmenthemas "Erziehung zur Wehrpflicht?" wird im wesentlichen deskriptiv der jeweils aktuelle allgemeine Diskussionsstand wiedergegeben, wie er uns als bedeutsam für den Problemzugang erscheint. Die einzelnen Abhandlungen münden in forschungsleitende Fragen, die dann an das Untersuchungsthema im engeren Sinne "Wie wird der Gedanke der Wehrpflicht in den bundesdeutschen Sozialkundebüchern durch sicherheitpolitische Inhalte untermauert?", heranzutragen sind. Diese forschungsleitenden Fragen werden im übrigen in einem Abschnitt "Zusammenfassung der Ausgangsüberlegungen" (1) noch einmal zum Überblick insgesamt aufgelistet. Leser, die die ausführlichere Ableitung von Fragen und Annahmen überschlagen wollen, können sich in diesem zusammenfassenden Abschnitt thesenartig über die den Untersuchungsverlauf bestimmenden Überlegungen informieren.

1. Zum Problemzusammenhang Politik und Gesellschaft

Das Untersuchungsthema selbst steckt bereits inhaltlich jene Diskussionsbereiche ab, die der Vorabbetrachtung und überblickhaften Erläuterung bedürfen:

- auf der einen Seite Sicherheitspolitik in ihren Bedingungen, Ausprägungen und Auswirkungen,
- auf der anderen Seite die Schule als gesellschaftliche Institution der Wissensvermittlung und Erziehung, die hier unter dem besonderen Aspekt der politischen Bildung analysiert werden soll; da der unmittelbare Zugang zu Inhalten, die in der Schule dem Schüler vermittelt werden, einer größeren Vorbereitungsphase bedarf und einer Folgestudie vorbehalten ist, muß stellvertretend auf das nach wie vor aus dem Ausbildungsbereich nicht wegzudenkende Lehr- und Lernmittel "Schulbuch" zurückgegriffen werden.

Beiden Ansatzsträngen ist gemeinsam, daß sie u.a. auf einen politischen Zugang zurückgreifen und die Notwendigkeit der Einbindung des gesellschaftlichen Umfeldes betonen. Vorab sollen daher als übergreifender Einstieg einige Aspekte zu Stellenwert und Funktion von Politik in der Gesellschaft berührt werden. Zur begrifflichen Orientierung mögen folgende - wegen der vielfältigen kontextuellen Einbindung bewußt deskriptiv gewählte Definitionen - dienen:
Politik beinhaltet "als Selbstlenkung von Gemeinschaften die Verteilung der Werte, die Suche nach einer legitimen Ordnung miteinander vereinbarer Werte und politischer Strategien, die Kunst des Möglichen und unter Umständen eine grundlegende Neuordnung der Prioritäten; sie umfaßt auch die Koordinierung des sozialen Lernprozesses, die Verwirklichung der Ziele einer Gesellschaft, eine Veränderung dieser Zielsetzung, die Aufstellung neuer Ziele und sogar die Selbsttransformation eines ganzen Landes, der Bewohner und der Kultur. Das sind jedoch nur die verschiedenen Aspekte eines einzigen Prozesses: die Entscheidung der Männer und Frauen über ihre Zukunft" (2). Mit Gesamtgesellschaft ist eine "umfassende Bezeichnung für eine konkrete Gesellschaft innerhalb bestimmter räumlicher und kultureller Grenzen" (3) gewählt, wobei Gesellschaft dann meist durch Aufzählung von Eigenschaften beschrieben wird, wie z.B. einer eigenen Organisationsform, einer eigenen Kultur, oder der Altersverteilung ihrer Bevölkerung.

1.1. Politikverständnis und Politikbegriffe

Knapp die Hälfte der Bürger in der Bundesrepublik ist, wie Meinungsumfragen regelmäßig deutlich machen, an Politik nicht interessiert. Anzumerken ist aber, daß der Anteil der politisch Interessierten von Jahr zu Jahr langsam wächst: waren im Jahr 1952 noch 27 % der bundesrepublikanischen Bevölkerung im Alter von 18 und mehr Lebensjahren an Politik generell interessiert, so ist der Anteil der politisch Interessierten im Jahre 1970 auf 46 % angewachsen und hat sich im Jahre 1976 bereits auf 53 % erhöht. Einem solchen generell bekundeten Interesse an Politik steht allerdings nur eine geringe Bereitschaft zur politischen Betätigung gegenüber (4). Politisches Handeln wird gemeinhin auf ausgewiesene politische bzw. parlamentarische Aktionen bezogen. Mit dieser Anmerkung ist jedoch über die Inhalte, welche die Bürger - unabhängig von ihrem Interesse und ihrer Bereitschaft zum politischen Engagement - mit dem Wort "Politik" verbinden, noch nichts gesagt. Man kann annehmen, daß sich die Antworten auf die Frage "Woran denken Sie bei dem Wort Politik?" auf verschiedene Ausschnitte aus dem Geltungsbereich von politischen Einrichtungen und Tätigkeiten, die der eigenen jeweiligen Interessenlage am ehesten zugänglich sind, beziehen. So werden etwa die Inhaber politischer Ämter und die Mitglieder politischer Verbände vor allem an ihre Tätigkeiten in diesen Bereichen denken; ein Soldat hingegen wird bei der Auseinandersetzung mit dem Begriff 'Politik' mit großer Wahrscheinlichkeit vornehmlich an Inhalte der Sicherheitspolitik denken; ein Verkehrsplaner wird sich wiederum mit Problemen der Verkehrspolitik auseinandersetzen usw..
Sowenig wie die Bürger dem Begriff 'Politik' spontan gleiche Inhalte zuordnen und Politik unter einer einzigen Perspektive sehen, sowenig wird sie von den Politikwissenschaften einheitlich verstanden oder unter einer einzigen Perspektive behandelt. Der Unterschied zwischen Alltagsverständnis und Wissenschaftsverständnis von Politik stützt sich weniger auf prinzipielle Differenzen, "sondern

allein auf einen speziellen Gültigkeitsanspruch, dessen Erfüllung eigens nachgewiesen werden muß, damit sich Aussagen als wissenschaftliche qualifizieren" (5). Das bedeutet nicht, daß Alltagsaussagen keinen Gültigkeitsanspruch erheben können, wissenschaftliche Aussagen müssen jedoch Ergebnis formalisierter Erkenntnisprozesse sein. "Der Vielfalt von Politikbegriffen und erkenntnisleitenden Interessen entspricht die Mannigfaltigkeit von Theoriebegriffen, die politikwissenschaftlichen Analysen zugrunde liegen" (6). Auf wissenschaftlicher Ebene unterscheidet man vor allem drei Theoriebegriffe, die auch in der Politikwissenschaft fundamentalen Charakter haben: Den ontologisch-normativen, den empirisch-analytischen und den dialektisch-kritischen Theoriebegriff.
"Normativ nennt man alle Verständnisse von Politik, welche politisches Handeln und politische Einrichtungen von anderem sozialen Handeln und anderen sozialen Einrichtungen durch die Bestimmung ihrer Zwecke abgrenzen. Sie erklären, was Politik sein und tun soll und was sie nicht sein und nicht tun darf. Als solche Zwecke oder Ziele erscheinen das Gemeinwohl, der Frieden, die Gerechtigkeit, das glückliche Leben aller Bürger, ihre Freiheit, ihre Gleichheit, aber auch die Vorherrschaft einer Rasse, einer sozialen Klasse, eines Volkes, einer Kultur oder einer Religion" (7).
Das analytische Verständnis von Politik verbindet Politik dagegen im strengen Sinne nicht mit bestimmten Zielen; es dient nicht ihrer Bestimmung oder Rechtfertigung. Die Wissenschaft kann einem solchen Verständnis zufolge nur Aussagen über die von ihr erfaßte Wirklichkeit machen oder Modelle konstruieren, aber nicht dem Menschen mit wissenschaftlicher Begründung vorschreiben, was er tun, was er für gut oder schlecht halten soll. Mit dieser Loslösung des Politikverständnisses von bestimmten Zwecken, Mitteln, Institutionen, Personen und Organisationen eröffnet sich erst die Möglichkeit, Politiken und die aus ihnen folgenden Teilprobleme in all ihrer Mannigfaltigkeit der denkbaren Lösungsmöglichkeiten zu erfassen.
"Dialektisch-kritische Theorien gehen von der Geschichtlichkeit der Politik und der Gesellschaft aus und sehen ihre Hauptaufgabe in der Kritik der Gesellschaft" (8). Die kritische Theorie sieht die Möglichkeit, "durch Nachweis von Abhängigkeit der Ideen und Interpretationen von den Interessenlagen eines objektiven Zusammenhangs der gesellschaftlichen Reproduktion objektivierende Verfahren zu entwickeln" (9).
Ungeachtet, welche wissenschaftstheoretische Richtung man auch favorisiert, entscheidend bleibt die ihr innewohnende praktische Tragweite. Die gesellschaftliche Wirkung, insbesondere bezogen auf die politische Handlungspraxis, darf nicht aus dem Blickfeld geraten. "Anders formuliert wird also mit der Festlegung von Verfahren der wissenschaftlichen Theoriebildung zugleich eine handlungspraktische Entscheidung über das gesellschaftliche Problemlösungsverhalten getroffen" (10).

Die Vermittlung von Fähigkeiten zur Umsetzung solcher Handlungsanweisungen ist u.a. Bildungs- und Erziehungseinrichtungen vorbehalten. Die Schule ist in unserer Gesellschaft qua Institution dafür prädestiniert, Umsetzungshilfen anzubieten, die hierfür erforderlichen Kenntnisse zu vermitteln und bereits etablierte Verhaltensmuster und deren Alternativen vorzustellen. Auf wissenschaftlichen Erkenntnissen basierend, praxisnah Kenntnisse und daraus resultierend, Entscheidungshilfen und Verhaltensorientierungen weiterzugeben ist - so sollte man meinen? - eine wesentliche Aufgabe der Schule. "SCHOOLING is the systematic teaching of organizational behavior and values by a specialized agency. This has been carried further in our own society than in any other. The scope of general formal education is much broader than the needs of any particular organization. The organizational institution prepares its students not for a particular socialization experience but for a vast number of such experiences with similar requirements" (11).

Konkret auf das Fach Politik/Sozialkunde (12) bezogen, haben es die Verfasser von Lehrbüchern für dieses Schulfach aufgrund ihres Politikverständnisses - u.a. gebunden an staatliche Vorgaben wie Rahmenrichtlinien/Lehrpläne (13) einerseits und kultusbehördliche Zulassungsbestimmungen andererseits (14) - in der Hand, Themen als relevant für den Politikunterricht auszuweisen und über ihr Themenangebot Behandlungshäufigkeit und Stellenwert politischer Inhalte im Schulunterricht mitzubestimmen (15).

1.2. Politische Bildung in der Bundesrepublik Deutschland

Nachdem vorstehend versucht wurde, das Politikverständnis in Alltag und Wissenschaft kurz zu skizzieren, die Schule als geeignete Agentur, welcher die Umsetzung theoretischen Wissens in Problemlösungsverhalten ein Anliegen sein sollte, zu sehen und auf die Einflußmöglichkeiten der Schulbuchautoren im schulischen Bildungsbereich wenigstens hinzuweisen, scheint es uns erforderlich, zumindest überblickhaft auf einige Ansätze zur politischen Bildung in der Bundesrepublik Deutschland einzugehen. Um Klarheit zu schaffen, gilt es festzuhalten, daß von einem einfachen Bezug 'Politikwissenschaft - Politische Bildung' bereits nach erster Betrachtungsweise der gängigen Literatur keine Rede sein kann (16). Ebensowenig ist politische Bildung oder politische Pädagogik schlicht mit pädagogischer Theorie und/oder Praxis gleichzusetzen. Hinter dem Etikett politische Pädagogik verbirgt sich "ein politisches Instrument, das jederzeit gegen ein anderes auszutauschen ist, je nach Herrschaftsverhältnissen" (17). Darum verwundert es auch nicht, daß abhängig von Anlaß und politischem Standort immer irgendeine maßgebliche Gruppierung des gesellschaftlichen Lebens massive Kritik an Ansprüchen, Zielen und/oder Umsetzung politischer Bildung übt. Es ist auch in der Bundesrepublik mehrfach geschehen, daß Schulbuchautoren "Verfassungsuntreue", "Verfassungswidrigkeit", "Manipulation", "Einseitigkeit" und ähnliches vorgehalten und vorgeworfen wurden (18).

1.2.1. Theoretische Ansätze zur politischen Bildung

"Eine Theorie der politischen Bildung ist nicht neutral. Sie nimmt Partei, und zwar notwendigerweise. Der Gesichtspunkt, unter dem sie ihre Gegenstände zu beschreiben und zu analysieren sucht, ist politisch-gesellschaftlich nicht exterritorial, sondern ist selbst, auf die eine oder andere Weise, eine Position im Zusammenhang vieler politischer Interessen (19).

Theoretische Überlegungen zur politischen Bildung lassen sich hinsichtlich ihrer Zielsetzung in der Bundesrepublik Deutschland für den Zeitraum 1948 - 1968 in unterschiedliche Phasen einteilen, und zwar in

- die Erziehung zur Gemeinschaft und Partnerschaft,
- die Erziehung zu Kenntnissen und Einsichten, besonders auf dem Gebiet der formalen Demokratielehre und Institutionenkunde,
- die Erziehung zu Kritik an Mängelerscheinungen eines ansonsten allgemein

akzeptierten politischen Systems, und zwar besonders unter der Frage nach der Diskrepanz zwischen Verfassungsanspruch und Verfassungswirklichkeit (20).
Als weitere (kommende) eigenständige Zielsetzung zeichnet sich die Erziehung zum Konflikt, begriffen als Wahrnehmung und Durchsetzung von Einzel- und Gruppeninteressen, ab.
Das Gemeinschafts- und Partnerschaftskonzept unmittelbar nach dem Krieg bedeutete für den Menschen, sozial wünschbare Verhaltensweisen zu internalisieren. Die 'politische Bildung' wurde entpolitisiert, indem man z.B. Behandlung und Kritik des bestehenden Herrschaftssystems aus ihrem Gegenstandsbereich ausblendete. Politische Bildung diente der Systemstabilisierung (21). Letztere Aussage ist auch in bezug auf die vorwiegend reine Institutionenkunde zu treffen: Mit der weitgehenden Beschränkung auf Formalkenntnisse ist weder gesellschaftspolitisch wünschbare Aktivierung noch aufgrund des nicht transparenten gesamtgesellschaftlichen Zusammenhangs sozial erforderliches Fortschrittsdenken erreichbar.
Die Erziehung zur Kritikfähigkeit, bezogen z.B. auf das Mißverhältnis von Verfassungsanspruch und Realität, findet noch am ehesten den Konsens von Theoretikern aller Schattierungen. Einen Schritt weiter geht noch die Zielsetzung Konfliktfähigkeit: Die eigene Interessenlage erkennend, sollen die vom Grundgesetz zugestandenen Chancen optimal genutzt werden. "Indem es ihr (der politischen Pädagogik) aber darum geht, die je subjektive Befindlichkeit des einzelnen mit den objektiven Gegebenheiten von Staat und Gesellschaft in Beziehung zu setzen, legt sie unter Umständen Loyalität zu bestimmten gesellschaftlichen Gruppierungen nahe" (22).
Die weitere Entwicklung der Ziele und Ansätze politischer Bildung ist mit Schlagworten wie Mündigkeit und Emanzipation, Mitbestimmung und Partizipation zu umschreiben. Dabei kann bei dieser Phase ebenso wie bei den vorhergehenden Stadien nicht von streng voneinander abgegrenzten Etappen mit ureigensten Ansprüchen und Modellen gesprochen werden. Vielmehr überschneiden sich die Ansätze z.T. mehrfach hinsichtlich der Anforderungen und/oder der Operationalisierungsversuche. Die emanzipatorischen Forderungen der politischen Pädagogik wurzeln primär - aus soziologischer Richtung kommend - in den Erkenntnissen der kritischen Theorie, wie sie vor allem durch die Frankfurter Schule vertreten wird. Daraus abgeleitet liegen einer Vorgehensweise, die eine Erziehung zur Emanzipation anstrebt, vier Prinzipien zugrunde: "Die individuierende Erziehung fördert die Sensibilität und Erfahrungsfähigkeit der Einzelnen. Erkenntnisprozesse müssen von der Basis der Erfahrungen der Individuen ausgehen, damit ihre Offenheit und Aufgeschlossenheit für Lernprozesse gewährleistet ist und weiterhin gefördert werden kann. Kenntnisse und Fertigkeiten müssen in ihrer Bedeutung für den historisch-gesellschaftlichen Gesamtzusammenhang kritisch interpretiert werden, so daß sich durch Identifikation eine bewußte Toleranz bildet, die zugleich eine Distanzierung ermöglicht. Werden diese drei Prinzipien in der richtigen Weise berücksichtigt, so kann das vierte Prinzip der rationalen Problemlösung bzw. Entscheidung zur Geltung kommen" (23). Dabei wird das Streben des Menschen nach Mündigkeit als Norm a priori apostrophiert.
In jüngster Zeit ist, wie in der Politik allgemein, auch im Bereich politischer Bildung von einer Tendenzwende die Rede: Tendenzwende insofern, als sich die

neueste Entwicklung vor allem gegen die Prämissen der kritischen Theorie Frankfurter Richtung und einen ideologisch überfrachteten Emanzipationsbegriff wendet. "Die einen sehen Emanzipation immer noch ebenso wenig verwirklicht wie Demokratie, sehen immer noch ein beträchtliches Übergewicht von 'Anpassungs- und Bindungsdidaktik'. Die Kritiker eines überdehnten Emanzipationsbegriffs dagegen halten die anarchistische Auflösung jeder lebensnotwendigen gesellschaftlichen Einheit und Solidarität für die heute viel aktuellere Gefahr. Sehen die einen in der gezielten 'Politisierung' des Politikunterrichts die einzige Möglichkeit, seine Wirksamkeit zu verbessern als bewußtes Korrektiv der nicht-schulischen Sozialisation, so bestreiten die anderen jedem Lehrplan und jeder ministeriellen Verordnungsgewalt den Anspruch, ein irgendwie geartetes politisch-gesellschaftliches Heil zu dekretieren" (24). Trotz solcher oder ähnlicher grundsätzlicher Anti-Haltungen gegenüber emanzipatorischen Ansätzen der politischen Pädagogik, die auf dem Gedankengut der kritischen Theorie basieren, bleibt aber festzustellen, daß umfassendere konkrete Impulse des neueren theoretischen Zugangs aus eher konservativer Richtung (noch) nicht sichbar sind.
Resümierend aus diesem kurzen Abriß zur Theoriebildung im Bereich der politischen Pädagogik, die leider auf Schlagworte nicht verzichten konnte - im Grunde operieren sämtliche hier vorgestellte Ansätze mehr oder minder mit Schlagworten und jede Weiterentwicklung bringt neue hinzu (25) -, läßt sich für die hier vorgestellte Studie folgern: Über die Zielsetzung der Mündigkeit, Urteilsfähigkeit und Beteiligung der Bürger an der demokratischen Willensbildung besteht letztlich, festgemacht am Gebot des Grundgesetzes, in Theorie und Praxis politischer Bildung weitgehend Einigkeit. Daß dieser Anspruch idealistisch ist, liegt auf der Hand. Aber: "Die Spannung zwischen dem Wünschbaren und dem Möglichen, die Politik kennzeichnet, kennzeichnet auch das politische Bewußtsein. Genau wie in der Politik selbst dabei das Wünschbare das gegenwärtig Mögliche immer übersteigt, kann und muß die Zielsetzung der politischen Bildung das übersteigen, was gegenwärtig realisierbar erscheint. Daß heute die Chancen eines politischen Einflusses der Vielen denkbar gering sind, sagt nichts gegen die Vernünftigkeit des Postulats, diese schlechte Wirklichkeit zu verbessern" (26).
Konkret auf diese Untersuchung bezogen, läßt sich aus den Ausführungen zu theoretischen Ansätzen politischer Bildung folgender Anspruch herauskristallisieren: Die Verfasser von Sozialkundebüchern intendieren einen mündigen und engagierten Bürger. Dabei müssen in Anlehnung an Hamann (27) einem Buch zur politischen Bildung drei Funktionen zugeschrieben werden, nämlich die Informations-, die Objektivierungs- und die Aktivierungsfunktion. Information bezieht sich auf die Vermittlung von Basiswissen über Strukturen und Funktionen politischer Prozesse. Das Bemühen um einen eigenen rationalen Standort und entsprechende Urteile aufgrund dieser Kenntnisse interdependenter Zusammenhänge zielt auf die Objektivierungsfunktion. Auf diesem Hintergrund ist dann die Aktivierungsfunktion von Bedeutung. Diese auf allgemeine politische Bildung hinzielenden Forderungen sind auch im sicherheitspolitischen Teilbereich "Erziehung zur Wehrpflicht?" tragend.

Exkurs: Zielsetzungen und Ansprüche der Schulbuchautoren

Im Vergleich und in bezug zu den bisherigen Ausführungen zur politischen Bildung sollen nun kurz die Vorstellungen der Verfasser von Sozialkundebüchern hinsichtlich der beabsichtigten Wirkung ihrer Werke erwähnt werden. Aus den Einleitungen bzw. Vorworten der analysierten Bücher sind folgende Intentionen zu entnehmen: Abgesehen von der Vermittlung notwendigen einschlägigen Basiswissens, das als wesentliche Funktion eines Schulbuches bezeichnet werden kann, streben einzelne Autoren an

- Beurteilung, Mitwirkung, Mitgestaltung der Demokratie, Anstoß zu politischem Handeln (13 mal), (28)
- kritisches Bewußtsein der Bürger (11 mal),
- den einsichtigen Staatsbürger (wer auch immer das ist) (9 mal),
- rationale Auseinandersetzung mit dem, Urteilsfähigkeit im politischen Geschehen (9 mal),
- demokratisches Verantwortungsbewußtsein (7 mal),
- neue gerechtere Lösungen, Verbesserungen im politischen Geschehen (6 mal),
- Mündigkeit (4 mal),
- den freien Staatsbürger (3 mal),
- Konfliktfelder erkennen (3 mal),
- Erkennen des eigenen Standorts (3 mal),
- Mitbestimmung (2 mal),
- Entscheidungsfähigkeit (2 mal),
- Emanzipation (1 mal),
- Gerechtigkeit (1 mal),
- Chancengleichheit (1 mal),
- Interessenerkenntnis (1 mal).

Als Negativabgrenzungen benennen manche Autoren:

- Abhebung von bloßer Institutionenkunde (3 mal);
- Abgrenzung von Partnerschaftsideologie/Harmoniestreben (2 mal).

Wie diese kurze Auflistung zeigt, sind einzelne Elemente von Theorieansätzen zur politischen Bildung durchaus erkennbar. Ein Verfasser verdeutlicht u.a. auch in eng sicherheitspolitischem Bezug seine Zielsetzungen: "..., das Verhalten ... der Bundeswehr kritisch unter die Lupe nehmen..." (29).
Ob diese oder ähnliche Ansprüche von Herausgebern, Verlagen und Autoren auch mit den angebotenen Inhalten und gewählten Darstellungsformen zur Sicherheitspolitik in den Sozialkundebüchern eingelöst werden und somit in der Tat ein wesentlicher Beitrag zur Erweiterung politischer Kenntnisse und zur Beurteilung der damit verbundenen gesellschaftlichen Vorgänge geleistet wird - auch im Hinblick auf eine angemessene Orientierungshilfe für den jungen Bürger der Bundesrepublik Deutschland -, ist eine zentrale Frage der Studie "Erziehung zur Wehrpflicht?".

1.2.2. Friedenspädagogik

Eine im Vergleich mit den Theorien zur politischen Bildung neue erziehungswissenschaftliche Richtung, welche sich erst seit etwa 1965 in Veröffentlichungen niederschlägt, ist in der Friedenspädagogik zu sehen. "Friedenspädagogik oder -erziehung meint einerseits alle Bemühungen in der Bildungsarbeit, die mit dem Lernziel 'Frieden' vorgenommen werden. Sie schließt ferner alle didaktischen Konzeptionen in diesem Sinne und schließlich auch alle Ansätze zur Theoriebildung ein, die sich ihrer präziseren Ausformulierung und Weiterentwicklung verpflichtet fühlen" (30).

Auch die friedenspädagogischen Bemühungen lassen sich - ähnlich den theoretischen Ansätzen zur politischen Bildung - in mehrere Entwicklungsstadien einteilen. Dies bedeutet allerdings eine Nivellierung originärer Ansätze, die eine solche Klassifizierung immer mit sich bringt.
In ihren Anfängen ist Friedenserziehung eher als 'negative' Pädagogik gegen den Krieg einzustufen. Mit diesem negativen Friedensverständnis (31) korrespondiert eine harmonische Gemeinschaftsvorstellung. Adressat dieser Richtung der Friedenspädagogik ist das einzelne Individuum, wobei Friedensbereitschaft der Menschen a priori vorausgesetzt wird: "Der persönliche Friede wird zur Bedingung des politischen" (32).
Diese primär 'idealistisch-appellativen' friedenspädagogischen Konzepte der sechziger Jahre "haben die weitere Diskussion zwar angeregt, aber nicht inhaltlich vorgeprägt und gelten heute zu recht für den wissenschaftlichen wie den praktischen Gebrauch als überholt" (33).
Etwa ab 1969 stand die friedenspädagogische Diskussion zunehmend im Zeichen von Friedensforschung überhaupt - ohne allerdings letztere als übergreifend zu verstehen. Das Friedensbild war nun nicht mehr von Harmonie und Schicksalhaftigkeit geprägt, sondern zielte insbesondere ab auf die Möglichkeiten zur Lösung von Problemen gesellschaftspolitischer und herrschaftssoziologischer Art. "Die zentrale Frage, die sich eine Friedenspädagogik zu stellen hat, ist also die: Wie ist eine Erziehung zum Frieden in einer Welt organisierter Friedlosigkeit überhaupt denkbar und möglich" (34)? Eine Folge der sich etablierenden komplexen Friedens- und Konfliktforschung Anfang der siebziger Jahre war auch die Einbeziehung der Dimension des Konflikts in die Friedenserziehung: "Der 'positive Friede' wird zur Grundkategorie politischer Bildung, die alle Ordnungs- und Konfliktprobleme aus dieser Sichtweise zu bedenken hat" (35). Dabei muß Konfliktdenken vor allen Dingen dort einsetzen, wo sich mit Zähigkeit die Krieg-Frieden-Polarität erhalten will (z.B. Drohpolitik, Rüstungspolitik).
Zugleich entwickelte sich in diesem Zeitraum eine intensive Hinwendung zur praktischen Friedenserziehung, vor allem betraf dies die zahlreichen Unterrichtsmodelle für den Religionsunterricht. Insgesamt läßt sich zusammenfassend für den Zeitraum 1969 - 71 eine rege Tätigkeit im Bereich Friedenspädagogik feststellen, die geprägt ist von einzelnen Denkrichtungen verschiedener Disziplinen und von stark praxisorientierter Arbeit. Letztere genügte aber selten wissenschaftlichen Standards. "Auch wenn die sozialwissenschaftliche Diskussion - speziell um den Konflikt- und Friedensbegriff - ältere Ansätze teilweise zurückdrängt, ist dieser Eklektizismus mehr oder weniger unverbunden nebeneinanderstehender pädagogischer Strategien auch in jener 'zweiten Phase' der Friedenspädagogik stark wirksam geblieben" (36). Die Konzepte zur Friedenspädagogik ab 1972 stehen im engen Zusammenhang mit der Friedensforschung als solcher; entsprechend folgen sie einer stärkeren sozialwissenschaftlichen Ausrichtung. "Frieden ist kein theoretisches Erziehungsprinzip auf statischer Grundlage, sondern Frieden hat eine dynamische und veränderliche Struktur. Er realisiert sich durch konstruktive und friedensbezogene - normenkritische Praxis. Insofern ist Frieden für die Erziehung ein langfristiger Prozeß, in dem Individuen und Gruppen Konfliktlösungen in höchstem Maße gewaltlos realisieren. Individuen und Gruppen haben dabei das bestimmende Interesse an dem grundsätzlichen

Abbau von inhumanen Lebensbedingungen wie soziale Ungleichheit und/oder personale und gesellschaftliche Gewalt, die auf ein Minimum zu reduzieren ist" (37). Erziehung zum Frieden geht dabei vom engeren Umfeld des Individuums (Familie, Schule) aus, wobei Konfliktbejahung und gewaltlose Konfliktaustragung als oberstes Ziel gelten. Erst wenn diese Prinzipien internalisiert sind, können sie erfolgversprechend in Gesellschaft und Gemeinschaft hineingetragen werden und auf diesen Ebenen Fuß fassen. Als Leitlinien dieser 'emanzipatorischen' Friedenserziehung sind generelle Aufklärung und Information zu beachten. Diese und ähnliche Hinweise bezüglich der Vermittlung friedenspädagogischer Erkenntnisse zeigen deutlich, daß nun zwar die wissenschaftlich ernst zu nehmende Fundierung von Friedenserziehung Fortschritte gemacht hat, daß aber - abgesehen von eher abstrakten Zielsetzungen und Forderungen oder wiederum von ausgearbeiteten Unterrichtsmodellen ohne friedenswissenschaftliche Legitimation - die begründete konkrete didaktische Umsetzung fehlt. Das Problem der Vermittlung ist nach wie vor von konstitutiver Bedeutung.

Diese Schwierigkeiten beruhen augenscheinlich auf der weitgehend mangelnden Verbindung zu den Erziehungswissenschaften generell und insbesondere zu den 'Ansätzen politischer Bildung'. Grund dafür ist einmal das fehlende friedenspolitische Problembewußtsein in der politischen Didaktik, zum anderen das Wissenschaftsverständnis der Friedens- und Konfliktforschung, welche die Umsetzung ihres theoretischen Konzepts als losgelöste Aufgabe der Friedenspädagogik zugeschoben hat (38). Eine weitere Ursache ist sicherlich auch in dem spürbaren Unvermögen der Autoren beider Richtungen, ihre eigenen Postulate einzulösen, zu suchen.

Das soll nun nicht heißen, daß überhaupt keine Verbindung von Friedenspädagogik und politischer Bildung versucht wird, insbesondere da ein Zusammenhang auf der Hand liegt. Die Gesamtschau beruht aber in der Regel auf vorwissenschaftlich-appellativen Hinweisen oder der Beklagung eben ihres Fehlens. Daß hier noch intensive Bemühungen nötig sind, wird auch aus den unterschiedlichen Betrachtungsebenen des Verhältnisses von Friedenserziehung und politischer Bildung ersichtlich:

- Friedenserziehung muß sich als politische Planung begreifen. Damit ist sie eine zentrale Aufgabe politischer Bildungsarbeit (39).
- Die "Zielsetzung der Friedenserziehung im Rahmen der politischen Bildung, insbesondere das Ziel der Heranbildung von gesellschaftskritischem Bewußtsein und der Schaffung neuer Handlungsdispositionen erfordert eine Weiterführung der politischen Didaktik. Somit kann Friedenserziehung relativ zwar leicht eine Brücke zur politischen Bildung schlagen, sie ist aber keineswegs mit ihr identisch" (40).
- "Damit ist die Friedenserziehung zu einem planmäßigen Aufgabenbereich des erzieherischen Feldes geworden, das neben der praktischen Gestaltung auch der wissenschaftlichen Erhellung und wissenschaftstheoretischen Einordnung bedarf. Hinsichtlich der praktischen Gestaltung ist mit der Erziehung zu einem kritischen politischen Bewußtsein, das mit dem politischen Verständnis vor allem eine weltpolitische Gesinnung pflegt, schon ein Anfang gemacht" (41).

Ein weiteres zentrales Problem der Friedenserziehung ist - ungeachtet ihres Stellenwertes im Vergleich zur politischen Bildung - ihre Reichweite und die mit ihr verbundene Realisierungschance. In jüngerer Zeit mehren sich die Hinweise, die auf eine Zementierung des status quo durch die Kriterien der Friedenspädagogik hindeuten. Gerade der Begriff Friede ermöglicht durch seine unterschiedlichen Assoziationen rasch einen allgemeinen und oberflächlichen Konsens differierender Gruppierungen. Da der Anspruch der Friedenserziehung unmittelbar einleuchtet, läuft sie Gefahr, zunehmend zu einer "Abrichtung zur Zufriedenheit" (42) zu geraten. "Friedenserziehung als politische Bildung scheint also (mit wenigen Ausnahmen) unter der Hand umzuschlagen in eine Anpassungs- und Stabilisierungsstrategie, wenn sie sich nicht in kritischer Reflexion ihrer objektiven Funktion im gesamtgesellschaftlichen und internationalen Rahmen bewußt wird..." (43). Ein Stagnieren der Friedenspädagogik ist weiterhin festzustellen aufgrund der zunehmenden Resignation, die damit einhergeht, daß das heutige Bildungs- und Schulsystem einer Erziehung zum Frieden nahezu entgegensteht. Die spezifischen Schulzwänge wie Leistungsanforderungen, Konkurrenzdruck, Notengebung, Lehrerautorität usw. erschweren die Qualifizierung einer Friedenserziehung (44).

Damit ist als vorläufiges Fazit offensichtlich, daß Friedenserziehung erst ganz am Anfang steht. "Eine Friedenspädagogik, die nicht eines Tages in der Versenkung verschwinden will, ohne zu wissen warum, täte gut daran, die hier aufgezeigten gravierenden Defizite und ungelösten Probleme als Herausforderung zu betrachten und offen zu diskutieren" (45).
Ohne das Dilemma des Verhältnisses von Friedenspädagogik und politischer Bildung hier über den bloßen Verweis hinaus lösen zu können, ist als Grunderkenntnis für die vorliegende Arbeit festzuhalten: über die zu sehr auf das Individuum abgehobenen Prämissen politischer Pädagogik hinaus muß, abgeleitet aus den Grundsätzen der Friedenserziehung, die Entwicklung sozialer Fähigkeiten Berücksichtigung finden, denn ihre Ausprägungen haben u.a. wesentlichen Einfluß auf die Gestaltung freiheitlicher Lebens- und Gesellschaftsformen - so auch auf den heutigen demokratischen Grundkonsens in unserer Gesellschaftsordnung. "Wenn mit Demokratie nicht nur die formalen Spielregeln zur Herrschaftsbestellung gemeint sind, sondern ein Strukturprinzip von Staat und Gesellschaft, dann ist Friedenserziehung identisch mit den Bemühungen um die Erweiterung der Demokratie" (46).
Auf den konkreten Forschungsgegenstand "Erziehung zur Wehrpflicht?" bezogen, lassen sich aus den friedenspädagogischen Konzepten folgende Ansprüche an Inhalte, die unserer Ansicht nach in Schulbüchern auffindbar sein sollten, ableiten: über die im Rahmen von politischer Bildung geforderten Zielsetzungen hinaus (Mündigkeit, Partizipation, Mitbestimmung, Chancengleichheit), die als eher individuumzentriert gelten können, soll Erziehung zum Frieden als gesamtgesellschaftliches Erfordernis herausgestellt sein. Dabei ist die Zielsetzung 'Friede' als unmittelbare Folge individuell emanzipatorischer Bildung ausgewiesen. Das Schulbuch als Medium schulischer Erziehung hat dem Rechnung zu tragen. Bezogen auf den Gegenstand Sicherheitspolitik lauten einige Kriterien, denen Inhalte von Sozialkundebüchern genügen sollten:
- Hinweise auf und Abbau von Vorurteilen;
- Abrücken von Schwarz-Weißmalereien (insbesondere im Ost-West-Denken) und vielmehr differenzierende Betrachtungsweise unterschiedlicher Systeme;
- damit zusammenhängend, Vermeidung von Freund-Feind-Vorstellungen;
- Kriege nicht als Naturkatastrophen ausweisen;

- Auf grundsätzlich gewaltlose Austragung von Konflikten hinwirken.

Darüber hinaus geben manche Schulbuchautoren die von ihnen verfolgten Leitgedanken mit

- Sorge für eine Welt des Friedens und der Freiheit

und/oder mit

- Friede als Norm alles Politischen

an.

1.3. Zum Verhältnis von Sicherheitspolitik und Gesellschaft in der Bundesrepublik Deutschland

In diesem Kapitel werden einige Ausführungen zur Problematik Sicherheitspolitik und Gesellschaft gebracht, soweit sie als Hintergrundinformation Aufschlüsse über bzw. forschungsleitende Fragen an die konkrete Untersuchungsthematik - Sicherheitspolitik im Lehrangebot deutscher Schulen - zulassen. Auf Sicherheitspolitik in ihren inhaltlichen Ausprägungen wird aus methodischen Gründen in Teil II, Abschnitt 2.2.2. ausführlicher eingegangen.

"Die Bundesrepublik Deutschland kann sich als Gemeinwesen nur dann frei entfalten, ihren Bürgern ein menschenwürdiges Leben sichern, Gegenwart meistern und Zukunft gestalten, wenn ihre äußere Sicherheit gewährleistet ist" (47). Eine klassische und zentrale Politik zugleich in jedem Staat ist und war immer die Sicherheitspolitik für eben diesen Staat.

Dem Begriff Sicherheitspolitik lagen nicht immer die gleichen Inhalte zugrunde. Im Laufe der Geschichte waren hier mehrfache Umdefinitionen zu beobachten. Sicherheitspolitik konnte zuerst als Angriffspolitik, als Angriffsstrategie, aufgefaßt werden, die mit militärischer Machtpolitik und gestützt auf ein Gewalt- und Machtpotential einherging, um Gebietsgewinne zu erzielen. In dieser Sichtweise trat in der Mitte des 20. Jahrhunderts eine gravierende Änderung ein: unter Berücksichtigung der Bildung der großen Machtblöcke wurde das Sicherheitsbedürfnis der nationalen Staaten und Staatenbünde - zumindest in Mitteleuropa - größer denn je zuvor. Auch stand nicht mehr der Angriffsgedanke im Vordergrund, sondern eher das Bild der Abschirmung gegen ideologisch-militante Einflüsse der Nachbarstaaten. Der Verteidigungsgedanke faßte Fuß. Die Sicherheitspolitik als solche wurde von verteidigungspolitischen Konzeptionen überlagert, die insbesondere darauf hinzielten, das eigene Staatsgebiet und die eigene Bevölkerung gegenüber den Einflüssen von außen zu schützen und abzuschirmen. Nach heutigem Verständnis kann nur die konsequente Durchführung und Beibehaltung von Verteidigungskonzeptionen zur Friedenssicherung beitragen. Damit einhergehend wird auch der Friedensbegriff heute weitergefaßt als früher. Man unterscheidet 'negativen' und 'positiven' Frieden. Positiver Friede geht über einen negativ definierten Frieden hinaus; ersterer umschließt z.B. auch sozialen oder humanitären Frieden in einem Lande. Da jedoch Kriterien zur Beschreibung eines positiven Friedens bislang nur punktuell entwickelt sind, herrscht überwiegend das Verständnis eines negativen Friedens vor: man konzentriert sich auf die Festschreibung der Bedingungen, "die es ausschließen, einen Zustand als Frieden zu bezeichnen (...), etwa das Vorkommen kriegerischer Auseinandersetzungen" (48).

Hieraus entwickelte sich die moderne Anschauung im Bereich der Friedenspolitik, daß eben Krieg nicht mehr die Fortführung der Politik mit anderen Mitteln ist.

Friede kann diesem Verständnis zufolge nur durch Vertrag und dessen Einhaltung gesichert werden. Dies bedeutet aber auch ein ausbalanciertes Wachstum sowohl in machtpolitischer als auch in gewaltpolitischer Hinsicht bei den jeweils vertraglich gebundenen Gesellschaften.
Der Bereich Friedensforschung als solcher etablierte sich dementsprechend auch mit dem Ziel, über die Ursachen, die zu Kriegen führen und über die politischen und sozialen Bedingungen für die Erreichung friedlicher Beziehungen zwischen den Staaten und Völkern gesichertes Wissen zu erlangen (49).
Als vorrangiges Ziel der westdeutschen Sicherheitspolitik gilt die Erhaltung von Frieden und Freiheit. Hinter beiden Begriffen stehen normative Vorstellungen, die in der Entwicklung der abendländischen Kultur tief verankert sind. Da auf Gewalt aufbauend wohl kein Gesellschaftssystem auf Dauer überleben kann, wird versucht, eine freiwillige Akzeptanz von Interessenforderungen bzw. von politischen Entscheidungen und Einfügung in die politische Ordnung durch Konsens auf der Ebene von Werten (wie Friede, Freiheit, Gleichheit, Sicherheit u.a.), auf der Ebene ideologischer Überzeugungen (wie Sozialismus, Kapitalismus, Liberalismus, Pluralismus u.a.) und auf der Ebene von Gruppensolidarität (wie Nation, Volk, Unternehmertum, Arbeitnehmer u.a.) zu gewinnen.
Im engen Zusammenhang mit der Ausfüllung dieser Vorstellungen von gesellschaftlichem Zusammenleben sind auch unterschiedliche begriffliche Fassungen von Friede und Freiheit möglich, auf welchen dann Sicherheitspolitik und Sicherheitsbestrebungen aufbauen, um diese als von der Gesellschaft allgemein anerkannte und als unveräußerlich geschätzte Güter zu bewahren, zu sichern und zu verteidigen. "Diese Ziele beinhalten jedoch zugleich das grundlegende sicherheitspolitische Dilemma der Bundesrepublik, nämlich eine geostrategische Position zu haben, die im Grunde genommen weder nicht-nuklear noch nuklear zu verteidigen ist, ohne das, was verteidigt werden soll, der Gefahr einer existentiellen Zerstörung auszusetzen. Mit dem Verlust des Friedens in Mitteleuropa würde zugleich den meisten Deutschen die Chance genommen, in Freiheit zu leben. Andererseits würde aber eine Prioritätenfestlegung zugunsten des Friedens ('lieber rot als tot') die Gefahr mit sich bringen, daß mit der Relegierung der Freiheit auf den zweiten Platz diese tatsächlich aufgegeben wird. Dieses Dilemma ist nicht aufzulösen. Beide Ziele - die Erhaltung des Friedens und die Gewährleistung der Freiheit - sind anzustreben" (50).
Der heute gültige Ansatz, Friede und Freiheit zu erhalten, wird mit der Formel "Verteidigung und Entspannung" umschrieben. Die Inhalte dieser Formel verbieten, Sicherheitspolitik ausschließlich als Militärpolitik zu verstehen, vielmehr ist Sicherheitspolitik Teil jeglicher Politik und bestimmt auch andere Politiken (51). Es ist überflüssig, darauf hinzuweisen, daß Sicherheitspolitik grundsätzlich untrennbar mit Außenpolitik verzahnt ist. "Im Zielkatalog jeder Außenpolitik wird der Selbsterhaltung oberste Priorität eingeräumt werden, bezogen sowohl auf die territoriale Integrität als, mitunter noch vorrangig, auf das jeweilige gesellschaftlich-politische System" (52).
Dieses bedingt aber auch, daß innenpolitisch verwirklicht, bildungspolitisch als erhaltenswert vermittelt werden muß, was es nach außen zu sichern und zu bewahren gilt.

Sicherheits- und Verteidigungspolitik in unserem Lande betrifft in ihren Auswirkungen jeden Bürger der Bundesrepublik Deutschland: seien es Verteidigungsausgaben, die einen hohen Anteil des Steueraufkommens in Anspruch nehmen, sei es die Wehrpflicht, die Mitbürger bestimmten Alters und Geschlechts betrifft, sei es die Rüstungsindustrie, die auf der einen Seite Arbeitsplätze schafft, auf der anderen Seite aber auch das für Kriege zur Verfügung stehende Gewaltpotential ins Gigantische ansteigen läßt.
Es gibt verschiedene Betroffenheiten für die einzelnen Bevölkerungsgruppen, wie eben stichpunktartig angesprochen wurde. Ungeachtet des Grades der Betroffenheit und des Bewußtseinsstandes des einzelnen Bürgers bleibt festzuhalten: die Sicherheitspolitik eines Staates ist mit lebenswichtigen Entscheidungen für die Bürger dieses Staates verknüpft. "Geht man davon aus, daß in demokratischen Gesellschaften, besonders bei lebenswichtigen Entscheidungen, eine breitestmögliche Beteiligung der Bevölkerung zu verwirklichen ist, so bildet die Sicherheitspolitik eines Staates den Partizipationsgegenstand par excellence" (53). Sinnvolle Partizipation beruht aber auf Wissen über und Einsicht in Verhältnisse, an denen man teilhat (54). Für den jungen Menschen besteht i.d.R. kaum die Möglichkeit, von sich aus den Stellenwert von Sicherheitspolitik und sicherheitspolitischen Zusammenhängen zu beurteilen. Und doch kommt gerade der junge Mann z.B. durch seinen Musterungsbescheid in unmittelbare Berührung mit sicherheitspolitischen Erfordernissen - ist mithin zur Partizipation verpflichtet.
Demnach scheint im Rahmen des Erkenntnisinteresses dieser Studie die Forderung berechtigt, dem jungen Bürger bereits im Rahmen seiner institutionalisierten Lernphase sicherheitspolitische Kenntnisse und Einsichten zu vermitteln. Diesem Anspruch haben inhaltlich auch die von den Kultusministerien zugelassenen Sozialkundebücher zu genügen. Als Annahme formuliert: Autoren von Sozialkundebüchern bieten sicherheitspolitische Themen entsprechend ihres Stellenwertes im gesamtgesellschaftlichen Zusammenhang sachgerecht sowie der historischen Situation Rechnung tragend an.
Die Konsequenz daraus wäre idealiter, daß es dem im schulischen Sozialisationsprozeß befindlichen jungen Bürger über die in Sozialkundebüchern angebotenen Lehrinhalte ermöglicht wird:

- Bedeutung und Stellenwert sicherheitsrelevanter Institutionen der Gesellschaft im Staatsgefüge zu erkennen und soweit die Bundesrepublik Deutschland hiervon betroffen ist, hinsichtlich der sicherheitspolitischen Erfordernisse und in bezug auf die eigene Position, die Bundeswehr in ihrer Funktion und Aufgabe zu begreifen und zu bewerten;
- sich mit bündnis- und außenpolitischen Fragen auseinanderzusetzen;
- Ursachen und Bedingungszusammenhänge von Spannungslagen und Konflikten zu erkennen;
- Einsicht in Rahmenbedingungen zu erhalten, die eine kritische und rationale Auseinandersetzung mit der komplexen Umwelt auch in den vielfältigen sicherheitspolitischen Bezügen, Zwängen und Ausprägungen gestatten.

Diese Ansprüche vertreten in allgemeiner Hinsicht auch die Autoren von Sozialkundebüchern selbst: "Wir die Verfasser ... wollen ... Kenntnisse von gesellschaftlichen, politischen, rechtlichen und wirtschaftlichen Tatsachen vermitteln und ... anregen, sie zu erwerben. Damit jedoch diese Kenntnisse nicht ein beziehungsloses

Wissen darstellen, sondern eine Grundlage für ... kritische Stellungnahme bilden, waren wir bestrebt

- die Gesellschaft als einen Bereich sich widersprechender Interessen darzustellen,
- ...,
- das Funktionieren und die Aufgabe von Einrichtungen des gesellschaftlichen, politischen, rechtlichenund wirtschaftlichen Lebens zu klären und kritisch zu beleuchten,
- verschiedene Standpunkte, ihre Bedingungen und Konsequenzen zu zeigen,
- Fragen, bei denen mehr als eine Antwort möglich ist, offenzulassen,
- die Diskussion als diejenige Form der Argumentation einzubeziehen, die politischer Auseinandersetzung angemessen ist" (55).

1.3.1. Sicherheitspolitik und Öffentlichkeit

Der Primat einer demokratischen Politik erfordert letztlich eine angemessene öffentliche Diskussion über Fragen der Sicherheitspolitik und über den Stellenwert von Militär in der jeweilig gegebenen Situation (56). Im Verlauf der kurzen Geschichte der Bundesrepublik Deutschland verlief diese sicherheitspolitische Diskussion in den einzelnen Phasen unterschiedlich rege. "Kein Kapitel unserer Nachkriegsgeschichte hat die Geister so aufgewühlt, wie das der Wiederbewaffnung im geteilten Deutschland" (57).

Die aus den Kriegserlebnissen der Jahre 1939 bis 1945 herrührende konsequente Ablehnung alles Militärischen geht insbesondere auf die durch Gewalt gestützte Anmaßung der Militärinstanzen gegen Ende des Dritten Reiches - einerseits gesellschaftliche Elite zu sein und andererseits nur Militär und Dienstgrad gelten zu lassen - zurück. Diese Erfahrungen mit den katastrophalen Folgen ließen zur Zeit der Vorbereitung und des Aufbaus der Bundeswehr, der Wiederbewaffnung eines entnazifizierten und entmilitarisierten Deutschlands also, begleitet von der Einbindung in die militärischen Bündnisse und damit offensichtlicher Westintegration, die Wogen der öffentlichen Meinung hochgehen. In der bedingungslosen Kapitulation am 8. Mai 1945 war dem verbleibenden Rest des deutschen Volkes sehr deutlich vor Augen geführt worden, in welche Hybris sich militärische Macht an sich und das Verlangen nach militärischer Gewalt zu steigern vermochten.

'Pazifismus' war der Wunsch der Stunde, der einhergehend mit Chaos, Wiederaufbauarbeit und Positionslosigkeit der Bürger gesellschaftliche und politische Ambitionen begleitete. So erfolgte eine Neuordnung politischer Denkrichtungen und Strategien auch im Bereich der Sicherheitspolitik. Die bedingungslose Abkehr von allem Militärischen und die damit verbundene - zumindest geglaubte - Schutzlosigkeit vor äußeren Einflüssen führte aber bald zur Erkenntnis, daß ein politisches, wirtschaftliches und militärisches Vakuum im Herzen Europas den Frieden eher gefährdete, als daß es ihm nützte, insbesondere im Hinblick darauf, daß ein echter Friedensvertrag zwischen dem besiegten Deutschland und den Siegermächten weder ausgehandelt noch unterschrieben war. Mit der Gründung der Bundesrepublik Deutschland wurde somit "zum ersten Male in der deutschen Verfassungsgeschichte ein Staat konstituiert, dem nicht nur die Mittel zu seiner Selbstverteidigung fehlten, sondern auch die positiv-rechtliche Voraussetzung zu ihrer Handhabung. Diese einzigartige Staatsordnung erklärte sich vor allem aus der besonderen Situation Deutschlands zur Zeit der Entstehung des Grundgesetzes: jede Andeutung, es könnten jemals wieder deutsche Streitkräfte auf verfassungsmäßiger Grundlage aufgestellt werden, hätte in den Jahren 1948/49 nicht nur

massiven Einspruch der Besatzungsmächte, sondern auch stärkstes Mißtrauen im In/Ausland hervorgerufen (58). Als der Wehrgedanke unter sicherheitspolitischen Zwängen wieder Fuß faßte - mag er von den westlichen Siegermächten auch proklamiert und ins werthafte gesteigert und dem bundesrepublikanischen Bürger vielleicht sogar aufgezwungen worden sein -, mußten sich sowohl die politischen Parteien als auch das Parlament, die gesellschaftlichen Gruppierungen - wie Gewerkschaften und Kirchen - aber auch der einzelne Bürger mit diesem sicherheitspolitischen Novum in der kurzen Geschichte der neugegründeten Bundesrepublik Deutschland auseinandersetzen. Die Frage war politisch so bedeutsam, daß sogar das Verfassungsgericht bemüht wurde. Nachdem die Remilitarisierung auf administrativer Ebene aber zügig vorangetrieben wurde, es keines prinzipiellen Ja oder Nein zum eigenen Militärbeitrag bedurfte, reagierte die Öffentlichkeit mit Schweigen, Distanzierung und weitgehender Tabuisierung der neugeschaffenen Institution. Die Kluft zwischen Militär und Zivilgesellschaft ist durch Gleichgültigkeit, Unbekümmertheit und vages Unbehagen gekennzeichnet (59). Stand die Bundeswehr aufgrund spektakulärer Vorfälle doch im Zentrum der öffentlichen Meinung (z.B. 1963: Schikanen in der Ausbildungskompanie 6/9 in Nagold; 1966: Generalkrise), dann erwies sich die militärische Seite in der Regel als sehr empfindlich und unsicher. Sicherheitspolitik in ihren Ausprägungen des militärisch-industriellen Komplexes (60), der Strategieüberlegungen, im Verbund mit der Einführung neuer Waffensysteme usw., wird, abgesehen wiederum von eher aufsehenerregenden Vorgängen, wie Starfighterabstürze, der Beschluß, die Strategie der "Vorneverteidigung" einzuführen, oder in neuerer Zeit die Diskussion um die Einführung der Neutronenbombe oder die Vorfälle zum Rechtsradikalismus bei Offizieren, die an einer der beiden Bundeswehrhochschulen studieren, nur in Expertenkreisen diskutiert.
An der Bevölkerung und ihrem Bewußtsein geht die Entwicklung von sicherheitspolitischen Gegebenheiten und der immer differenzierter werdenden Ausformulierung des Verteidigungsgedankens sowohl auf militärischer als auch auf ziviler und sozialer Ebene weitgehend vorbei.
"Fragen der Verteidigungsstrategie spielen in der öffentlichen Diskussion der Bundesrepublik eine - gemessen an der exponierten Lage dieses Landes - erstaunlich geringe Rolle" (61). Mögliche Aufschlüsse über diesen Sachverhalt, der die Bundeswehr so wenig gesellschaftsnah erscheinen läßt, bieten neben der Analyse der besonderen historischen Vorgänge in der Vergangenheit Deutschlands die in Meinungsumfragen erhobenen Ansichten und Haltungen der Bundesbürger zur Institution 'Militär': die Bedeutung der äußeren Sicherheit wird im Vergleich zu anderen staatlichen Aufgaben als gering bewertet. Einerseits wird die latente Kriegsgefahr in Europa kaum wahrgenommen bzw. verdrängt - ein über dreißigjähriger Friede im Lande, gepaart mit rechtsstaatlicher Ordnung und mit einem Dasein, welches liberalen Grundsätzen weitgehend folgt, läßt auch die subjektiv erwartete oder wahrgenommene Kriegsgefahr schwinden -, zum anderen erstaunt die - neben hoher generell geäußerter Abwehrbereitschaft - Skepsis von immerhin 41 % der über 18 Lebensjahre alten Bundesbürger, "ob die Bundeswehr im Verein mit ihren Verbündeten einen Angriff überhaupt abwehren kann" (62).
"Nur 16,6 Prozent eines repräsentativen Bevölkerungsquerschnittes wissen in der Bundesrepublik ungefähr, was der Begriff 'Vorneverteidigung' überhaupt bedeutet;

etwa 70 Prozent der Befragten haben nach eigenen Angaben noch nie von dem Begriff gehört. Den Begriff 'flexible response' kennt nur jeder zehnte erwachsene Bundesbürger; nur gut 3 Prozent wissen, um was es sich dabei handelt" (63). Zwar zeigen Meinungsumfragen auch deutlich, daß sich mit der historischen Präsenz der Bundeswehr ihre Akzeptanz in der Bevölkerung vergrößert (64), doch eine den Hintergründen nachgehende Analyse bringt dann jeweils an den Tag, daß die Streitkräfte weniger im Hinblick auf Sicherung nach außen, sondern eher als Katastrophenschutz im Innern - als Hilfsfeuerwehr oder als technisches Hilfswerk gedacht - im Bewußtsein und in der Umwelt der Bürger existieren (65).
Die Bewertungen der Institution Bundeswehr und des Zusammenhangs von Bundeswehr und Sicherheitspolitik durch die Öffentlichkeit und vermittels der veröffentlichten Meinung rechtfertigen deshalb folgende Annahmen für die Analyse der Sozialkundebücher: das Unbehagen und Desinteresse an Sicherheitspolitik und damit am Militär an sich beziehungsweise an der Bundeswehr in der Öffentlichkeit, schlägt sich auch in der schulischen Behandlung dieser Problematik nieder; die Darstellung des Gegenstandsbereichs Bundeswehr und Wiederbewaffnung der Bundesrepublik im Schulbuch weist Lücken auf und ist durch eine unterschwellige Scheu vor Problematisierung dieses Gegenstandsbereichs gekennzeichnet. Die Bundeswehr selbst wird nicht als in die bundesrepublikanische Gesellschaft integrierter Bestandteil aufgezeigt; über das Angebot von Formalien zum Gegenstand Bundeswehr im sicherheitspolitischen Rahmen gehen Sozialkundebücher gemeinhin nicht hinaus.

1.3.2. Sicherheitspolitik und Wehrpflichtige

Die Bundesrepublik Deutschland gilt, verfassungsmäßig abgesichert durch die Grundrechte, als demokratischer Rechtsstaat. Im Rechtsstaat ist eine Staatsform zu erblicken, die die Prinzipien sowohl der Rechtssicherheit als auch der Rechtmäßigkeit zu realisieren sucht. "Der materielle Gehalt der demokratischen und sozialen Prinzipien des Grundgesetzes tritt zur Legalität staatlichen Handelns" (66). Das Recht ist in der Regel personenbezogen und weist sich damit als einen an den Staat zu wendenden Anspruch des einzelnen aus.
Demokratischen und freiheitlichen Grundrechten stehen aber Staatsbürgerpflichten gegenüber. Diese Pflichten werden im Rahmen der individuellen Freizügigkeit von den im Staat lebenden Individuen wesentlich weniger internalisiert als verbriefte Rechte. Rechte und Pflichten sind keine Gegensätze und schließen sich auch nicht aus, vielmehr bedingen sie einander und stehen zueinander in permanenter Wechselwirkung. Nur durch ihre sinnvolle Handhabung kann ein freier demokratischer Rechtsstaat ausgefüllt und seinem Anspruch gerecht werden.
Von substanzieller Bedeutung sind gerade die Pflichten auf dem Sektor der äußeren Sicherheit, die ein Rechtsstaat seinen Bürgern abverlangt, um die ihm eigene staatliche Substanz gegen äußere Einflüsse wirksam schützen zu können. Für die Bundesrepublik Deutschland gilt, daß die Bundeswehr als sicherheitspolitisches Instrument auch Existenzgrundlage dieses Staates ist (67).
"Der Bund hat die ausschließliche Gesetzgebung über die auswärtigen Angelegenheiten sowie die Verteidigung einschließlich der Wehrpflicht für Männer vom vollendeten 18. Lebensjahr an und des Schutzes der Zivilbevölkerung" (68).
"Damit war die Wehrhoheit durch die Bundesrepublik Deutschland ausdrücklich in Anspruch genommen und die 1949 vertagte Entscheidung des Verfassungsgebers

in der Wehrfrage vollzogen. In Übereinstimmung mit Art. 26 Abs. 2 GG und Art. 25 GG (Vorrang völkerrechtlicher Regeln) war nun die Verteidigungshoheit der Bundesrepublik innerhalb der nun verfassungsmäßig der Staatsgewalt zustehenden Betätigung auf dem Gebiet des Wehrwesens festgelegt. Der Wortlaut 'einschließlich der Wehrpflicht ... und des Schutzes der Zivilbevölkerung' ließ erkennen, daß der Begriff 'Verteidigung' im umfassenden Sinne verstanden wurde. Die Wehrpflicht sollte die Grundlage für die Aufstellung von Streitkräften sein" (69). Dieser verfassungsmäßig abgesicherten Wehrpflicht steht das zeitlich früher (1949) verankerte Grundrecht auf Kriegsdienstverweigerung aus Gewissensgründen (Artikel 4 GG) gegenüber. Da Verteidigung in herkömmlicher Sichtweise grundsätzlich dem Militär überlassen bleibt und sich das Militär der Bundesrepublik Deutschland in überwiegendem Maße aus Wehrpflichtigen zusammensetzen soll, besteht die zwingende Notwendigkeit, daß die Bürger entsprechenden Alters in ausreichender Zahl dieser Wehrpflicht nachkommen. "Solange bis Ende der fünfziger Jahre die Bundeswehr von weiten Bevölkerungskreisen mit großer Zurückhaltung betrachtet wurde, war die Zahl der Kriegsdienstverweigerer verhältnismäßig hoch. Sie sank mit fortschreitender Integration der Bundeswehr. Das erneute Ansteigen der Anträge ... beruht zu einem Teil offenbar auf einem stärkeren Bewußtwerden der Unmenschlichkeit und Sinnlosigkeit moderner Kriegsführung und auf der mangelnden Aufklärung über die Notwendigkeit einer Verteidigungsbereitschaft ..." (70).
Seit dem sprunghaften Ansteigen der Kriegsdienstverweigererquote ab dem Jahre 1968 wurde dieses Problem zunehmend auch auf parlamentarischer Ebene zur Sprache gebracht. "Die Bundesregierung verhehlt nicht, daß das Ansteigen der Zahlen derjenigen, die beantragen, als Wehrdienstverweigerer anerkannt zu werden, von ihr nicht ohne Besorgnis betrachtet wird" (71). Staats- und Bundeswehrführung waren nun auch verstärkt daran interessiert, sich nicht nur mit mehr oder minder lustlosen Rekruten als 'Bürger in Uniform' bei der Bundeswehr zu begnügen. Die Forderung nach politischem Verständnis für Sinn und Zweck der Wehrdienstzeit bei den Rekruten selbst wurde öffentlich erhoben - und zwar sollte dieses Verständnis nicht erst während der Militärdienstzeit, sondern bereits im Rahmen schulischer Erziehung geweckt werden. Parallel liefen dazu Bemühungen um mehr Wehrgerechtigkeit: u.a. wurden der Grundwehrdienst von 18 auf 15 Monate verringert sowie die Zahl der zivilen Ersatzdienstplätze erhöht. "Anerkannte Kriegsdienstverweigerer haben einen Zivildienst zu leisten. Von 15600 Zivildienstplätzen waren am Stichtag 30. September 1973 etwa 11 800 besetzt. Einer vollen Ausschöpfung stehen Hindernisse vielfältiger Art entgegen. Der deutsche Bundestag hat im Mai 1973 das dritte Gesetz zur Änderung des Gesetzes über den zivilen Ersatzdienst einstimmig verabschiedet. Damit wurden die Voraussetzungen für mehr Dienstplätze und eine bessere Verwaltung des Zivildienstes geschaffen. Die Bundesregierung beabsichtigt, bis Ende 1974 etwa 20 000 Zivildienstplätze, vor allem im sozialen Bereich, zur Verfügung zu stellen. Im Geschäftsbereich des Bundesministeriums für Arbeit und Sozialordnung ist ein Bundesamt für den Zivildienst geschaffen worden. Seine Aufgaben sind Planung, Steuerung und Überwachung einer effektiven Verwendung der Dienstleistenden" (72).
Trotz dieser Maßnahmen blieb es weiterhin staats- und sicherheitspolitisches Ziel, die wehrdienstfähigen jungen Bürger der Bundesrepublik Deutschland zu motivieren,

den ihnen übertragenen Wehrdienst abzuleisten. Um die wehrpflichtigen Männer zum Dienst in der Bundeswehr zu gewinnen, versuchte man, gerade die Wahrnehmung dieser Pflicht mit positiven Inhalten normativ neu zu besetzen und einen gemeinsamen Nenner sowohl für Wehrdienstverweigerer als auch für Wehrpflichtige, die ihren Dienst in der Bundeswehr pflichtgetreu aufnahmen, zu finden. "Die Zielsetzungen der Kriegsdienstverweigerer und der Soldaten decken sich insofern, als beide den Frieden erstreben. Soldat und Zivildienstleistende nennen ihren Dienst 'Friedensdienst'" (73). Leiteten sich sowohl der militärische Dienst als auch der Zivildienst in dieser Sichtweise von gleichen Grundwerten ab, so akzentuierte die herrschende, aber keinesfalls unumstrittene Meinung den Dienst mit der Waffe doch als den höherwertigen (74).

Die Diskussion Wehrpflicht-Kriegsdienstverweigerung, Wehrdienst-Ersatzdienst hält in der Öffentlichkeit unvermindert an. Zündstoff bieten vor allem immer wieder die Möglichkeiten und Maßnahmen zur Gewissensüberprüfung bei Kriegsdienstverweigerern. Wie und ob man 'Gewissen' prüfen kann ist weiterhin ungeklärt. "Gewissen sind nun einmal spontan, und es entspricht und hilft unserer Grundordnung sehr viel mehr, wenn wir die innere Ordnung ernster als die äußere nehmen und lieber zehn fragwürdige Kandidaten durchschlüpfen lassen, als einem ernsthaft Gewalt antun" (75). Dazu ist grundsätzlich anzumerken, daß auch im Interesse des Militärs möglichst auf die Heranziehung und Ausbildung von unwilligen Wehrpflichtigen, die letztlich dann während ihrer Dienstableistung unter Zwang handeln, verzichtet werden sollte. Gerade der Dienst mit der Waffe als eine dem einzelnen u.U. hoheitsrechtlich übertragene Aufgabe, die ihn in ein Treueverhältnis zu seinem Staat stellt, setzt beiderseitiges Einvernehmen hinsichtlich Ziel, Zweck, Wert und Durchführung voraus. Zwar "ist nicht auszuschliessen, daß sich Wehrpflichtige auch aus anderen Motiven zu Unrecht auf das Grundrecht berufen. Auch ein Prüfungsverfahren verhindert allerdings nicht, daß ein Antragsteller unrichtige Angaben macht, um seine Anerkennung zu erreichen. Ein Staat, der ein Grundrecht der Kriegsdienstverweigerung gewährt, sollte aber nicht davon ausgehen, daß Bürger, die dieses Grundrecht in Anspruch nehmen, dies in vielen Fällen zu Unrecht tun" (76).

Die herrschende Meinung zum Thema 'Wehrpflichtige und Sicherheitspolitik' läßt sich wie folgt zusammenfassen: die derzeitige militärische Konstellation erfordert zweifellos, daß die Bundesrepublik Deutschland ein Sicherheitsinstrument zu ihrem territorialen Schutz und ihrer Verteidigung bereithalten muß. Zum gegenwärtigen Zeitpunkt wäre es der Bundeswehr unmöglich, ihren Aufgaben in der erforderlichen Art und Weise nachzukommen, müßte sie auf Wehrpflichtige verzichten. Dementsprechend ist die Bundesrepublik Deutschland daran interessiert, Verständnis für den Wehr- und Verteidigungsgedanken, für den damit verbundenen Auftrag der Bundeswehr und für die institutionale Wehrpflicht, welcher junge Staatsbürger genügen müssen, zu erwecken. Dies schließt nicht aus, daß jeder Bundesbürger seine ureigenste Entscheidung für oder gegen das Militär in der Bundesrepublik Deutschland und seine Einstellung hierzu auf dem Hintergrund vollkommener Information über sein im Grundgesetz verankertes Recht auf Kriegsdienstverweigerung fällen kann.

Geht man davon aus, daß sich gerade der jugendliche Bürger mit der vorstehend aufgezeigten Problematik auseinandersetzen muß, wenn er aus dem Schuldasein in das Berufsleben übertritt, dann sollten auch Lernziele und Lerninhalte, die ihm in der Schule vermittelt werden, auf diese und ähnliche Entscheidungssituation hin ausgerichtet sein. Dieser Gedankengang führt zu einer weiteren Annahme: im politischen und sozialkundlichen Unterricht der Schulen erhalten insbesondere Schüler der Abschlußklassen die nötigen Kenntnisse und Einsichten vermittelt, um Entscheidungen situationsgerecht fällen zu können. Dies beinhaltet auch Entscheidungen, die sich auf Art und Form der Ableistung der gesetzlich verankerten Wehrpflicht beziehen. Auf diese erste staatsbürgerliche Bewährung sind junge Männer, werden sie aus der Schule entlassen, hinreichend und kritisch vorbereitet. Ihnen wurde auch vom Lehrstoffangebot her genügend Gelegenheit geboten, sich mit der Notwendigkeit der Wehrpflicht und dem historisch gewachsenen Recht auf Kriegsdienstverweigerung aus Gewissensgründen auseinanderzusetzen.

2. <u>Sicherheitspolitische Unterrichtung der Schüler</u>
"Analysen des bisherigen Unterrichts mit dem allgemeinen Ziel politischer Bildung erweisen, daß er wenig effektiv gewesen ist" (77). Zu diesen oder ähnlichen Ergebnissen führen so gut wie alle empirischen Erhebungen, die den politischen Unterricht zum Untersuchungsgegenstand haben. Das verwundert zunächst insofern, als gerade der politischen Bildung an Schulen gleich in der Nachkriegszeit höchste Aufmerksamkeit zuteil wurde. Vor allem aufgrund der Re-education-Bemühungen der USA "betonte schon 1949 der hessische Kultusminister ... die Notwendigkeit, im Interesse der politischen Bildung auf akademischer Ebene und in der Schule, Lehrstühle für Politikwissenschaft zu errichten" (78). Allerdings erfolgte die Umsetzung dieser Forderung auf den verschiedenen Schulebenen und entsprechend noch mehr im Schulunterricht recht schleppend. Das ist um so unverständlicher, als mittlerweile in der fachdidaktischen Diskussion Einigkeit darin besteht, daß bereits im Kindesalter wichtige politische Sozialisationsprozesse stattfinden, die intensive politische Bildung bereits in der Grundschule notwendig erscheinen lassen (79).
Die Gründe für das weitgehende schulische Versagen in politischer Erziehung sollen hier nur punktuell und somit sicherlich unvollständig aufgelistet werden:
- Eine merkliche Unterrepräsentanz des gesellschaftlich-politischen Unterrichts im Vergleich zum naturwissenschaftlichen oder sprachlichen Fächerkanon ist bis heute festzustellen;
- Sozialkunde ist häufig kein eigenständiges Fach (was ja durchaus positiv gesehen werden kann); es wird aber oft nachrangig im übergreifenden Fachverbund (Geschichte, Erdkunde) angeboten;
- erst in den letzten Jahren wurden Richtlinien und Lehrpläne erarbeitet, die aber häufig wegen ihrer politischen Inhalte und/oder Zielsetzungen umstritten waren und deren Umsetzung von daher fraglich erscheint;
- gerade die Politiklehrer fühlen sich für ihr Unterrichtsfach gar nicht oder unzureichend ausgebildet. Das beginnt schon damit, daß eine eindeutige Zuordnung Hochschuldisziplin versus Schulfach fehlt;
- an geeigneten Unterrichtsmaterialien mangelt es häufig; die gängigen Lehrbücher müssen zu vielen Gebieten gerecht werden; themenspezifische Curricula erschienen erst in jüngster Zeit.

Alle diese sporadischen Anmerkungen zum allgemeinen Politikunterricht treffen natürlich auch auf das nachgeordnete Teilgebiet Sicherheitspolitik zu - sogar in noch stärkerem Maße, da gerade diese Thematik aufgrund der jüngsten deutschen Geschichte als besonders brisant gilt und von daher zumindest in Teilen weitgehender Tabuisierung unterliegt.

2.1. 'Wehrkundedebatte' - Entwicklung und Problematik

Gerade die Problematik 'Bundeswehr im schulischen Unterricht' oder überspitzt die 'Erziehung zur Wehrpflicht' war aufgrund der Erfahrungen des Dritten Reiches in der öffentlichen Diskussion der Bundesrepublik jahrelang ausgespart. Die Aufgabe der Schule erfuhr während des Hitlerregimes eine Umwandlung zur Schulung und Einübung in nationalsozialistischer Weltanschauung. Neben Rassenlehre und Erbkunde wurde "ein darwinistisch verstandenes Machtprinzip zu den zentralen Leitwerten für die Erziehung der deutschen Jugend" (80).
Der Lehrerbund stand ebenso wie die anderen der NSDAP angeschlossenen Verbände unter dem Führerprinzip, d.h. das kulturelle und erzieherische Leben wurde nationalsozialistisch bestimmt. Die nationalsozialistisch geprägte Pädagogik hatte zum Ziel, "ein für den Kampf gestähltes und zum Kampf bereites 'Menschenmaterial' zu formen, das für die imperialistischen Herrschaftsziele bereitstand" (81). Ein Vierteljahrhundert nach Ende des Zweiten Weltkrieges gab es jedoch im Rahmen der Wehrgerechtigkeitsdebatte als Folge zunehmender Wehrunwilligkeit und steigender Zahl von Anträgen auf Kriegsdienstverweigerung in der Bundesrepublik Deutschland zahlreiche Anlässe, das Thema 'Sicherheitspolitik im Unterricht' ambivalent zu diskutieren. "Das ... Problem, auf das ich ihre Aufmerksamkeit lenken möchte, ist die Tatsache, daß Fragen der Verteidigung im Rahmen der Friedenserziehung im Sozialkundeunterricht und in den Lehrbüchern in den einzelnen Ländern unterschiedlich, teilweise auch unzureichend behandelt werden. Das gilt auch für den Auftrag und die Stellung der Bundeswehr in unserer Demokratie" (Bundeskanzler Brandt in einem Brief vom 19.11.70 an die Ministerpräsidentenkonferenz) (82). Am 26.3.1971 ergänzte der damalige Bundeskanzler in einer Sicherheitsdebatte im Bundestag dieses sein Schreiben mit den Worten: "Friedens- und Sicherheitspolitik - darauf ist mehrfach hingewiesen worden - bilden eine Einheit. Sie als Grundtatsache unserer Situation gerade den jungen Menschen einsichtig zu machen, ist eine der wichtigen Aufgaben der Schulen" (83). Damit war das Thema auf dem Tisch. Die unterschiedlichsten Gruppierungen - von der Gewerkschaft Erziehung und Wissenschaft (GEW) auf der einen bis zu einzelnen Autoren der Zeitschrift 'Wehrkunde' auf der anderen Seite - warfen sich gegenseitig mangelndes Staatsbewußtsein und ein gestörtes Verhältnis zum Grundgesetz vor. Insbesondere sah sich der damalige Verteidigungsminister, Helmut Schmidt, heftiger Kritik ausgesetzt, der in der bereits oben genannten Bundestagsdebatte die allgemeinen Vorwürfe Brandts konkretisierte: "An manchen Gymnasien scheint es zum guten Ton zu gehören, auf die eine oder andere Weise den Wehrdienst zu vermeiden oder zu umgehen. Von dieser Feststellung können auch manche Lehrer nicht ausgenommen werden" (84). Die öffentliche Diskussion kann hier nicht in ihrer ganzen Breite wiedergegeben werden, aber ungeachtet dessen, daß keine Seite ein spezielles Fach 'Wehrkunde' explizit forderte, verstärkten sich doch zum Teil in der Öffentlichkeit starke Befürchtungen in der Richtung, daß die Schulen militarisiert, die Lehrer als Handlanger des Militärs mißbraucht werden sollten. Insbesondere wurden Befürchtungen laut, daß das Grundrecht auf Kriegsdienstverweigerung nur eingeschränkt oder nur als Ausnahmerecht Geltung haben

solle: "Für den schulischen Unterricht muß nach wie vor gewährleistet sein, in ausgewogenem Verhältnis sowohl auf den Wehrdienst wie auf die Verweigerung als zumindest gleichwertige Möglichkeiten hinzuweisen ..." (85). Des weiteren entzündete sich die Diskussion am Einsatz von Jugendoffizieren in den Schulen. Obwohl von offizieller Seite immer auf das Prinzip der reinen Sachinformation durch diese Jugendoffiziere verwiesen wird, verschweigen selbst Bundeswehrrepräsentanten nicht, daß die Trennung von Information und Werbung in der Realität praktisch kaum durchzuführen ist. "Daher wird befürwortet, wenn auch Kriegsdienstverweigerer zur Information in die Schulen gehen; viele Jugendoffiziere betonen darüber hinaus, daß ihnen an paritätischer Diskussion - gemeinsam mit Verweigerern - durchaus gelegen sei ... Die Praxis allerdings ist von diesen Beteuerungen weit entfernt". (86).
Mittlerweile ist der Ruf nach der Beteiligung von Jugendoffizieren im politischen Unterricht wie die gesamte Wehrkundediskussion auch zumindest in der Öffentlichkeit in den Hintergrund getreten. Auch auf Bundeswehrseite scheint man sich zum Teil bewußt zu werden, daß die generelle Frage berechtigt ist, "ob ein politischer Unterricht der Ort sein kann für die Möglichkeit zur Selbstdarstellung detaillierter, gesellschaftlicher Interessengruppen" (87). Auch im eigenen Interesse der Bundeswehr, welche vor allem die Integration in Staat und Gesellschaft anstrebt, bleibt eine Gleichbehandlung des sicherheitspolitischen Themenkreises im Rahmen der üblichen Schulunterrichtung zu wünschen.
Die offensichtlich mangelnde Ausbildung der Lehrer im Hinblick auf die Erfordernisse des politischen Unterrichtes trifft ja nicht nur in sicherheitspolitischer Hinsicht zu.
Ungeachtet der unterschiedlichen Standpunkte zum Thema 'Wehrkunde' besteht Einigkeit in folgenden Punkten:

- Umfassende staatsbürgerliche Erziehung ist Aufgabe der allgemeinbildenden Schulen. Der wehrpflichtige junge Mann darf nicht erst im Rahmen seines Dienstes bei der Bundeswehr erstmalig mit gesellschaftlichen und politischen Fragen konfrontiert werden.
- Sicherheitspolitische Themen sind selbstverständlicher und sachgerecht zu behandelnder Bestandteil des Sozialkundeunterrichts.

Um letzteren gerecht zu werden, kamen mittlerweile in nahezu allen Kultusministerien entsprechende Erlasse heraus (88). Den Lehrern wurden - vor allem von der Bundeswehr nahestehenden Kreisen - Fortbildungsseminare sowie themenspezifische Materialien und Publikationen angeboten. Darüber hinaus gab es in den letzten Jahren auch eine zunehmende Zahl 'neutral' erarbeiteter Curricula und Unterrichtshilfen zu sicherheitspolitischen Inhalten.
Abschließend bleibt zum Thema 'Wehrkundedebatte' noch kurz anzumerken, daß die Schule nicht als ausschließlicher Prügelknabe für eine möglicherweise fehlende Verteidigungsbereitschaft betrachtet werden darf. Die Schule als gesellschaftliche Institution spiegelt durchaus allgemeine gesellschaftliche Entwicklung wider. Untersuchungen zur politischen Sozialisation verweisen darauf, daß vor- und außerschulische Sozialisationsinstanzen besonders wirksam sind (89). Demgegenüber hat "die Schule im Vergleich zu außerschulischen Sozialisationsinstanzen und den Bedingungen des Gesellschaftssystems nur modifizierenden und relativen Einfluß" (90).

2.2. Bisherige Forschungsergebnisse und Ableitungen zum sicherheitspolitischen Unterricht an Schulen

Als weitere Folge der Wehrkundedebatte - neben Richtlinien und Erlassen der Kultusministerien der Länder und themenspezifischen Unterrichtsmaterialien - kam es zu den unterschiedlichsten Versuchen der Bestandsaufnahme, in welchem Umfang und mit welchen Medien Sicherheits- und Verteidigungspolitik im Schulunterricht vermittelt wird.

2.2.1. Ausgewählte Ergebnisse von Meinungsbefragungen

"Unsere Verfassung schreibt vor, daß unser Land Anstrengungen machen muß, um seine Sicherheit zu gewährleisten und seinen Frieden verteidigen zu können. Wenn man das konkret will, und nur dieses will, dann braucht man in den eigenen Streitkräften für den Soldaten und für jemanden, der mit dieser Aufgabe befaßt ist, kein Feindbild,das sich gegen irgend jemanden in der Welt richtet, sondern nur die Sicherheit und das Bewußtsein, daß dieses Land und unser Volk verteidigt werden muß und daß es Werte gibt, die es notwendig machen, daß sie verteidigt werden. Der Bürger wird also aufgefordert, für etwas einzutreten und nicht gegen etwas aufzutreten" (91). Von dieser oder einer ähnlichen Position ausgehend, versuchte eine im Januar 1974 an Saarländischen Schulen durchgeführte Befragungsaktion (92) zu ermitteln, mit welchen Vorurteilen das bei Schülern aufgebaute Feindbild verwoben ist und wie stark der Autismus (93) im Rahmen sicherheitspolitischer Sozialisation von Jugendlichen an Schulen bereits Platz gegriffen hat. Hinsichtlich der Eigenschaftszuordnungen als auch hinsichtlich der politischen Bewertung wurde das Volk, auf welches sich das Feindbild konzentrierte - die Russen -, deutlich negativ bewertet. Offensichtlich ist, daß noch immer die Vorstellung einer direkten Bedrohung durch die Sowjetunion das Bild von unserem östlichen Nachbarn prägt (94). In einer Studie aus dem Jahre 1975 (95) wird versucht, die Wissensvermittlung allgemeinpolitischer und sicherheitspolitischer Inhalte und deren Reflexion bei ausgewählten Rezipienten- und Vermittlergruppen zu eruieren, soweit diese mit der Bundeswehr in Verbindung stehen. Es zeigt sich, daß die Bundeswehr als Unterrichtsthema in den Schulen und Ausbildungsstätten nicht ausgeblendet ist. 77 Prozent der Lehrer geben an, daß das Thema 'Bundeswehr' im Unterricht angesprochen wird; dabei interessieren die Schüler vor allem Probleme des Wehrdienstes (65 Prozent) und der Wehrdienstverweigerung (62 Prozent). Nur 16 Prozent der Lehrer meinen, daß sich Schüler für Bündnisprobleme interessieren und nur 12 Prozent bzw. 11 Prozent der Lehrer geben an, daß bei ihren Schülern Themen wie die politische Rolle des Militärs oder die Abrüstung gefragt sind. Wenn in den Schulen über die Bundeswehr und über Verteidigungsprobleme unterrichtet wird, greifen die Lehrer auf einschlägiges Lehrmaterial zu 45 Prozent, auf sonstiges Lehrmaterial zu 48 Prozent, auf wissenschaftliche Veröffentlichungen zu 32 Prozent, auf Zeitschriften und auf Magazine zu 32 Prozent, auf Radio- und Fernsehsendungen zu 25 Prozent, auf Werbeschriften der Bundeswehr zu 43 Prozent, auf Material der Wehrdienstgegner zu 17 Prozent, auf Material von politischen Parteien zu 14 Prozent und auf Kriegsliteratur zu 7 Prozent zurück. 69 Prozent der Lehrer meinen, daß das ihnen zur Verfügung gestellte Lehrmaterial hinreichend sei, um über Bundeswehr und Landesverteidigung den Schüler zu unterrichten; nur 13 Prozent wünschen sich weiterreichende Informationen. Aus diesen kurz präsentierten Ergebnissen einer Meinungsbefragung wird

ersichtlich, daß der sicherheitspolitische Unterricht an Schulen und das hierfür zur Verfügung gestellte Lehrmaterial engen Bezug zueinander haben. Darüber hinaus kann geschlossen werden, daß der Lehrer bei seiner Unterrichtsgestaltung weitgehend den Interessen seiner Schüler folgt, d.h., daß der Schwerpunkt sicherheitspolitischen Unterrichts für den künftigen Wehrpflichtigen sicherlich bei den Problemen des Wehrdienstes und der Kriegsdienstverweigerung liegt (96). Weiter abliegende Unterrichtsgegenstände, wie Bündnispolitik, supranationale Einrichtungen, das internationale Kräfteverhältnis, die Wehrverfassungen anderer Staaten und das gesamtpolitische Klima, welches sich sowohl auf die sicherheitspolitischen Zielsetzungen bezieht als auch auf Struktur und Prozesse innerhalb der die Sicherheit und Landesverteidigung gewährleistenden Instrumente einwirkt, werden vom Schülerinteresse her wenig berührt. Die eigene sicherheitspolitische Position dürfte dann auch kaum reflektiert und das unterschwellig vorhandene Feindbild kann dann auch nicht hinterfragt werden.
Auf die Themenbereiche 'Landesverteidigung, Bundeswehr, Kriegsdienstverweigerung' soll abschließend kurz mit Ergebnissen - soweit sie sich auf die hier vorliegende Themenstellung beziehen - eingegangen werden. Schwerpunkt der referierten Analyse war die Frage: "Werden die Schüler an Gymnasien über Verteidigungsfragen unterrichtet? Wie viele erfahren etwas zum Thema 'Bundeswehr/Landesverteidigung', wie viele zum Thema 'Kriegsdienstverweigerung'? Wie verbreitet ist hier die Praxis, Jugendliche einseitig nur über ihre Rechte, aber nicht über ihre Pflichten zu informieren" (97)? Dieser Analyse liegt eine schriftliche Befragung zugrunde, welche sich an 2170 Abiturienten wendete, die zum Wehrdienst im Jahre 1974 eingezogen werden sollten; die Repräsentativstichprobe (Abiturienten 1974) wurde zu 77 % ausgeschöpft, d.h. es gelangten 1679 zurückgereichte und ausgefüllte Fragebögen in die Auswertung (98). Die Befragten dienten als "Informanden für Tatbestände, die nicht sie, sondern die Bildungspolitiker, die Schulleitungen und bestenfalls die Lehrer zu vertreten haben" (99). Eine weitere Feststellung schränkt die Gültigkeit der Analyse ein, denn die Befragten sollten nicht Auskunft über sich selbst geben, sondern sie sollten Erfahrungen aus ihrer schulischen Vergangenheit rückwirkend mit schulischem Erleben koppeln und auf Schule, Lehrer und Unterricht projezieren. Insofern werden weder Lehreraussagen, noch Unterricht, noch die vermittels Unterrichtsmaterialien zur Verfügung gestellten Wissensinhalte in Schulen als Informationsträger in Anspruch genommen: der Unterricht u.ä. wird vielmehr aufgefaßt als ein Stimulus, der bei den Rezipienten (Schülern) gespeichertes Wissen und gespeicherte Vorerfahrung abruft. Damit gehen aber wesentliche Erwartungshaltungen bei den Befragten in ihre Auskünfte mit ein. Die Erwartungshaltung bei den befragten Schülern, die bald in den Wehrdienst treten sollten, wird somit zur Norm und zum Maßstab, an welchen gemessen wird, "inwieweit die Schulen den Jugendlichen den Wertgehalt und die Verteidigungsmöglichkeit unserer Staatsordnung nahebringen, inwieweit sie die Jugendlichen auf die Notwendigkeit des Wehrdienstes vorbereiten, und noch konkreter: inwieweit die Schulen überhaupt das Thema 'Bundeswehr und Sicherheitspolitik' im Unterricht behandeln" (100).
Unter diesen Einschränkungen, die die Gültigkeit der Ergebnisse betreffen, sind die Ausführungen der Autoren dieser Untersuchung zu sehen. "Mit 'Verteidigungsfragen' allgemein (Bundeswehr und/oder Kriegsdienstverweigerung) im

Schulunterricht konfrontiert wurden 79 Prozent der vom Bund befragten Abiturienten (1524)" (101). "Die allgemeine 'Informationslage' erweist sich auch in den Bundesländern als relativ stabil. Zwar wird der genannte Themenkreis an den höheren Schulen Bayerns (85 Prozent) eindeutig und am häufigsten behandelt; aber auch alle anderen Bundesländer kommen hier noch auf eine Quote von über 70 Prozent. Ausnahme: Der Stadt-Staat Hamburg.
Die Schüler Hamburger Gymnasien geben nur zu 52 Prozent (!) an, daß sie im Unterricht ihrer Schulen über sicherheitspolitische Themen informiert wurden. Diesen Befund gilt es jedoch zu differenzieren. ... Die Bundeswehr wird im 'Unterricht über Verteidigungsfragen' in der Mehrzahl der Fälle ausgeklammert. So erhielten die Abiturienten (1524) Informationen über:
- 'Sicherheitspolitik - Landesverteidigung - Bundeswehr' zu ... 45 Prozent
- 'Kriegsdienstverweigerung' zu ....70 Prozent.
... Setzt man einmal - der Anschaulichkeit wegen - die Gesamtheit der Abiturienten mit der Gesamtheit der höheren Schulen gleich, so sieht die Unterrichtspraxis über Verteidigungsfragen an den höheren Schulen der Bundesrepublik wie folgt aus: An 9 Prozent der Gymnasien wird nur das Thema 'Bundeswehr' behandelt. Dem steht ein Drittel (!) (34 Prozent) der Schulen gegenüber, die ausschließlich über das Thema 'Kriegsdienstverweigerung' informieren. Weitere 36 Prozent der Gymnasien nehmen sich beider Themen an. Verbleibt schließlich ein Fünftel (21 Prozent) der Schulen, die weder den einen noch den anderen Komplex im Unterricht erwähnen" (102).
Den Ergebnissen dieser Studie zufolge kann man schließen, daß das Thema 'Bundeswehr' im Unterricht höherer Schulen eine weitgehende Vernachlässigung erfährt. Ferner ergibt sich der Hinweis, daß eine starke Benachteiligung des Themas 'Bundeswehr und Wehrpflicht' gegenüber dem Fragekomplex 'Kriegsdienstverweigerung' zu verzeichnen ist. Die Studie differenziert die Unterrichtspraxis im Bereich der Inhaltsvermittlung zu Bundeswehr, Sicherheitspolitik und Landesverteidigung auch nach Bundesländern und zeigt, daß es in der Bundesrepublik hinsichtlich dieser Unterrichtspraxis ein Süd-Nord-Gefälle gibt von Baden-Württemberg, wo die Notwendigkeit von Bundeswehr und Verteidigung am meisten positive Begründung findet, bis hin zu Hamburg, wo eben diese Begründung für Bundeswehr und Landesverteidigung am wenigsten mit positiven Werten versehen ist, dafür aber die Besprechung des Rechts auf Kriegsdienstverweigerung erhöhte Unterrichtsanteile auf sich zieht (103). Ein Teil der Befragten, nämlich diejenigen Abiturienten, an deren Schulen Sicherheitspolitik einschließlich Bundeswehr überhaupt Beachtung im Sozialkundeunterricht oder ähnlichen Unterrichten gefunden hatte, wurde nach der Ausführlichkeit der diesbezüglich gegebenen Information befragt. 48 Prozent dieser Abiturientengruppe bezeichneten die Information als nicht ausreichend, 52 Prozent bezeichneten hingegen die Behandlung als angemessen (104).
Der zentrale Befund dieser Studie gipfelt in der Aussage, "daß trotz allgemeiner Wehrpflicht und ihrer Bedeutung für den einzelnen jungen Mann, trotz der Notwendigkeit einer wirksamen Landesverteidigung im Rahmen der Sicherheitspolitik 55 Prozent (!) der höheren Schüler im Unterricht über den Themenkomplex 'Sicherheitspolitik - Landesverteidigung - Bundeswehr' nichts hören und weitere 29 Prozent (!) diesen Problemkreis nur 'am Rande' kennenlernen. Eine Unterrichtung, die zumindest dem Umfang nach der Bedeutung verteidigungsbezogener

politischer Bildung gerecht werden könnte, erfahren lediglich 16 Prozent der Abiturienten" (105).
Die Gesamtschau der Ergebnisse von Meinungsbefragungen bei Lehrern, Schülern oder schulentlassenen jungen Bürgern, die dem auf sie zukommenden Wehrdienst entgegensahen, liefert weitere untersuchungswerte Fragestellungen: da das Schulbuch nach wie vor als zentrales Lehr- und Lernmittel gilt (106), die Lehrkräfte somit vermutlich die von ihnen gelehrten sicherheitspolitischen Themenkreise an den Inhalten der ihnen in die Hand gegebenen Schulbücher, insbesondere der Sozialkundebücher, festmachen, müßten sich diese bei den Schülern festgestellten Defizite im Wissens- und Einstellungsbereich zu Bundeswehr, Sicherheitspolitik und Landesverteidigung auch im Rahmen der Inhaltsanalyse von Sozialkundebüchern auffinden lassen; darüber hinaus müßte in den nach Bundesländern zugelassenen Sozialkundebüchern auch ein Süd-Nord-Gefälle im Hinblick auf die Behandlung von Bundeswehr, bundesdeutscher Sicherheitspolitik und Landesverteidigung sichtbar werden.

2.2.2. Ausgewählte Ergebnisse aus Schulbuchanalysen

Bereits vorliegende Schulbuchanalysen zur sicherheitspolitischen Thematik interessieren aus mehreren Gründen: sie dienen der Hypothesenbildung, der methodischen Rückbindung und lassen einen Vergleich von Ergebnissen zu. Inhaltsanalysen zu allen möglichen thematischen Schwerpunkten in fachspezifischen Schulbüchern sind in letzter Zeit in größerer Anzahl auf dem Markt, teils umfassende Forschungsberichte, teils eher inhaltsspezifisch exemplarische Aufsätze in Fachzeitschriften und Sammelbänden (107).
Bei Untersuchungen zum Thema Sicherheitspolitik fällt zunächst auf, daß eine ganze Reihe von ihnen, zwar dem eigenen Anspruch und Titel entsprechend, methodisch als Inhaltsanalysen ausgewiesen sind, der tatsächlichen Bedeutung nach aber eher als Schulbuchrezensionen gelten können. Schulbuchrezensionen ist eigen, daß "ein paar registrierende und kritisierende Bemerkungen zu einigen in Schulen heute gebräuchlichen Büchern aus der Distanz des Nichtdidaktikers und mit politikwissenschaftlichem Engagement für die Bewußtseinsbildung in einer existenziellen Sache" (108) ausreichend sind, um ein solch wichtiges Unterrichtsmittel gegenüber Dritten zu bewerten. Stellungnahmen wie die folgende, werden lediglich aus dem eigenen Selbstverständnis des Rezensenten weitergegeben. "Alle anderen untersuchten sozialkundlichen Werke gehen mehr oder minder komplex auf Kriege, Kriegsursachen, Friedenszustände und Friedensstrategien ein. Definitionen, das fällt schnell auf, sind selten. Auch die Schlagwortverzeichnisse nehmen nur wenig auf. Das kann seinen guten Sinn haben. Definitionen so umfassender Vorgänge können nur antippen, was begriffen werden soll, nur die allgemeinsten Unterscheidungen zwischen Objekten vermitteln, die substantielle Erkenntnis nur einleiten oder formelhaft abschließen, gewissermaßen Merkkästen oder Indikatoren für eingehender Betroffenes darstellen. So gesehen bliebe gerade ein Schulbuch, das von Definition zu Definition eilend nichts anderes als Netze von Begriffen knüpft, am Strand der Realität stehen und würde Eigentliches nicht an Land bringen. Andererseits ist ohne Netz nichts zu fangen und mit bloßen Händen nur Zufälliges, was sich gerade bietet, nicht aber das, was gesucht werden soll. Der Begriff erst treibt die bloße Anschauung zur Erkenntnis, zum wirklichen Schauen, zur Theorie also" (109). Solche und ähnliche 'Rezensionen',

deren Aussagen kaum nachvollzogen werden können, - weder in qualitativer noch in quantitativer Hinsicht -, mögen i.w.S. auf eine individuelle Analyse des Gelesenen zurückgehen und insofern versuchen, nach bestem Wissen und Gewissen des Rezensienten sich noch mit vorgefundenen ausgewählten Inhalten abzugeben; dem Anspruch von wissenschaftlich fundierten Inhaltsanalysen werden sie jedoch kaum gerecht (110).

Einer vorgefundenen Fülle von 'Schulbuch- und insbesondere Sozialkundebuchrezensionen' (111) steht nur eine geringe Anzahl von Inhaltsanalysen, die einem wissenschaftlichen Anspruch genügen, gegenüber.

Auf diese soll im folgenden etwas ausführlicher eingegangen werden.

Der Bereich der Sicherheitspolitik kann u.a. durch ein Bündel von Spannungsverhältnissen zwischen Ost und West eingegrenzt werden. "Die Autoren der Schulbücher reflektieren bewußt oder unbewußt, daß die bloße Existenz der Bundesrepublik als Staat dem Kalten Krieg geschuldet ist. Die Zustimmung der Schulbuchautoren für den Staat ist zugleich die Bejahung der nach dem Krieg restaurierten kapitalistischen Wirtschaftsordnung. Ein drittes Axiom, das mit den beiden anderen zusammenhängt, stellt die Funktion des neuen Staates (bis in die jüngste Gegenwart) als 'Bollwerk gegen den Bolschewismus' dar.

Da sich die Autoren mit der sozialen und wirtschaftlichen Struktur dieser Bundesrepublik identifizieren, fällt für sie die Legitimation der Bundesrepublik mit der der kapitalistischen Sozial- und Wirtschaftsordnung und den Interessen der US-amerikanischen Besatzungsmacht genauso zusammen wie die Ablehnung des Sozialismus und Kommunismus, der Politik der Sowjetunion und der Existenz der DDR. Von diesem von vornherein festgelegten Standpunkt aus ergibt sich ein relativ festes Interpretationsschema, das allen in den Schulbüchern behandelten Ereignissen dieser Zeit aufgepreßt wird" (112). Mit dem Einsatz der Inhaltsanalyse kann es also möglich sein, Ideologeme zutage zu fördern und zu bestätigen. "Die Hypostasierung der bestehenden Gesellschaft und des gegenwärtigen Menschen, wie sie sich in allen formalen Ideologemen finden läßt, zur überzeitlichen Gesellschaft und zum ewigen, immergleichen Menschen widerspricht dem historischen Denken, welches zunächst einmal aus Denken in Prozessen mit der Konsequenz der Annahme der Vergänglichkeit, Veränderbarkeit und Entwicklung der Gesellschaft verstanden werden soll" (113). Da sich diese historische Position aber in der Gegenwart befindet und auf sie wesentliche Gegenwartseindrücke einströmen und Einfluß nehmen, dient diese Position der Aufrechterhaltung der bestehenden Gesellschaftsordnung und "tut das auf ziemlich antiquierte Weise, nämlich mit den Mitteln des 19. Jahrhunderts" (114). Folgt man diesen Gedankengängen, zumindest soweit sie das sicherheitspolitische Ost-West-Verhältnis betreffen, so ist die Vermutung nicht abwegig, daß Inhalte von Sozialkundebüchern immer jeweils von der Position aus gezeichnet werden, der sich der Schulbuchautor im Rahmen seiner gesellschaftlichen Anpassung gerade verpflichtet fühlt, mag es nun zu Lasten von Fehlinformationen oder auf Kosten der Aussparung historischer Realitätsbezüge gehen. Auch verfremdete Darstellungen mögen auftreten, nämlich in der Weise, daß nur Meinungen, Ansichten oder Proklamationen bestimmter gerade in die Denkhaltung passender Prominenz zur Illustration, zur Erhärtung und Verstärkung mitgeteilt werden.

Ein zusätzliches Bild mag diese Vermutung noch stützen: "Die Bedeutung von

Schulbüchern ist nur richtig einzuschätzen im Zusammenhang mit der gesellschaftlichen Funktion von Schule und insbesondere von politischer Bildung. Es ist wohl unstrittig, daß der Schule als 'Veranstaltung des Staates' eine Tendenz zum status quo immanent ist. Aus der Fülle ihrer Funktionen ragen zwei Aufgabenbereiche heraus: die Vermittlung von Qualifikation für den Produktionsprozeß und die Integration der Schüler in die jeweils bestehende Gesellschaftsordnung. Aus der ersten Aufgabe ergibt sich die Notwendigkeit der Anpassung der Qualifikationsstruktur an den technisch-wissenschaftlichen Fortschritt ..." (115). Eine zweite Aufgabe konzentriert sich darauf: "Mögliche emanzipatorische Ansätze, die zu einer Gefährdung des bestehenden Herrschaftssystems führen könnten, werden daher durch den Sozialisationsprozeß aufgefangen bzw. unmöglich gemacht, indem die geltenden Normen und Verhaltensmuster akzeptiert und verinnerlicht werden" (116). "Diese 'ideologische Qualifikation' (117) ist das notwendige Korrelat zur ökonomischen Qualifikation" (118).
Hieraus kann abgeleitet werden, daß das Bildungssystem der Bundesrepublik Deutschland - wie viele andere Bildungssysteme in der Welt auch - als mit affirmativen Funktionen ausgestattet scheint. Bezogen auf den Untersuchungsgegenstand 'Sozialkundebuch' leiten demnach zwei Konzepte die Schulbuchautoren: im Rahmen einer bewußt angebotenen Schwarz-Weiß-Malerei muß die Komplexität, die dem Geschehen auf sicherheitspolitischer Ebene eigen ist, soweit reduziert werden, daß aufgrund solcher Vereinfachungen Nachfragen überhaupt nicht mehr zur Debatte stehen. Die alle Aspekte sicherheitspolitischen Geschehens berücksichtigende Beschreibung historischer Tatsachen und der Information müssen einem Angebot weichen, das den Bestand des gegenwärtigen gesellschaftlichen Systems auch in der nächsten Generation sichert. Die Vielfalt der politischen Strömungen - kurz 'Ismen' genannt, muß je nach politischem Feindbild auf eine geringe Anzahl dieser 'Ismen' reduziert werden, so daß sich schließlich alle die das eigene Gesellschaftssystem infrage stellenden 'Ismen' auf einen Nenner bringen lassen und im Rahmen eines sicherheitspolitischen Feindbildes abgehakt werden können. Eine solche oder ähnliche Reduktion der Information muß dann zwingenderweise gepaart sein mit weniger verbaler Ausführlichkeit, mit weniger Detailliertheit, mit weniger Vergleichsansätzen und mit der besonderen Hervorhebung von Geschehnissen, welche das kontrahierende Gesellschaftssystem in seinen Grundfesten zu erschüttern drohen (119). Schulbuchautoren, die von der geschilderten Problematik abheben wollen, flüchten dann in Institutionenkunde und in die Beschreibung organisatorischer Gegebenheiten, ohne diese zu bewerten oder eine Bewertung dem Schüler nahezulegen. Die Verwendung stereotyper Ausdrücke wird dann zur Regel (120).
Als einer der unmittelbaren Vorgänger der hier präsentierten Studie kann eine im Juli 1975 vorgelegte "Analyse sicherheitspolitischer Inhalte in ausgewählten Schulbüchern" (121) gelten. Das erkenntnisleitende Interesse, welches dieser Untersuchung zugrundegelegt ist, "läßt sich mit einem Zitat aus einer Presseerklärung der Bundesregierung vom 26.3.1972 wiedergeben: 'Friedenssicherung und Entspannung, Landesverteidigung und das Recht auf Kriegsdienstverweigerung, Friedensforschung und der Abbau sozialer Spannungen müssen im Zusammenhang gesehen werden'. Dieses Untersuchungsinteresse deutet bereits an, daß das Schwergewicht auf die qualitative Analyse gelegt wird" (122). Der Operationalisierung

dieses erkenntnisleitenden Interesses liegt ein Kategorienschema zugrunde, welches sich in drei Dimensionen gliedert:

- Bedrohung und Reaktion,
- militärische Verteidigung,
- Entspannungs-, Abrüstungspolitik.

Der Entwurf des Kategorienrasters war einmal Resultat aus dem "theoretischen Alltagswissen und Vorverständnis der Autoren" (123), zum anderen war es Ergebnis von schulbuchimmanenter Systematisierung der vorgefundenen wesentlichen Themen. Bereits aus dem Verweis auf das zu analysierende Material und der Ableitung des Kategorienrasters aus diesem Untersuchungsmaterial wird deutlich, daß auf eine kritische Reflexion z.B. der Ansprüche politischer Bildung oder curricularer Art an die Inhalte von Sozialkundebüchern verzichtet wird. "Die Untersuchung soll in erster Linie die Inhalte der Lehrbücher und Arbeitsmaterialien wiedergeben, deshalb wurde auf ein generelles politisches Bewertungsschema verzichtet (allerdings auch auf ein administratives ...)" (124). Als Maßstäbe, die der Beurteilung der Sozialkundebücher zugrundegelegt wurden, dienten

- der Grundsatz der Genauigkeit,
- der Grundsatz der Fairness,
- der Grundsatz des Wertes: Die Darstellung muß Wert und Bedeutung für die erforderlichen Kenntnisse und Fähigkeiten haben, um gegenwärtige Sicherheitspolitik historisch und aktuell beurteilen zu können (125).

Die qualitative Analyse der untersuchten Sozialkundebücher konzentrierte sich auf die Darstellung der Inhalte zu den einzelnen Dimensionen und Kategorien, belegt durch möglichst viele Zitate und deren abschließende Beurteilung anhand der vorstehenden, eher vagen Kriterien. Diese Hervorhebung singulärer Ausformulierungen beeinträchtigt aber im starken Maße die Übersichtlichkeit und die Aussagefähigkeit der gesamten Studie. Für die Konzeption der Studie ' Erziehung zur Wehrpflicht? ' ist aus den hier vorgetragenen Anmerkungen abzuleiten, daß

- der Untersuchungsansatz nicht in globaler, sondern in eher differenzierter Form vorgelegt und für den Leser transparent gemacht werden muß;
- sich die Analyseebenen und das Kategorienraster nicht ausschließlich am ' Sozialkundebuch ' orientieren dürfen, sondern sich darüber hinaus aus den Ansätzen zur politischen Bildung, der Friedenspädagogik, der Konfliktforschung u.ä. ableiten müssen;
- über eine qualitative Analyse, welche sich vornehmlich auf die Präsentation singulärer Aussagen beschränkt, hinaus, eine quantitative Analyse zum Zuge kommen muß, welche inhaltliche Zusammenhänge nicht ausblendet;
- dem Erfordernis des Nachvollzugs erhöhte Bedeutung beigemessen werden muß.

3. Funktion und Stellenwert von Schulbüchern

Im letzten Teil der Ausgangsüberlegungen zu dieser Studie sollen noch einige Anmerkungen zum konkreten Untersuchungsgegenstand, dem Schulbuch, fallen. Eine Schulbuchanalyse vermag auch nur dann mit ihren Ergebnissen aussagefähig zu sein, wenn sie die Funktion, welche ihrem Untersuchungsgegenstand gesellschaftlich und politisch zugeschrieben ist, nicht außer acht läßt. Diese dem Untersuchungsgegenstand zugeschriebene Funktion ist eine wichtige Rahmenbedingung, welche insbesondere zur Ergebnisbeurteilung immer in die Analyse einfließen muß.

"Schulbuch im engeren Sinne meint ... ein Orientierungs-, Begleit- und Arbeitsbuch für die Hand des Schülers. Es basiert auf Richtlinien, die in amtlichen Lehrplänen vorgegeben sind. Das Schulbuch im engeren Sinne versucht, den Benutzer intensiv an den Gegenstand heranzuführen, indem es die kindliche oder jugendliche Psyche in besonderer Weise anspricht" (126). Eine Einteilung von Schulbüchern läßt sich folgendermaßen vornehmen:
- Fachbücher (z.B. Sozialkundebuch);
- primär an Kunst und Literatur ausgerichtete Bücher (z.B. Musikbuch);
- Fertigkeitsbücher (z.B. mathematische Formelsammlung);
- Nachschlagewerke (sie sind nicht ausschließlich für den schulischen Gebrauch bestimmt).

Trotz umfassender Neuerungen gerade auch auf dem Schulmittelsektor (z.B. Videorecorder usw.) bleibt das Schulbuch nach wie vor das dominierende Medium im Unterricht. "Weder von Bildungspolitikern noch von Erziehungswissenschaftlern wird grundsätzlich bestritten, daß das Schulbuch als didaktisches Medium in schulischem Unterricht von erheblicher Bedeutung ist ..." (127).
Einige Zahlen mögen das verdeutlichen: In den Jahren 1974/1975 ergaben sich folgende Absatzanteile der einzelnen Unterrichtsmedien bei 1 Million Verkaufseinheiten (128):

- Schülerbände und Arbeitshefte	903 000	Exemplare =	90,30 %
- strukturiertes Material für den Schüler	52 800	Exemplare =	5,28 %
- didaktische Spiele	2 700	Exemplare =	0,27 %
- Lehrerbände	32 200	Exemplare =	3,22 %
- Elternhefte	3 100	Exemplare =	0,31 %
- Folien, Filme, Schallplatten, Kassetten	1 000	Exemplare =	0,10 %
- sonstige zugehörige Lehrmittel	5 200	Exemplare =	0,52 %

Aufgrund der dominierenden Stellung von Schulbüchern im Unterricht liegt die Frage nach der Wirkung auf die Adressaten auf der Hand. Die Wirkung auf Lehrer und Schüler ist allerdings empirisch kaum in den Griff zu bekommen. Es liegen aber Untersuchungen darüber vor, inwieweit Schulbücher den Unterricht bestimmen: "Richtlinien und/oder Lehrpläne 'regulieren' zwar de jure, nicht aber de facto schulische Lehr- und Lernprozesse. Denn Pädagogen ... richten sich vor Ort - was ihre didaktischen Entscheidungen anbetrifft - eher nach Unterrichtsmedien als nach Richtlinien und Lehrplänen. Das Lehr- und Lernmittel Schulbuch insbesondere wird von Lehrern in der Schule nicht selten zu einem didaktischen Leit-Medium für ihre Unterrichtsgestaltung (und -planung) 'umfunktioniert'" (129). Eine Umfrage des Marktforschungsinstituts in Allensbach zum Thema Schulbuch erbrachte, daß immerhin 75 % der Lehrer ihren Fachunterricht mit Einführung eines neuen Schulbuchs umstellen (130).
Gerade wegen seines außerordentlichen Stellenwertes wird das Schulbuch auch zunehmend zum Politikum, das mannigfaltiger Kritik ausgesetzt ist. Schulbuchanalysen jeglicher Art häuften sich in den letzten Jahren. Da insbesondere Sozialkundebücher vorgeben, gesellschaftliche Realität widerzuspiegeln, schließt Kritik an ihnen gleichzeitig auch Kritik an gesellschaftlichen Gegebenheiten ein: "Schule und Schulbuch müssen im Kontext gesellschaftlicher Machtverhältnisse analysiert werden" (131). Obwohl über die Wirkung von Schulbüchern keine gesicherten Erkenntnisse vorliegen, muß doch die Reichweite eines erfolgreichen Buches auf -zigtausende junger Leute berücksichtigt werden. "Von daher ist es nicht nur legitim, sondern vielmehr gesellschaftspolitisch von hoher Relevanz, Einzelaspekte

der Schulbücher zu untersuchen und möglicherweise auch auf eine Revision der Darstellung hinzuwirken" (132).

4. Zusammenfassung der Ausgangsüberlegungen

In diesem Abschnitt sollen noch einmal zum besseren Überblick die Ausgangsüberlegungen, wie sie auf den letzten Seiten dargestellt bzw. abgeleitet wurden, in ihren wesentlichen Aussagen und Bezügen zusammengefaßt werden. Anzumerken bleibt, daß die vorgetragenen Überlegungen auf einer Auswahl von Aspekten beruhen, welche sich in einem weitverstreuten Schrifttum fanden. Sollte die eine oder andere aus den aufgegriffenen Pädagogik- oder Politikbereichen übernommene These nicht in aller Breite ausdiskutiert worden sein, so soll dies mit der Anlage der Studie als vornehmlich empirische und nicht theoretische Arbeit begründet sein. Um Untersuchungshypothesen zu gewinnen, mußte manchmal auch auf die ausführliche Darstellung von Gegenthesen verzichtet werden, deren Diskussion in den einzelnen Fachdisziplinen unabdingbar ist. Hier fiel diese Auseinandersetzung der erforderlichen Straffung zum Opfer.

Basis der Untersuchung 'Erziehung zur Wehrpflicht?' ist die Annahme, daß jedes Gemeinwesen auf äußere Sicherheit bedacht sein muß. Da Sicherheits- bzw. Verteidigungspolitik in ihren Auswirkungen jeden Bürger berühren, sind sachgerechte Informationen und Aussprachen über sicherheitspolitische Fragen und Zusammenhänge vor allem in der Schule notwendig.

Aufgrund gesamtgesellschaftlicher Phänomene bzw. Erfordernisse ergeben sich folgende untersuchungsleitende Annahmen:

- Das Unbehagen und Desinteresse an Sicherheitspolitik und insbesondere an der Bundeswehr schlägt sich auch in der schulischen Behandlung dieser Problematik nieder. Die Darstellung des Gegenstandsbereiches Bundeswehr und Wiederbewaffnung der Bundesrepublik Deutschland weist Lücken auf und ist durch Scheu vor Problematisierung gekennzeichnet; formale Behandlung herrscht vor.
- Insbesondere die Schüler der Abschlußklassen werden im Sozialkundeunterricht nicht hinreichend und nicht kritisch genug auf ihre staatsbürgerlichen Aufgaben vorbereitet. Ihnen wird vom Lehrstoffangebot her nur ungenügend Gelegenheit geboten, sich mit der Notwendigkeit der Wehrpflicht und dem historisch gewachsenen Recht auf Kriegsdienstverweigerung aus Gewissensgründen, welches im Grundgesetz der Bundesrepublik Deutschland verankert ist, auseinanderzusetzen.

Aus den pädagogischen Ansätzen der politischen Bildung und der Friedenserziehung leiten sich weitere Annahmen ab:

- Die Zielsetzung, einen mündigen und engagierten Staatsbürger heranzubilden, erfordert auch, daß das Themengebiet Sicherheitspolitik den Ansprüchen politischer Bildung gemäß unterrichtet wird. Das bedeutet: Vermittlung von Basiswissen, Erarbeitung eines eigenen Standpunktes und darauf aufbauend eigene Beteiligung.
- Friedenserziehung, die gesellschaftliche Emanzipation fordert, ist gleichzusetzen mit den Bemühungen um die Ausformung der Demokratie. Bezogen auf den Gegenstand Sicherheitspolitik lauten einige Kriterien, denen Inhalte von Sozialkundebüchern genügen müssen:

-- Hinweise auf und Abbau von Vorurteilen;
-- Abrücken von Schwarz-Weißmalereien (insbesondere im Ost-West-Denken) und

vielmehr differenzierende Betrachtungsweise unterschiedlicher Systeme;
-- damit zusammenhängend Vermeidung von Freund-Feind-Vorstellungen;
-- Kriege nicht als Naturkatastrophen ausweisen;
-- auf grundsätzlich gewaltlose Austragung von Konflikten hinwirken.

Bisherige empirische Untersuchungsergebnisse legen Annahmen derart nahe, daß sowohl allgemeine sicherheitspolitische Stoffgebiete wie auch der Themenkreis Bundeswehr im besonderen im sozialkundlichen Unterricht unzureichend behandelt werden. Über bereits anderweitig abgeleitete Forschungsfragen hinaus (Abbau von Feindbildern etc.) lassen sich folgende Thesen formulieren:

- Der Themenkreis Bundeswehr und Wehrpflicht wird in den Sozialkundebüchern weniger häufig behandelt als das Grundrecht auf Kriegsdienstverweigerung.
- Hinsichtlich der Begründung der Problematik von Bundeswehr und Verteidigungspolitik herrscht ein Süd-Nord-Gefälle vor: In den in Baden-Württemberg zugelassenen Sozialkundebüchern wird diese Thematik besonders hervorragend, in Hamburg extrem wenig vermittelt.
- Krieg, Kriegsursachen, Friedenszustände, Friedensbemühungen werden verhältnismäßig wenig hinterfragt und nicht differenziert angeboten. Allgemeine Verweise zu diesen Themenstellungen dominieren.
- Die (u.a. durch die Zwänge der Schulbuchzulassung bedingte) Identifikation der Schulbuchautoren mit ihrem Staat, der Bundesrepublik Deutschland, bewirkt eine eher unkritische, positive Darstellung eben dieses Staates. Umgekehrt hat sie eine pauschale Ablehnung bzw. Nichtberücksichtigung bestimmter gesellschaftlicher Erscheinungen oder eine primär abfällige Behandlung derjenigen Gesellschaftssysteme und Staaten zur Folge, die mit der Bundesrepublik Deutschland *scheinbar* in nicht freundschaftlichem Verhältnis stehen.
- Schulbuchautoren scheuen die Bewertung sicherheitspolitischer Gegebenheiten und Vorgänge; sie weichen auf Institutionenkunde aus.

Zuletzt noch ein Hinweis, der im bewußten Gegensatz zu der Ableitung, die sich aus dem Kontext Sicherheitspolitik und öffentliche Meinung ergibt, steht:

- Ausgehend von der *aktuellen (bildungs-)politischen Lage* (Wehrkunde-Debatte, Erlasse und Richtlinien der einzelnen Kultusministerien, empirische Bestandsaufnahmen) ist - insbesondere unter Berücksichtigung des 'cultural lag' - gerade zum Erhebungszeitraum mit einer intensiveren und ausführlicheren Darbietung sicherheitspolitischer Themen durch die Schulbuchautoren zu rechnen.

Diese überwiegend aus aktuellem Diskussionsstand oder der herrschenden Meinung herrührenden Annahmen und Fragen, denen die hier vorliegende Untersuchung nachgeht, bildet den Hintergrund für die Beurteilung der vorfindbaren Inhalte zur sicherheitspolitischen Thematik in den analysierten Sozialkundebüchern. Quantitative und qualitative Analyse werden zeigen, ob die Annahmen bestätigt werden oder nicht. Dabei ist die empirische Untersuchungsart nicht Erkenntnisquelle an sich, sondern lediglich ein Mittel, um überprüfen zu können, ob die aus der ausgewählten Literatur abgeleiteten Annahmen empirisch gestützt werden können oder nicht.

Anmerkungen:

(1) Vgl. Teil I, Abschnitt 4

(2) Deutsch, K.W.: Staat, Regierung, Politik. Eine Einführung in die Wissenschaft der vergleichenden Politik, Freiburg 1976, S. 34

(3) Wienold, H.: Gesamtgesellschaft, in: Fuchs, W., Klima, R., Lautmann, R., Rammstedt, O.u.H. Wienold (Hrsg.), Lexikon zur Soziologie, Opladen 1973, S. 233

(4) Vgl. Forschungsgruppe Ellwein/Zoll für politische Planung und Systemanalyse: Voraussetzungen für soziales und bürgerliches Engagement als einem Inhalt von freier Zeit und Ansätze zu einer Beeinflussung dieser Rahmenbedingungen, Fischbachau/München 1977, S. 111

(5) Schlangen, W.: Theorie der Politik. Einführung in Geschichte und Grundprobleme der Politikwissenschaft, Stuttgart u.a. 1974, S. 14

(6) Naschold, F.,: Politische Wissenschaft. Entstehung, Begründung und gesellschaftliche Einwirkung Freiburg/München 1970, S. 36

(7) Behrmann, G.C.: Politik, in: Herder (Hrsg.), Wissen im Überblick. Die moderne Gesellschaft, Freiburg/Basel/Wien 1972, S. 499

(8) Beyme, K.v.: Die politischen Theorien der Gegenwart. Eine Einführung, München 1974, 2.Auflage, S. 68 f

(9) Ebenda, S. 69

(10) Schlangen, W., a.a.O., S. 121

(11) Caplow, Th.: Principles of Organization, New York, Chicago, Burlingame 1964, S. 172

(12) Das Schulfach, in dem politisch-gesellschaftlicher Unterricht erteilt wird, trägt in den verschiedenen Bundesländern ganz verschiedene Bezeichnungen, z.B. Gemeinschaftskunde, Politik, Staatsbürgerkunde, Sozialkunde, Politische Weltkunde, Gesellschafts- und Soziallehre usw.. Die Bezeichnungen werden im folgenden synonym verwendet.

(13) Im Rahmen dieses Projektes ist in einer späteren Phase eine Synopse gültiger Richtlinien und Lehrpläne zum Politikunterricht vorgesehen.

(14) Anmerkungen zum Zulassungsverfahren der Kultusministerien siehe Teil II, Abschnitt 2.1.1.

(15) Der Frage, inwieweit im Unterricht ein eingeführtes Sozialkundebuch Verwendung findet und welchen Stellenwert der Lehrer bestimmten politischen Themen beimißt, wird in einer Folgeuntersuchung, der ein zweiter methodischer Zugang zum Forschungsthema zugrundeliegt - eine Lehrerbefragung -, nachgegangen; die Veröffentlichung ist für Sommer 1980 vorgesehen.

(16) Vgl. Ackermann, P.: Politiklehrerausbildung. Analyse und Dokumentation, Schriftenreihe der Bundeszentrale für politische Bildung, Bonn 1978, Bd. 124, S. 11

(17) Fischer, K.G. (Hrsg.): Politische Pädagogik zwischen Pädagogik und Politik, Stuttgart 1976, S. 8

(18) Vgl. ebenda, S. 12

(19) Mollenhauer, K.: Erziehung und Emanzipation. Polemische Skizzen, München 1969, S. 151

(20) Vgl. Wallraven, K.: Der unmündige Bürger. Ideologien und Illusionen politischer Pädagogik, München 1976, S. 364
Weitere Klassifizierungen in Bezug auf Ansätze zur Politischen Bildung finden sich in: Sutor, B.: Die Konzeption eines neuen Sozialkundeunterrichts für die Klassen 10 und 11 und die gegenwärtige Diskussion um die politische Bildung an den Gymnasien, in: Forster, H., Hachgenei, W.J. (Hrsg.): Curriculumtheorie und Lehrplanentwicklung. Diskussionsbeitrag zur politischen Bildung und zu den Fächern Sozialkunde und Geschichte in der gymnasialen Oberstufe, Mainz 1971; Messerschmid, F.: Zur gegenwärtigen Situation des politischen Unterrichts in der Schule, in: Lehr- und Lernmittel im politischen Unterricht, Schriftenreihe der Bundesezentrale für politische Bildung, Heft 89, Bonn 1970; S. 7, Holtmann, A.: Die Anforderungen der politischen Didaktik an die Entwicklung von Lehr- und Lernmitteln, in: Ebenda, S. 17 ff

(21) Vgl. Hamann, R.: Politische Soziologie für den Sozialkundeunterricht. Eine Einführung in das politisch-soziale System der Bundesrepublik, Hamburg 1974, S. 14 f

(22) Giesecke, H.: Didaktik der politischen Bildung, München 1970, S. 63

(23) Staehr, G.v.: Kritische Theorie und politische Didaktik, Bonn-Bad Godesberg 1973, S. 117 f

(24) Hornung, K.: Zwischen offener Gesellschaft und ideologischem Dogmatismus. 30 Jahre Politische Bildung und Erziehung in der Bundesrepublik, in: Gutjahr-Löser, P., Knütter, H.-H. (Hrsg.): Der Streit um die politische Bildung. Was man von Staat und Gesellschaft wissen und verstehen sollte, München 1975, S. 39

(25) Vgl. hier Borelli, M.: Lernzielermittlung und -operationalisierung im Bereich Politischer Didaktik zwischen Ideologie und Wissenschaft, in: Fischer, K.G. (Hrsg.): Politische Pädagogik zwischen Pädagogik und Politik, Stuttgart 1976, S. 26

(26) Giesecke, H., a.a.O., S. 61

(27) Vgl. Hamann, R., a.a.O., S. 154 ff.
Ähnliche Ziele weist Sutors Formulierung auf; "Fähigkeit und Bereitschaft zu politischer Beteiligung durch unvoreingenommene Information, gewissenhafte Urteilsbildung und verantwortliche Entscheidung". Sutor B.: Philosophisch-anthropologische Grundlagen der Politischen Bildung, in: Gutjahr-Löser, P., Knütter, H.-H. (Hrsg.), a.a.O., S. 70

(28) Die Zahlen (z.B. 13 mal) weisen die Häufigkeit der Nennungen bestimmter Zielsetzungen der politischen Bildung aus, soweit sie in den Einleitungen und Vorworten der Autoren der 81 analysierten Sozialkundebücher aufgefunden werden konnten. Nicht alle Autoren stellen ihren Büchern einleitende Bemerkungen voran und nicht alle Verfasser, die Vorworte schrieben, gingen in diesen auf ihre Zielsetzungen politischer Bildung ein. Zum Teil traten Mehrfachnennungen auf.

(29) Frank: Mensch und Gemeinschaft. Staat und Gesellschaft, Rinteln 1975, Vorwort o.S. (vgl. Anhang 1)

(30) Schierholz, H.: Friedensforschung und politische Didaktik. Studien zur Kritik der Friedenspädagogik, Opladen 1977, S. 12

(31) Zur Bestimmung 'negativer Friede', 'positiver Friede' siehe Teil I, Abschnitt 1.3

(32) Bosse, H. u. F. Hamburger: Friedenspädagogik und Dritte Welt. Voraussetzungen einer Didaktik des Konflikts, Stuttgart u.a. 1973, S. 25

(33) Schierholz, H.: Konzeptionen der Friedenspädagogik in der Bundesrepublik Deutschland. Darstellungen und Kritik, Schriftenreihe der Friedenspolitischen Studiengesellschaft, Heft 4/1975, Hamburg 1975, S. 14

(34) Senghaas, D.: Abschreckung und Frieden. Studien zur Kritik organisierter Friedlosigkeit, Frankfurt/Main 1969, S. 258

(35) Assel, H.-G.: Friedenspädagogik als Problem politischer Bildung, in: Bundeszentrale für Politische Bildung (Hrsg.), Schriftenreihe der Bundeszentrale für politische Bildung, Heft 88, Bonn 1971, S. 166

(36) Schierholz, H.: Konzeptionen ..., a.a.O., S. 21 f

(37) Esser, J.: Zur Theorie und Praxis der Friedenspädagogik. Kritische Konzepte für Schule und Erwachsenenbildung, Wuppertal 1973, S. 10

(38) Vgl. Schierholz, H.: Friedensforschung ..., a.a.O., S. 154

(39) Vgl.: Wulf, Ch.: Einleitung, in: Ders. (Hrsg.), Kritische Friedenserziehung, Frankfurt/Main 1973, S. 12 ff

(40) Kuhn, A.: Friedenserziehung in der bestehenden Schulorganisation, in: Materialien zur Politischen Bildung. Analysen, Berichte, Dokumente, 2/1974, S. 61 - 70, S. 67

(41) Röhrs, H.: Erziehung zum Frieden. Ein Beitrag der Friedenspädagogik zur Friedensforschung, Stuttgart u.a. 1971, S. 37

(42) Vgl. Priester, K.: Erziehung zum Frieden oder: Die Abrichtung zur Zufriedenheit, in: betrifft: erziehung, 7/1972, S. 27 - 32

(43) Bosse, H., Hamburger, F., a.a.O., S. 40

(44) Vgl. Kuhn, A., a.a.O., S. 61

(45) Schierholz, H.: Konzeptionen ..., a.a.O., S. 44

(46) Nicklas, H.u.Ä. Ostermann: Zur Friedensfähigkeit erziehen. Soziales und politisches Lernen als Unterrichtsthema, München u.a. 1976, S. 48

(47) Schmidt, H.: Vorwort, in: Bundesminister der Verteidigung (Hrsg.), Weißbuch 1975/1976 - Zur Sicherheit der Bundesrepublik Deutschland und zur Entwicklung der Bundeswehr -, Bonn, 20.Januar 1976, o.S.

(48) Lautmann, R.: Frieden, positiver - negativer, in: Fuchs, W., Klima, R., Lautmann, R., Rammstedt, O. u. H. Wienold (Hrsg.), Lexikon zur Soziologie, Opladen, 1973, S. 214

(49) Vgl. Fuchs, W.: Friedensforschung, in: Fuchs, W., Klima, R., Lautmann, R., Rammstedt, O. u. H. Wienold (Hrsg.), Lexikon zur Soziologie, Opladen 1973, S. 214

(50) Mahncke, D.: Die Sicherheitspolitik der BRD, in: Schwarz, K.-D. (Hrsg.), Sicherheitspolitik. Analysen zur politischen und militärischen Sicherheit, Bad Honnef/Erpel 1976, S. 307-327, S. 308

(51) Der Problemkreis Sicherheitspolitik kann an dieser einleitenden Stelle nur angesprochen werden; auf Sicherheitspolitik in ihren inhaltlichen Dimensionen wird in Teil II, Abschnitt 2.2.2. eingegangen.

(52) Raumühl, C.A.: Außenpolitik, in: Görlitz, A. (Hrsg.), Handlexikon zur Politikwissenschaft, Bd. 1, Reinbek b.Hbg. 1973, S. 27

(53) Zoll, R.: Militär und Gesellschaft in der Bundesrepublik Deutschland. Zum Problem der Legitimität von Streitkräften, in: Aus Politik und Zeitgeschichte. Beilage zur Wochenzeitung das Parlament, B 36/78, 9.9.1978, S. 33

(54) Vgl. hierzu auch die Ausführungen zur politischen Bildung, Teil I, Abschnitt 1.2.1.

(55) Greiffenhagen, M. u. M. Hättich (Hrsg.): Sozialkunde - Lehr- und Arbeitsbuch zur politischen Bildung -, Stuttgart 1972, S. 3 (vgl. Anhang 1)

(56) Vgl. Zoll, R.: Militär und Gesellschaft in der Bundesrepublik Deutschland ..., a.a.O., S. 26

(57) Obermann, E. (Hrsg.): Verteidigung der Freiheit - Idee, Weltstrategie, Bundeswehr -, Stuttgart 1966, Vorwort o.S.

(58) Militärgeschichtliches Forschungsamt (Hrsg.): Verteidigung im Bündnis - Planung, Aufbau und Bewährung der Bundeswehr 1950/1972, München 1975, S. 21

(59) Vgl. Bredow, W. von: Die unbewältigte Bundeswehr. Zur Perfektionierung eines Anachronismus, Frankfurt/Main 1973

(60) Zum militärisch-industriellen Komplex vgl. z.B. Engelhardt, K. u. K.-H. Heise: Militär-Industrie-Komplex im staatsmonopolistischen Herrschaftssystem, Berlin (Ost)1974; Kahn, H.: Eskalation - Die Politik mit der Vernichtunsspirale, Berlin (West) 1966; Kidron, M.: Rüstung und wirtschaftliches Wachstum, Frankfurt/M. 1971; Mechtersheimer, A.: Der militärisch-industrielle Komplex in den USA und der Bundesrepublik Deutschland, in: Das Parlament, Beilage B 28/1971; Medick, M.: Militärisch-Industrieller Komplex, in: Zoll, R., Lippert, E.u.T. Rössler (Hrsg.), Bundeswehr und Gesellschaft - Ein Wörterbuch, Opladen 1977, S. 191 - 194; Mischke, F.O.: Rüstungswettlauf - Ursachen und Auswirkungen, Stuttgart 1972; Regling, H.: Militärausgaben und wirtschaftliche Entwicklung, Hamburg 1970; Zwissler, T.: Probleme der Wehrwirtschaft und Rüstung, in: Wehrkunde, H.5, 1971; Köllner, L.: Rüstung und Abrüstung, Militär- und Verteidigungsausgaben - Eine deutsch- und fremdsprachige Auswahlbibliographie -, in: Sozialwissenschaftliches Institut der Bundeswehr (Hrsg.), Berichte, H. 10, München 1977

(61) Potyka, C.: Bundeswehr und Öffentlichkeit, in: Zoll, R., Lippert, E.u.T. Rössler (Hrsg.), Bundeswehr und Gesellschaft - ein Wörterbuch, Opladen 1977, S. 58-61, S. 59

(62) Institut für angewandte Sozialwissenschaft (Infas): "Verteidigungsklima 1976" - Bericht, Tabellenband, Bonn/Bad Godesberg 1976, S. 4

(63) Zoll, R.: Militär und Gesellschaft in der Bundesrepublik Deutschland ..., a.a.O., S. 34

(64) Lippert, E.u.K. Puzicha: Die Bundeswehr als Objekt von Meinungen und Einstellungen, in: Aus Politik und Zeitgeschichte - Beilage zur Wochenzeitung Das Parlament, B. 37/75 - 13. September 1975, S. 19; "Der Beginn einer deutlichen Tendenz zu positiven Meinungsäußerungen gegenüber der Bundeswehr scheint das Jahr 1973/74 zu sein".

(65) Vgl. Klein, P.u.F.F. Zelinka: Fernsehanalyse - Zur Präsentation der Bundeswehr in ARD und ZDF, in: Bundesministerium der Verteidigung (Hrsg.), Sozialwissenschaftliches Institut der Bundeswehr - Informationsschrift 2 -, Schriftenreihe Innere Führung, Reihe Ausbildung und Bildung, H. 23, 1976, S. 72-82. Vgl. auch Zoll, R.: Militär und Gesellschaft in der Bundesrepublik Deutschland ..., a.a.O., S. 29

(66) Bald, D.: Rechtsstaat, in: Fuchs, W., Klima, R., Lautmann, R., Rammstedt, O.u.H. Wienold (Hrsg.), Lexikon zur Soziologie, Opladen 1973, S. 552

(67) Die Frage, ob Streitkräfte im Zeitalter atomarer Massenvernichtungswaffen überhaupt sinnvoll und zu rechtfertigen sind, ist nicht Gegenstand dieser Untersuchung und der sie betreffenden Ausführungen.

(68) Grundgesetz, Artikel 73, Ziffer 1 nach der Änderung vom 26. März 1954

(69) Militärgeschichtliches Forschungsamt (Hrsg.): Verteidigung im Bündnis ..., a.a.O., S. 53

(70) Seidler, F.W. u.H. Reindl: Wehrpflicht, Kriegsdienstverweigerung, Zivildienst, Wehrgerechtigkeit, in: Bundeszentrale für politische Bildung (Hrsg.), Reihe Kontrovers, Bonn 1973, S. 59

(71) Bundesminister der Verteidigung: Erklärung der Bundesregierung zur Sicherheitspolitik und zur Lage der Bundeswehr am 23.5.1971 im deutschen Bundestag

(72) Bundesminister der Verteidigung (Hrsg.): Weißbuch 1973/74 - Zur Sicherheit der Bundesrepublik Deutschland und zur Entwicklung der Bundeswehr, Bonn 1974, S. 57

(73) Seidler, F.W. u.H. Reindl, a.a.O., S. 1

(74) Vgl. Wehrstrukturkommission: Bericht an die Bundesregierung, in: Information für die Truppe, Hefte für staatsbürgerliche Bildung und Innere Führung, H. 6, Bonn 1971, S. 616

(75) Baudissin, W. Graf v.: Soldat für den Frieden. Entwürfe für eine zeitgemässe Bundeswehr, München 1969, S. 188

(76) Korte, H.-J.: Kriegsdienst-Wehrdienstverweigerung, in: Zoll, R., Lippert, E. u. T. Rössler (Hrsg.), Bundeswehr und Gesellschaft - Ein Wörterbuch, Opladen 1977, S. 151 - 156, bes. 156

(77) Grundmann-Roch, A.: Übersicht über das curriculare Verfahren, in: Schörken, R. (Hrsg.), Curriculum "Politik". Von der Curriculumtheorie zur Unterrichtspraxis, Opladen 1974, S. 37 - 53, S. 37

(78) Ackermann, P.: Politiklehrer-Ausbildung. Analyse und Dokumentation, Schriftenreihe der Bundeszentrale für politische Bildung, Bonn 1978, Bd. 124, S. 12

(79) Vgl. Nyssen, F.: Kinder und Politik. Überlegungen und empirische Ergebnisse zum Problem der politischen Sozialisation, in: betrifft: erziehung Nr. 1, 2. Januar 1970, S. 20-26, S. 20

(80) Gebhardt, B.: Handbuch der deutschen Geschichte, Band 4, Die Zeit der Weltkriege, Stuttgart 1965, S. 203

(81) Gamm, H.J.: Dreißig Jahre Befreiung vom Faschismus und die bundesdeutsche Erziehungswissenschaft. Bemerkungen zur pädagogischen Zeitgeschichte, in: Demokratische Erziehung 3/1975, S. 74-79, S.75

(82) Zitiert nach "Information für die Truppe", Hefte für staatsbürgerliche Bildung und Innere Führung, Heft 8/1971, S. 612 f

(83) Zitiert nach Baumann, G.: "Wehrkunde" im Schulunterricht?, in: Wehrkunde, Zeitschrift für alle Wehrfragen, H. 2/1972, S. 86

(84) Zitiert nach Bredow, W. v. u.a..: Militär-Politik. Materialien zu einer Wehrkunde, Starnberg 1974, S. 11

(85) GEW-Informationen für Mitarbeiter 6/1971, zitiert nach Seidler, F.W. u. M. Reindl: Wehrpflicht. Kriegsdienstverweigerung. Zivildienst. Wehrgerechtigkeit, Bonn 1973, S. 148

(86) Schwamborn, W. u. Th. Schmitt: Wehrkunde. Militär in den Schulen, Köln 1972, S. 16

(87) Schierholz, H.: Wehrbereitschaft - Ziel politischer Erziehung? Zur Analyse des Einflusses der Bundeswehr auf das Curriculum des politischen Unterrichts, Heidelberg 1972, S. 46

(88) Eine Analyse der Richtlinien und Lehrpläne zum politischen Unterricht an den Schulen der einzelnen Bundesländer ist im Rahmen dieses Projekts zu einem späteren Zeitpunkt vorgesehen.

(89) Vgl. z.B. Flick, B.: Emanzipation und soziokulturelle Bedingungen der Jugend, in: Schörken, R. (Hrsg.): Curriculum "Politik". Von der Curriculumtheorie zur Unterrichtspraxis, Opladen 1974, S.93 ff

(90) Ebenda, S. 98

(91) Leber, G.: Einleitungsreferat zur Vorstellung des Weißbuchs 1973/74, in: Bundespresseamt, Chef vom Dienst, Wortprotokoll der Pressekonferenz Nr. 7/74, Bonn, den 15. Januar 1974, S. 2; vgl. auch Wette, W.: Bundeswehr ohne Feindbild?, in: Hessische Stiftung Friedens- und Konfliktforschung (HSFK) u. Arbeitsgemeinschaft für Friedens- und Konfliktforschung (AFK) (Hrsg.), Friedensanalysen für Theorie und Praxis I, Vierteljahresschtift für Erziehung, Politik und Wissenschaft, Frankfurt a.M. 1975, S. 109

(92) Vgl. Arbeitskreis Saarbrücker Geschichtsstudien: Einstellungen Saarländischer Schüler gegenüber Osteuropa, in: Aus Politik und Zeitgeschichte, B 46/74 vom 16. November 1974, S. 17-33

(93) Vgl. hierzu Senghaas, D.: Rüstung und Militarismus, Frankfurt a.M. 1972, S. 28-93. Vgl. auch Stratmann, K.-B.: Vom Autismus kritischer Friedensforschung, in: Aus Politik und Zeitgeschichte, B 40/73 vom 6. Oktober 1973

(94) Vgl. Arbeitskreis Saarbrücker Geschichtsstudien, a.a.O., S. 21

(95) Institut für angewandte Sozialwissenschaft (Infas): Einstellungen von Lehrern, Meistern und Jugendvertretern zur Bundeswehr und zu Verteidigungsproblemen, Bonn/Bad Godesberg, Oktober 1975

(96) Vgl. hierzu Streitkräfteamt (SKA): Information für die Truppe, H. 6, Bonn 1976, S. 38

(97) Warnke, R.u.H. Mosmann: Abiturient 74, Wehrdienst (I), Schule und Bundeswehr, in: Bundesministerium der Verteidigung, Führungsstab der Streitkräfte I/7 (Hrsg.), Schriftenreihe Innere Führung, Reihe Ausbildung und Bildung, Wehrsoziologische Studien, H. 21, Bonn-Beuel 1976, S. 8 f

(98) Ob die durch diese Analyse gewonnenen Einsichten voll auf die Verhältnisse an Gymnasien in der Bundesrepublik Deutschland übertragbar sind, ist fraglich. Bereits die Auswahl der befragten Personen, Abiturienten, welche zum Wehrdienst eingezogen werden sollten, deutet darauf hin, daß die Stichprobe aus der Grundgesamtheit "Abiturienten 1974", einer Verzerrung unterliegt. Es hatten nur solche Abiturienten eine Chance, in die Stichprobe einbezogen zu werden, die sich entweder freiwillig zum Wehrdienst gemeldet hatten oder solche, welche die Musterung mit positivem Ergebnis abgelegt und einen Einberufungsbescheid vorliegen hatten. Abiturienten, die diesen Kriterien nicht genügten, hatten keine Chance, in das Sample aufgenommen zu werden. Es darf vermutet werden, daß mit diesem Auswahlverfahren bereits ein bias einhergeht, der über eine gewisse Identifikation mit der Bundeswehr einen gewissen Negativ-Appeal der Behandlung von sicherheitspolitischen Elementen in der Schule aufdrückt; da bei den Personen, die in das Sample aufgenommen wurden, aufgrund ihrer nunmehrigen Konfrontation mit Sicherheitspolitik, Landesverteidigung und Bundeswehr und der damit vollzogenen Hinwendung zu diesem Themenkreis leicht Mangelinformationen überdeutlich in den Vordergrund treten, können im Rahmen einer solchen Wünschbarkeitsdisposition nun gegebene knappe Hinweise als unzureichende Unterrichtung bewertet werden.

(99) Warnke, R. u. H. Mosmann, a.a.O., S. 32

(100) Warnke, R. u. H. Mosmann, a.a.O., S. 41

(101) Ebenda, S. 41

(102) Ebenda, S. 43

(103) Ebenda, S. 48

(104) Vgl. Ebenda, S. 56

(105) Ebenda, S. 59

(106) Vgl. Teil I, Abschnitt 3

(107) Vgl. z.B.: Ebmeyer, K.U.: Szenen aus der Arbeitswelt. Erfahrungen mit deutschen Lesebüchern. Eine Untersuchung des Instituts der deutschen Wirtschaft, Köln 1978; Silbermann, A., Krüger, U.M.: Abseits der Wirklichkeit. Das Frauenbild in deutschen Lesebüchern, Köln 1971; Jörissen, J.: Die Darstellung des Atombombenabwurfs auf Hiroshima in Schulbüchern der BRD, in: Fischer, K.G. (Hrsg.), a.a.O.

(108) Erb, G.: Zum Friedens- und Kriegsbegriff in Schulbüchern, in: Neumann, S. u. K.G. Fischer (Hrsg.), Option für Freiheit und Menschenwürde, Frankfurt a.M. 1976, S. 39

(109) Ebenda, S. 39 f

(110) Vgl. z.B. Schierholz, H.: Wehrbereitschaft - Ziel politischer Erziehung?, Heidelberg 1972, insbesondere S. 72 f.

(111) Vgl. z.B. Fröchling, J.: Deutschsprachige Schulbuchanalysen seit 1958 - eine vorläufige Bibliographie, in: Georg Eckert-Institut für internationale Schulbuchforschung und Conseil de la Coopération Culturelle des Europarats (Hrsg.), Internationales Jahrbuch für Geschichts- und Geographieunterricht, Band XVI, Braunschweig 1975, S. 412 - 422; vgl. auch Eßer, A.: Das Schulbuch im politischen Unterricht der Sekundarstufe II - Vorüberlegungen und Anregungen zu einer (über)fälligen Schulbuchanalyse (1), in: Materialien zur Politischen Bildung, H. 2,1978

(112) Kühnl, R. (Hrsg.): Geschichte und Ideologie-Kritische Analyse bundesdeutscher Geschichtsbücher, Reinbek b. Hbg., Juli 1973, S. 127

(113) Ebenda, S. 291

(114) Ebenda, S. 291

(115) Freiwald, H., Moldenhauer, G., Hoof, D. u. H.J. Fischer: Das Deutschlandproblem in Schulbüchern der Bundesrepublik, Düsseldorf 1973, S. 29 f

(116) Ebenda, S. 30

(117) Kühnl, R. (Hrsg.), a.a.O., S. 250 f

(118) Freiwald, H., Moldenhauer, G., Hoof, D. u. H.J. Fischer, a.a.O., S. 30

(119) Vgl. z.B. Uhe, E.: Der Nationalismus in den deutschen Schulbüchern - Eine vergleichende Inhaltsanalyse von Schulgeschichtsbüchern aus der Bundesrepublik Deutschland und der Deutschen Demokratischen Republik, Bern/Frankfurt a.M. 1972, S. 63

(120) Vgl. z.B. Meyer, E.: Stereotypen über Russen, Polen und die Bedeutung der Deutschen im östlichen Europa, in: Internationales Schulbuchinstitut, Conseil de la Coopération Culturelle des Europarats u. Gewerkschaft Erziehung und Wissenschaft im DGB (Hrgs.), Internationales Jahrbuch für Geschichts- und Geographieunterricht, Band XV,Braunschweig 1974, S. 62-78; vgl. auch Hillers, E.: Zwischenbericht über ein multilaterales UNESCO-Arbeitsprojekt zur Begutachtung von Lehrbüchern der Geschichte, Geographie und Gemeinschaftskunde (UNESCO-Projekt: EDS/312/63), in: Internationales Schulbuchinstitut, Conseil de la Coopération Culturelle des Europarats u. Gewerkschaft Erziehung und Wissenschaft im DGB (Hrsg.), Internationales Jahrbuch für Geschichts- und Geographieunterricht, Band XIV, Braunschweig 1972/73, S. 188-190

(121) Pädagogische Mitarbeiter der Heimvolkshochschule 'Haus Frankenwarte': Analyse sicherheitspolitischer Inhalte in ausgewählten Schulbüchern, Würzburg, im Juli 1975

(122) Ebenda, S. 15

(123) Ebenda, S. 16

(124) Ebenda S. 21

(125) Vgl. Ebenda, S. 21 f.

(126) Kozdon, B.: Wird das Schulbuch im Unterricht noch gebraucht? Situationsanalyse eines Mediums, Bad-Heilbrunn 1974, S. 23

(127) Stein, G.: Das Schulbuch - ein permanent aktuelles Thema. Oder: Schulbuchschelte als Herausforderung wissenschaftlicher Schulbucharbeit, in: Pädagogische Rundschau 10/1977, S. 882-893, S. 891

(128) Institut für Bildungsmedien E.V.: Börsenblatt für den Deutschen Buchhandel, Sonderdruck Lehr- und Lernmittel, 3. März 1977, Frankfurt, S. 15

(129) Stein, G., a.a.O., S. 889 f

(130) Vgl. Böttcher, W.: Werbung im Schulbuch. Eine Schulbuchanalyse für Grundstufe und Sekundarstufen, Bonn-Bad Godesberg 1977, S. 15

(131) Jörissen, J., a.a.O., S. 56

(132) Böttcher, W., a.a.O., S. 17

Teil II: Zur Anlage und Durchführung der Untersuchung

Wenn in diesem Teil des vorliegenden Untersuchungsberichts sehr ausführlich die Methode und einige Verfahren der Inhaltsanalyse besprochen werden, so hat dies mehrere Gründe: Obwohl die Inhaltsanalyse als Mittel sozialwissenschaftlicher Forschung schon seit mehr als 50 Jahren bekannt ist und Verwendung gefunden hat (1), ist die hierzu vorfindbare Literatur ziemlich weit verstreut; auch ist kaum anzunehmen, daß einige wenige Literaturhinweise auf publizierte Ansätze und im Wissenschaftsbereich ausgetragene Kontroversen hinreichend sind, um in die Problematik der Inhaltsanalyse und ihrer Anwendung einzuführen. Dies erweist sich aber gerade im Hinblick auf die gegenwärtig wieder aufkommenden kritischen Auseinandersetzungen mit dieser Methode als erforderlich (2).
Darüber hinaus scheint es unzumutbar, jenen, die vor allem an den inhaltlichen Ergebnissen dieser Studie interessiert sind, nicht auch hinreichend ausführlich darzulegen, auf welche Art und Weise Ergebnisse gewonnen worden sind, welche Implikationen sie voraussetzen, welche analytischen Gedankengänge sie tragen und zu ihnen führten. Deshalb scheint es notwendig und vertretbar, der Darstellung der Anlage und Durchführung der Untersuchung - auch in allgemein gehaltenen Ausführungen - einen größeren Raum zuzumessen als es bei sonstigen - und nicht-inhaltsanalytisch durchgeführten - Studien üblich ist.
Methodisch weniger Interessierten, denen es in erster Linie darum geht, Aufbau, Durchführung und Aussagen der Studie "Erziehung zur Wehrpflicht?" kennen zu lernen, wird empfohlen, diesen Teil II bis Abschnitt 2 zu überschlagen.

1. Zum inhaltsanalytischen Untersuchungsansatz

Die vorliegende Untersuchung bedient sich des inhaltsanalytischen Untersuchungsverfahrens. Die Anwendung inhaltsanalytischer Methoden, um kommunizierte Inhalte zu erfassen und die darin eingehenden Intentionen der Kommunikatoren deutlich werden zu lassen, ist hinsichtlich ihrer Reichweite, ihrer Gültigkeit und Zuverlässigkeit im empirisch-wissenschaftlichen Bereich nicht unumstritten. Insbesondere entzündete sich in der Vergangenheit die Diskussion immer wieder an den Fragen der Verobjektivierung und der Wertung der kommunizierten Inhalte. Einer eher qualitativ orientierten Forschungsstrategie stand bis etwa Mitte dieses Jahrhunderts eine solche unversöhnlich gegenüber, welche das Ziel der Objektivierung durch den Einsatz rein quantitativer, statistischer Methoden gesichert sehen wollte. Gegen letztere richtete sich vor allem eine Kritik, die der großen Mehrzahl aller Forschungsarbeiten und deren Ergebnisse, die unter Anwendung der gängigen quantitativen inhaltsanalytischen Methoden erzielt wurden, jegliche theoretische wie praktische Relevanz absprach (3). Erst die Arbeiten von Lasswell und Leites machten deutlich, daß eine Verknüpfung von qualitativer und quantitativer Vorgehensweise bei Inhaltsanalysen nicht bloß möglich und sinnvoll ist, sondern daß diese Verknüpfung Ergebnisse zu liefern imstande ist, die, bezogen auf ihren theoretischen Hintergrund, ein getreues Abbild von kommunizierter Wirklichkeit bringen (4).

1.1. Zur methodischen Integration von quantitativer und qualitativer Inhaltsanalyse

Inhaltsanalyse fragt nach kommunizierten Inhalten in Kommuniqués und bezieht sich - ganz allgemein gesprochen - auf symbolisches Material und dessen konkrete Ausprägungen. Die Analyse kann einerseits den Inhalt selbst zum Untersuchungsgegenstand bestimmen, andererseits kann vom Inhalt her auch auf die Absichten des Senders und auf mögliche Wirkungen bei dem Empfänger geschlossen werden. Gleichgültig, ob man Sender oder Empfänger in den Mittelpunkt des Erkenntnisinteresses stellt oder ob man den kommunizierten Inhalt abbilden will, kann die hierfür gebräuchliche Form der Inhaltsanalyse verstanden werden als "objektive, systematische und quantitative Beschreibung des manifesten Inhalts von Kommunikation" (5). Diese Betrachtungsweise geht also davon aus, daß die explizite Bedeutung einer kommunikativen Einheit, "letztlich also das, was innerhalb eines bestimmten Sprachkreises für gewöhnlich oder herkömmlicherweise als die Bedeutung eines Wortes, Ausdrucks usw. gilt" (6), aufgenommen wird. Demnach muß jedem Rezipienten, der die betreffende Mitteilungsform beherrscht, Aussage und Bedeutung des kommunizierten Inhalts gleichermaßen zugänglich sein (7). Versteht man Inhaltsanalyse in dem eben umrissenen Rahmen, dann führt ein solches Verständnis eher zur quantitativen Form dieser Methode: zur systematischen Inhaltsanalyse oder zur statistischen Semantik. Als Ergebnis des unter diesem Postulat stehenden Vorgehens können folglich statistische Daten, die aufgrund des untersuchten Kommunikationsmaterials berechnet werden, erzielt werden. Als Beispiel für quantitative Formen von Inhaltsanalysen seien angeführt (8):

- Frequenzanalyse: Sie stellt die Häufigkeit von Textelementen unter den Kategorien eines analytischen Schemas fest;
- Valenz-Analyse: Die interessierenden Symbole werden in pro/contra, +/-, also in einfache Kategorienpaare polarer Valenz eingeordnet;
- Intensitätsanalyse: Das kategorisierte Textmaterial muß von Beobachtern auf einer Skala, die Einstellungsintensitäten wiedergeben soll, intersubjektiv verläßlich bewertet werden;
- Kontigenzanalyse: Sie versucht, ein Instrument dafür zu sein, zu ermitteln, wie oft ein sprachliches Element (Inhalt) im Zusammenhang mit einem oder mehreren anderen sprachlichen Elementen (Inhalten) auftaucht und zu bewerten, ob dieses gemeinsame Auftreten überzufällig häufig oder überzufällig selten erfolgt.

Es zeigt sich aber, daß selbst die genaueste Anwendung und Einhaltung der mit diesen quantitativen Verfahren von Inhaltsanalyse verbundenen Vorschriften "noch keine zwangsläufige Gewähr für die Genauigkeit und die Gültigkeit der Resultate einer Inhaltsanalyse" (9) bieten.

Es würde den Rahmen dieser Ausführungen sprengen, näher auf die vielschichtigen und vielfältigen Argumente und Gegenargumente einzugehen, die letztlich zu einer Weiterentwicklung des inhaltsanalytischen Ansatzes führten. Als wichtigstes Resultat dieses Prozesses sei aber angemerkt, daß heutzutage praktizierte Formen von Inhaltsanalysen über die traditionellen Arten hinaus die methodischen Notwendigkeiten der

- Rekonstruierbarkeit eines Kontextes,
- Rücksicht auf die Latenz eines kommunizierten Inhalts,
- Bedeutung der Einzelfälle inhaltlicher Aussagen

durchaus anerkennen und in die Analysekonzeption mit einbeziehen. Auch konzentriert sich das Augenmerk mehr denn früher auf die Präsenz eines inhaltlichen Merkmals in Kommuniqués, d.h. auf die Tatsache, ob ein inhaltlich notwendiges Merkmal anwesend oder abwesend ist (10). Darüber hinaus findet eine Anmerkung Adornos verstärkt Beachtung (11): Die besonderen Akzente, die die qualitative

Inhaltsanalyse gegenüber einer quantitativen setzen soll - insbesondere die Herausarbeitung von Merkmalen der Latenz, der Singularität, der Präsenz und des Kontextes - müssen in einen Ansatz eingebettet werden, der dem ideologiekritischen Standpunkt gerecht wird. Der Sinnzusammenhang, der bei der quantifizierenden Zerstückelung der Inhalte verloren geht, muß im Rahmen der Interpretation wieder hergestellt werden.
Versteht man das Instrument der Inhaltsanalyse unter Beachtung all dieser Ergänzungen und Einwände als eine besondere Forschungstechnik zur Übersetzung von Kommunikationsinhalten und deren systematische Gruppierung, Ordnung und Sicherung (12), dann hat "die Inhaltsanalyse ... die quantitative, frequenzielle, systematische und nach Objektivation strebende Bildung eines Modells der zu analysierenden Aussagen, das zur Herleitung weiterer Modelle aller Elemente des Kommunikationsprozesses dienen kann, zum Ziel"(13). Ein solches Vorgehen vermeidet auch, daß der Einwand, impressionistisch und subjektiv zu sein, eine stichhaltige Begründung finden kann. Der qualitativen Illustration und Ergänzung der durch quantitative Operationen aufgefundenen Zählergebnisse muß große Bedeutung beigemessen werden.

1.2. Zur Vorgehensweise bei einer inhaltsanalytischen Untersuchung

Das methodische Vorgehen hebt in der Regel vorerst darauf ab, das in einer jedermann zugänglichen Sprache abgefaßte und zu analysierende Material in analytische Einheiten (14) zu transformieren, die besonderen Begriffssprachen zugänglich sind. Inhaltsanalyse erweist sich dann als "Sonderfall der Übertragung (oder Zurechnung) einer Objektsprache zu einer Metasprache" (15). "Entscheidend für den Charakter der Inhaltsanalyse als Forschungstechnik wird damit das Regelsystem für diesen Akt der Zurechnung (Übersetzung)" (16). Dieses Regelsystem ist bis zur Interpretationsphase beschreibender und ordnender Art, "in dem bestimmte Aussagemerkmale analytisch behandelt und ihre Bedeutung und ihr Gewicht im Rahmen des Ganzen bestimmt werden. Dem Ideal der Objektivität sucht man dadurch näherzukommen, daß man die Merkmale der Aussage quantitativ verarbeitet und auswertet" (17). Quantifizierung kann in diesem Zusammenhang dann aber nur heißen, zunächst nur in qualitativer Form vorliegende Daten so aufzubereiten, daß sie mit Hilfe mathematischer Kalküle als Variablen ausgedrückt und bestimmten Rechenoperationen unterworfen werden können (18). Diese Datenaufbereitung setzt aber wie bei jeglicher Forschung eine angemessene Selbstreflexion des Erkenntnisinteresses voraus, gepaart mit theoretischen Vorarbeiten und mit der expliziten oder impliziten Formulierung der eingehenden Annahmen und/ oder Hypothesen. Parallel dazu muß die Aufarbeitung bereits vorliegender Ergebnisse und Erkenntnisse zum Untersuchungsgegenstand einhergehen. Solches Vorgehen dient der Klärung des eigenen Standpunktes und der Explikation des zu wählenden theoretischen Ansatzes ebenso wie zur Betrachtung des gesellschaftlichen Stellenwertes, den das Material im Rahmen des theoretischen Ansatzes einnimmt. Aus der Literaturaufarbeitung und deren Konfrontation mit dem gewählten theoretischen Ansatz bestimmt sich das Material, das Grundlage für die eigene Untersuchung bilden soll; beides trägt auch wesentlich dazu bei, die an das Material heranzutragenden Auswahlprinzipien deutlich zu machen. Mit der Festlegung der zu untersuchenden Variablen (z.B. Inhalte, Kategorien, Kommuniqués) im Zusammenhang mit der Diskussion über Reichweite und Randbedingungen des Materials wird der erste Schritt zur Operationalisierung (19) getan. Dies geschieht hier durch die stringente Ableitung aufeinander abgestufter Analyseebenen. Das Erkenntnisfeld wird aufgeteilt in verschiedene umfassende Themen und Inhaltskomplexe (z.B. Dimensionen (20)), die wiederum in Teilbereiche (z.B. Subdimensionen) untergliedert werden. Als eigentliches Erhebungsfeld hat dann die Kategorienebene, auf welcher die Erfassung der Inhalte vollzogen wird, zu gelten. "Die Inhaltskategorien, unter die die sprachlichen Einheiten des Textmaterials subsumiert werden sollen, bilden das eigentliche Verbindungsstück zwischen den Variablen der Hypothesen und den sprachlichen Konfigurationen, die als Indikatoren für sie und ihre einzelnen Merkmalsausprägungen gelten" (21). Ein Kategorienschema erfüllt dann wesentliche Anforderungen, wenn

- die Kategorienreihe erschöpfend ist;
- die einzelnen Kategorien sich gegenseitig ausschließen;
- jede der Kategorienreihen aus einem einheitlichen Klassifikationsprinzip ableitbar ist.

Die Inhalte, die vermittels eines solchen Kategorienrasters abgefragt werden, sind in der Regel Ergebnis des 'Vorwissens' des Bearbeiters, der Lektüre entsprechender Fachliteratur und einer ersten Einsichtnahme in den zu untersuchenden Text. "Nur in seltenen Fällen ist es möglich, das Kategorienschema direkt aus der Dimensionsanalyse (22) abzuleiten, ohne zuvor das Material einzusehen, welches zur Hypothesenprüfung dienen soll" (23). Im fertig konzipierten Kategorienraster erfaßt jede Kategorie einer Kategorienreihe eine bestimmte Klasse von Inhalten auf einer bestimmten Dimensionsebene. Die Kategorie dient dann der inhaltlichen Zusammenfassung der im Kommunikationsmaterial auftretenden kommunikativen Einheiten, sofern diese bedeutungsgleich sind bzw. eine semantische Ähnlichkeit aufzuweisen haben. Dies setzt allerdings die Gewährleistung der operationellen Definition der Kategorien voraus.

Der Operationalisierung des Zuordnungsschemas von Inhalten steht die Bestimmung der zu analysierenden Kommuniqués gegenüber. Sie erfolgt durch Festlegung der Untersuchungseinheiten, in welche das zu untersuchende Kommunikationsgut aufgeteilt wird. In der Regel ist es erforderlich, drei solcher Einheiten zu bilden:

- Units of enumeration (Bezugseinheiten) stellen Bezugspunkte, Bezugsgrößen und Relativierungsbasen dar, auf welche sich die Aussagen von Häufigkeitsauszählungen beziehen;
- Größere zusammenhängende Teile von Kommuniqués, aus welchen die Protokolleinheiten ausgewählt werden, sind als context units bezeichnet;
- Die Festlegung der kleinsten Einheiten der Kommuniqués, die aufgrund der Zuordnungsregeln unter eine Kategorie fallen können, geschieht in Form von recording units (Protokolleinheiten).

Zweifellos kommt in diesem Stadium des Untersuchungsablaufs der Festlegung der Protokolleinheiten eine sehr große Bedeutung zu, da sie als jene kleinsten Kommunikationsteile zu begreifen sind, "an denen das Auftreten und die Ausprägungen von Variablen (Eigenschaften, Kategorien) untersucht wird" (24). Obwohl die in der Literatur häufig vertretene und auch mehrfach akzeptierte Forderung nach größtmöglicher Verbindlichkeit und Materialnähe der gegenseitigen Abgrenzung der zu verwendenden Protokolleinheiten besteht, bleibt letztlich die Wahl der Protokolleinheiten dem Forscher freigestellt und in bestimmten Bezügen der doch recht willkürlichen Begründung für die Entscheidung zugunsten der einen oder anderen Art vorbehalten. Eine der vielleicht angemessensten Empfehlungen kann darin erblickt werden, Protokolleinheiten von etwa 120 - 210 Wörtern (bei Textanalysen) zu bilden (25). In gängigen Texten einschließlich Zeitungs- und Zeitschriftentexten oder Büchern entsprechen dieser Anzahl Wörter etwa 12 - 25 Zeilen. Obwohl diese Vorgabe den Anschein eines Formalkriteriums hat, nimmt sie doch hinreichend auf inhaltliche Aussage- oder Textstrukturen Rücksicht. Die Anwendung dieser Vorgabe zeigt sich flexibel genug, kleinste Einheiten zu bilden, bei denen weder Sätze noch präsentierte Gedankenstrukturen unnötigerweise zerrissen werden. Ein davon abweichender Weg, Protokolleinheiten festzulegen, wird häufig darin gesehen, auf die durch den Kommunikator (Autor) getroffene Kapitel- oder Absatzaufteilung zurückzugreifen. Zweifellos werden dadurch die vom Kommunikator beabsichtigten Sinnzusammenhänge im Kommuniqué deutlicher berücksichtigt, wenngleich dagegen einzuwenden ist, daß "in part because grammatical units such as the ... paragraph do not usually lend themselves to classification into a single category, they have rarely been used as recording units ... The ... paragraph is rarely satisfactory when precision of measurement is important ... On the other hand, when only crude measurement of content attributes across a large body of data is required, coding ... paragraphs is likely to prove far too laborious" (26). Eine neuere Untersuchung zum Einfluß der Protokolleinheiten auf den Aussagewert von Inhaltsanalysen zeigt aber, daß sich die Wahl der Protokolleinheiten zwar auf die erzielten quantitativen Ergebnisse auswirkt, die eingetretenen Verschiebungen in der Ergebniskonstellation aber nicht so bedeutsam sind, daß hierdurch die zur Interpretation erforderliche Datenkonstellation wesentlich verfälscht wird (27).

Nach diesen vorbereitenden Operationalisierungsarbeiten, die einerseits zum Entwurf des Kodierplans führen und auf der anderen Seite am Untersuchungsmaterial Protokolleinheiten erbringen, folgen Rekrutierung und Einweisung der Koder sowie die Durchführung von Probekodierungen und darauf basierend die erste Revision des Dimensions- und Kategorienschemas bzw. des Kodierplans. Fallen Reliabilitäts- und Validitätsüberprüfungen ebenfalls zufriedenstellend aus, so kann mit den eigentlichen Kodierarbeiten am Untersuchungsmaterial begonnen werden. Dem Stand der heutigen Auswertungstechniken angemessen, werden dann die Kodierungen auf maschinell lesbare Datenträger übertragen. Je nach gesetztem Anspruch und der Qualität der vorliegenden Daten wird das kodierte Material geeigneten mathematischen oder statistischen Verfahren unterzogen, mit Hilfe derer es möglich ist, es zu ordnen und zu strukturieren. Hierauf aufbauend, kann unter Berücksichtigung der vorstehend vorgetragenen ideologiekritischen Einwände gegen die Anwendung rein quantitativer Verfahren bei Inhaltsanalysen die Interpretationsphase in Angriff genommen werden, welche schließlich zur Darstellung der Ergebnisse in angemessener Form führen wird.

2. Zum angewandten inhaltsanalytischen Verfahren

Nach dieser gerafften allgemeinen Vorstellung der Methode der Inhaltsanalyse soll nun der Ablauf der vorliegenden und hier beschriebenen empirischen Untersuchung Schritt für Schritt aufgeführt werden. Nachdem der Problemzusammenhang, das Untersuchungs- und Erkenntnisinteresse formuliert sowie die daraus resultierenden Annahmen und zu überprüfenden Behauptungen abgeleitet waren (28), mußten das

Untersuchungsmaterial so vollständig wie möglich beschafft und gesichtet, die Analyseeinheiten festgelegt und das Kategorienraster bzw. der Kodierbogen erarbeitet werden.

2.1. Zum Untersuchungsgegenstand

Die Grundlage der Untersuchung bilden Sozialkundebücher der Abschlußklassen von allgemeinbildenden Schulen (Hauptschule, Realschule/Sekundarstufe I, Gymnasium/Sekundarstufe II) und die in Berufsschulen im Sozialkundeunterricht zugelassenen Bücher. Das Unterrichtsfach Sozialkunde/Gemeinschaftskunde/Politik wurde gewählt, weil gerade in diesem Fach die umfassendsten Informationen über Sicherheitspolitik zu erwarten sind. Die Auswahl der Jahrgangsstufe ist von der Überlegung bestimmt, daß die Ergebnisse wahrscheinlich dann besonders aussagekräftig sind, wenn das Lernmaterial derjenigen Klassen analysiert wird, aus denen der Schüler in der Regel 'ins Leben' entlassen wird. Für das Medium Buch schließlich spricht, daß politische Bildung wie Bildung überhaupt weiterhin hauptsächlich über das Schulbuch vermittelt wird. Es steht nach wie vor an hervorragender Stelle im Lehrmittelangebot für Unterrichtszwecke, wenn es auch in einigen Funktionen durch andere Medien (Arbeitsbücher, technische Medien etc.) abgelöst wurde (29).

2.1.1. Auswahlverfahren

Aufgrund der Zulassungslisten der Kultusministerien der Länder wurden die für das Fach Sozialkunde genehmigten Bücher bis zum Jahre 1977 (30) einschließlich ermittelt. Jedes Schulbuch muß in jedem einzelnen Bundesland für den Schulgebrauch gesondert genehmigt werden. Eine Ausnahme macht hier lediglich das Saarland, das die Genehmigungen der Länder Nordrhein-Westfalen, Baden-Württemberg und Rheinland-Pfalz für seinen Bereich anerkennt. Außerdem verzichtet Baden-Württemberg auf ein Zulassungsverfahren für die berufsbildenden Schulen. Einige Kultusministerien führen nicht (immer) die Klassenstufen des betreffenden Schultyps auf, für die die Genehmigungen ausgesprochen werden.
"Nach den Zulassungsbestimmungen der Kultusministerien hat (ein Schulbuch) den Verfassungsgrundsätzen zu entsprechen und soll nur zugelassen werden, wenn es den geltenden Lehrplänen entspricht" (31).
In der Regel wird ein Schulbuch in den meisten Bundesländern als Unterrichtsmittel zugelassen; Abweichungen von dieser Praxis sind nur bei Schulbüchern festzustellen, die im politischen Unterricht, wie z.B. in den Fächern Geschichte und Sozialkunde, eingesetzt werden sollen.
Das Genehmigungsverfahren betrifft Schulbücher im engeren Sinne, also nicht Quellensammlungen, Arbeitshefte, Texte und sonstige Unterrichtsmaterialien; waren letztere doch im jeweiligen Genehmigungskatalog ausdrücklich aufgeführt, so sind sie in der vorliegenden Schulbuchanalyse nicht berücksichtigt worden, da sich diese ausschließlich an Schulbücher i.e.S. wendet.
Von der Untersuchung ausgeschlossen wurden ferner Bücher mit besonderen thematischen Schwerpunkten wie Wirtschaft, Berufs- und Arbeitswelt etc.. Dasselbe muß bezüglich der Anleitung für Lehrer (Lehrerbücher) angemerkt werden, da nur Bücher, zu denen der Schüler unmittelbaren Zugriff hat, von Interesse waren.
Entsprechend dieser Abgrenzungen bezieht sich diese Studie also auf Sozialkundebücher mit umfassendem politischen Inhalt, die den Anspruch erheben, die Themen dieses Unterrichtsfaches abzudecken und die zugelassen sind

- für die Abschlußklassen der allgemeinbildenden Schulen Hauptschule, Realschule und Gymnasium
- und für berufsbildende Schulen.

Grundsätzlich und um Mißverständnissen vorzubeugen muß noch betont werden, daß die Bestimmung 'zugelassene Schulbücher' nichts über deren Verwendung im Unterricht aussagt. 'Zugelassen' bzw. 'genehmigt' bedeutet, daß ein Kultusministerium mit den Inhalten der Bücher einverstanden ist und ihrer Verwendung in den Schulen des zulassenden Bundeslandes keine Bedenken entgegenstehen (32). Eine Total- oder Repräsentativerhebung über im Unterricht benutzte Sozialkundebücher könnte über Verwendungshäufigkeit und damit auch über die Relevanz, die diesen Büchern im Ausbildungsbereich zukommt, Aufschluß geben. In Fortführung der vorliegenden Studie wurde dieser Frage im Rahmen einer anfangs 1979 bundesweit angelegten Befragung von 877 Sozialkundelehrern nachgegangen; die Ergebnisse werden in einem Folgeband zu 'Erziehung zur Wehrpflicht?' voraussichtlich 1980 veröffentlicht.

2.1.2. Umfang und Verteilung des Untersuchungsgegenstandes

Nachdem aus den Zulassungslisten der Kultusministerien die Sozialkundebücher mit umfassendem politischen Inhalt ermittelt worden waren, mußten die korrespondierenden Sozialkundebücher beschafft werden. Hiervon war eine größere Anzahl bereits seit längerer Zeit vergriffen und Neuauflagen nicht vorgesehen; einige Titel konnten aufgrund unzureichender bibliographischer Hinweise nicht ermittelt werden. 81 Bücher konnten schließlich für die Untersuchung beschafft werden. Sie verteilten sich wie folgt über die einzelnen Schularten:

Tabelle 1: Verteilung der analysierten Sozialkundebücher auf Schularten

Zugelassene Bücher nach Schularten	Anzahl
Zugelassen ausschließlich an berufsbildenden Schulen	22
Zugelassen ausschließlich an Gymnasien	12
Zugelassen ausschließlich an Realschulen	2
Zugelassen ausschließlich an Hauptschulen	4
Zugelassen an berufsbildenden Schulen und Gymnasien	19
Zugelassen an berufsbildenden Schulen und Realschulen	1
Zugelassen an berufsbildenden Schulen und Hauptschulen	1
Zugelassen an Gymnasien und Realschulen	3
Zugelassen an Realschulen und Hauptschulen	9
Zugelassen an Gymnasien, Realschulen und Hauptschulen	3
Zugelassen an allen vier Schularten	5
	81

Grundgesamtheit: Sozialkundebücher der Abschlußklassen von allgemeinbildenden Schulen und von berufsbildenden Schulen; Stand 1977

Demnach sind insgesamt zugelassen:
- an berufsbildenden Schulen 48 Sozialkundebücher,
- an Gymnasien 42 Sozialkundebücher,
- an Realschulen 23 Sozialkundebücher,
- an Hauptschulen 22 Sozialkundebücher.

Die nächste Tabelle gibt Auskunft über die Verteilung der beschafften Sozialkundebücher nach ihrer Zulassung in Bundesländern.

Tabelle 2: Zur Zulassung von Sozialkundebüchern

Schulart Bundesland	Gymnasium	Realschule	Hauptschule	berufsbildende Schulen
Baden-Württemberg	17	12	12	entfällt+)
Bayern	11	3	7	12
Berlin	27	7	6	4
Bremen	7	5	4	1
Hamburg	10	4	3	23
Hessen	1	3	3	5
Niedersachsen	7	10	10	14
Nordrhein-Westfalen	12	10	8	9
Rheinland-Pfalz	6	5	3	14
Schleswig-Holstein	19	4	2	12
Saarland++)	28	21	19	27

Bei der Übersicht ist zu berücksichtigen, daß ein Buch häufig für mehrere Schularten und/oder mehrere Bundesländer zugelassen ist.

+) Das Kultusministerium von Baden-Württemberg verzichtet auf die Zulassung von Schulbüchern für die berufsbildenden Schulen.

++) Das Saarland gibt keine eigenen Zulassungslisten heraus, sondern orientiert sich an den Zulassungspraktiken der Länder Nordrhein-Westfalen, Baden-Württemberg und Rheinland-Pfalz.

2.2. Der Kodierbogen

Inhaltsanalytische Untersuchungen erfordern, daß ein Kategorienschema zur Zuweisung der unterschiedlichen aus dem zu analysierenden Material gewonnenen Inhalte mit entsprechenden Aggregationsmöglichkeiten erstellt wird. Ein solches Kategorienschema kann zu einem Kodierplan ausgeweitet werden (Kode-Plan/Kategorienschema). Für die Studie 'Erziehung zur Wehrpflicht?' bedeutet dies zunächst: Wie wird Sicherheitspolitik definiert, welche Themenbereiche umfaßt Sicherheitspolitik?

2.2.1. Der Begriff Sicherheitspolitik

"In einem weitgefaßten Verständnis des Begriffs Sicherheitspolitik wird darunter die Gesamtheit der Einrichtungen und Maßnahmen verstanden, die sich gegen eine Existenzbedrohung der Bundesrepublik Deutschland und ihrer Bevölkerung richten. Bei dieser Definition wird nicht zwischen Bedrohung der inneren und äußeren Sicherheit unterschieden; ebensowenig wird nach den Instrumenten der Gefährdung gefragt (etwa: Gewaltanwendung, Wirtschaftskrieg, politisch-diplomatischer Druck, Subversion und Propaganda, Verfassungsbruch). Ein derart umfassender Sicherheitsbegriff würde zwar dem Umstand Rechnung tragen, daß in der heutigen Staatengesellschaft die unterschiedlichsten Machtmittel zum Einsatz kommen. Er würde auch zum Ausdruck bringen, daß gerade die nach dem Zweiten Weltkrieg entwickelten neuen Formen des revolutionären Krieges die traditionelle Unterscheidung von äußerer und innerer Bedrohung nicht mehr zulassen. Dennoch hat sich im offiziellen Sprachgebrauch der Bundesrepublik ein enges Verständnis

von Sicherheitspolitik durchgesetzt. Sicherheitspolitik wird vorwiegend verstanden als die Gesamtheit der Einrichtungen und Maßnahmen, mit denen die Verfassungsorgane der von außen kommenden Existenzgefährdung begegnen, wobei vorzugsweise an bewaffnete Gewalt, militärisch abgestützten politischen Druck und überhaupt an die Verwicklung der Bundesrepublik in Kampfhandlungen gedacht wird" (33).
Die vorliegende Studie orientiert sich an einer Definition von Sicherheitspolitik, wie sie vorstehend im engeren Sinne zum Ausdruck kommt. Die Einschränkung auf dieses eher traditionelle Verständnis erfolgte aus technisch-pragmatischen Überlegungen: Nur so war die Chance einer Bestimmung und Eingrenzung der zur Sicherheitspolitik zählenden Thematik - und damit der Operationalisierung überhaupt - hinreichend gegeben.

2.2.2. Zur Diskussion von Sicherheitspolitik in ausgewählter Literatur

Nachdem eine derartige Definition von Sicherheitspolitik den thematischen Rahmen der Untersuchung absteckte, mußten nun die konkreten Inhalte von Sicherheitspolitik abgeleitet werden. Der Weg zur Operationalisierung erforderte zunächst, zumindest knapp die Grundzüge sicherheitspolitischen Denkens und die Ausprägungen sicherheitspolitischer Inhalte in der entsprechenden Literatur aufzufinden und darzustellen. Dieser Schritt ist zur Bildung von Dimensionen und Kategorien, die im Rahmen der empirischen inhaltsanalytischen Untersuchung Verwendung finden sollen, unabdingbar.
Ausgehend von verschiedenen sicherheitspolitischen Abhandlungen kann gesagt werden, daß eine enge Verzahnung zwischen Sicherheitspolitik und Außenpolitik vorliegt. Das heißt für die Bundesrepublik: Sicherheitspolitik wird innerhalb des Gesamtkomplexes der Problemkreise der westdeutschen Außenbeziehungen gesehen. "Für die Sicherheits- und Verteidigungspolitik der Bundesregierungen setzte von Anfang an die Außenpolitik die grundlegenden Maßstäbe. Wie die vorbereitenden Arbeiten waren daher auch der Aufbau der Bundeswehr und ihr weiterer Ausbau bis hin zur Konsolidierung in die gesamtpolitischen Entwicklungen verflochten" (34).
Da die Außenpolitik aber wesentlich durch die Ost-West-Spannungen gekennzeichnet war und diese Ost-West-Spannungen sich nicht allein auf die beiden geteilten deutschen Staaten bezogen, mußte Sicherheitspolitik losgelöst von nationaler Befindlichkeit gesehen und in den internationalen Raum - auch wenn man von bundesdeutscher Sicherheitspolitik spricht - verwiesen werden.
Ost-West-Spannungen als Orientierungsrahmen westdeutscher Außenpolitik bezeichnen "die seit 1947 offen ausgetragene Rivalität zwischen den beiden Weltmächten USA und Sowjetunion, die durch die beiderseitigen Beziehungen zu China zusätzlich kompliziert wird. Wichtige Akteure des Ost-West-Konfliktes sind daneben die Staaten, die internationalen Organisationen oder politischen Bewegungen, die mit den Weltmächten eng verbunden sind, aber auch jene blockfreien Staaten, die sich positiv oder negativ an der Politik der Weltmächte und Chinas orientieren" (35).
Die Entwicklung und die Hauptelemente der Ost-West-Spannungen verdichten sich in der Phase des 'kalten Krieges'; der kalte Krieg, der dem Zweiten Weltkrieg auf dem Fuße folgte, bedeutete für Deutschland die Aufsplitterung in zwei Staatengebilde.
Die Ost-West-Gegensätze entzündeten sich sichtbar an der Deutschlandfrage, aber nicht allein an der deutschen Frage: "... Die komplizierten Züge und Gegenzüge alliierter Besatzungs- und Deutschlandpolitik sind nur vor dem Hintergrund der Gesamtkonstellation verständlich" (36). Da auf der anderen Seite die Bundesrepublik

Deutschland in ihren Anfängen in noch viel stärkerem Maße als heute in Abhängigkeit von den Westmächten stand - ähnliches trifft in ihrem Bereich für die DDR bezüglich der Sowjetunion zu - muß der politische Spielraum beider deutscher Staaten seit Beginn ihrer Existenz grundsätzlich in Verbindung mit der Entwicklung der globalen Dissonanzen von USA und UdSSR gesehen werden.
"Das amerikanisch-sowjetische Verhältnis blieb ... auch für das Verhältnis der Bündnissysteme weitgehend bestimmend. Daraus ergaben sich für die gesamte Politik und vor allem für die Sicherheitspolitik der jeweiligen Bündnispartner zwingende Konsequenzen. Zusammenarbeit im 'Westen' bildete nach wie vor die unerläßliche Voraussetzung für Verhandlungen mit dem 'Osten'. Dies galt im besonderen Maße für die an der Nahtstelle zwischen Ost und West gelegene Bundesrepublik. Führende Politiker unterstrichen wiederholt, daß die Bundesregierung bei ihren Bemühungen, Spannungen abzubauen, niemals 'auch nur in die Nähe des Gedankens gekommen sei', sie könne dies allein tun. Von dieser Erkenntnis war auch die Haltung der Bundesregierung zum Vertrag über die Nichtverbreitung ('Nonprofileration') von Kernwaffen bestimmt, den die USA, Großbritannien und die UdSSR am 1. Juli 1968 nach schwierigen Verhandlungen unterzeichneten" (37).

Auf dem Gedanken der Westintegration fußend und ihn verfolgend zielt deshalb jede praktizierte sicherheitspolitische Maßnahme darauf ab, das europäische Gleichgewicht der Kräfte zu erhalten. "Die Sicherheitspolitik jeder Bundesregierung muß Gewähr leisten für das Überleben der Bundesrepublik und ihrer Bürger. Überleben ist dabei im weitesten Sinne aufzufassen - physisch, politisch, sozial und moralisch. Auf die Erhaltung des Friedens, unserer freien Lebensform und unseres Wohlstands kommt es ebenso an wie auf die Bewährung des ungebrochenen Willens zu friedfertiger Selbstverwirklichung. Dieses rein defensive Ziel, Freiheit, Unabhängigkeit und Unversehrtheit der Bundesrepublik zu behaupten, wäre bei den gegenwärtigen Kräfteverhältnissen in der Welt nicht zu erreichen, wenn die Bundesrepublik auf sich allein gestellt wäre. Daran wird sich im siebziger Jahrzehnt nichts ändern. Sicherheit läßt sich auch künftig nur auf ein breites und festes Fundament westlicher Gemeinsamkeit gründen. Dabei bedeutet Sicherheitspolitik dreierlei: erstens das Mitwirken an der Aufrechterhaltung eines stabilen militärischen Gleichgewichts; zweitens, auf dessen Grundlage, die Festigung des Friedens in Europa durch Überwindung des ost-westlichen Gegeneinanders; drittens eine ständige Bemühung um die Begrenzung und Kontrolle der Rüstung aller Staaten" (38). Als Elemente der unter diesen Maximen vorgetragenen Sicherheitspolitik erweisen sich dann

- "der Selbstbehauptungswille und die Verteidigungsbereitschaft der Bevölkerung,
- die innere Stabilität des Staates
- internationale Vereinbarungen zur Minderung militärischer Auseinandersetzungen und zur Sicherung des Friedens
- die integrierten, ihrer Aufgabe entsprechend ausgebildeten und ausgerüsteten Verteidigungskräfte" (39).

Im Laufe der Zeit verlagerten sich die Schauplätze der Ost-West-Polarität auf den außereuropäischen Raum. "Schon Anfang der fünfziger Jahre zeichnete es sich ab, daß die Rivalität auf zwei unterschiedlichen, wenn auch zusammenhängenden Ebenen ausgetragen werden muß: Erstens in bestimmten Regionen und Staaten; zweitens im Zentralbereich der strategischen Kernwaffensysteme" (40). Da die beiden

Weltmächte aber das europäische Staatensystem in seinem Werden bestimmten und prägten, ist Europa nach wie vor mit den globalen Ost-West-Spannungen verbunden. "Doch hat die Politik der Entspannung ... insgesamt doch eine relative Normalisierung des Nebeneinanderlebens erbracht" (41).
Aus dieser Sichtweise wird verständlich, daß es falsch wäre, "Sicherheitspolitik als reinen Selbstzweck zu begreifen und nicht zugleich als Voraussetzung einer gelassenen Politik des Ausgleichs, so töricht wäre es, auf Entspannung auszugehen und dabei die militärische Abschirmung der eigenen Existenz zu vernachlässigen - und so unverantwortlich, die Risiken fortdauernden, ungebremsten Wettrüstens zu unterschätzen" (42). Die Entwicklung der Sicherheitspolitik in enger Verknüpfung mit den Ausformungen der internationalen Politik, insbesondere seit den sechziger Jahren, machte in seltener Anschaulichkeit das ständige Spannungsverhältnis deutlich zwischen partieller Zusammenarbeit bei grundsätzlich weiterbestehenden ideologischen Gegensätzen und den jeweils besonderen Interessen der Staaten.
Vor dieser weltpolitischen Konstellation sind die sicherheitspolitischen Gegebenheiten, Möglichkeiten und Konzepte der Bundesrepublik Deutschland i.e.S. zu sehen. "Unter den konkreten Bedingungen westdeutscher Außenpolitik muß sich die Aufmerksamkeit auf zwei vorrangige und eng miteinander verbundene Gefahrenherde richten: (I) Mögliche Gefährdung durch die UdSSR in Verbindung mit den Staaten ihres Hegemonialbereiches; (II) Gefährdung durch einen Krieg in Zentral-Europa ganz allgemein, unabhängig von seinen Ursachen und Verursachern" (43). Die Gefährdung durch die Sowjetunion resultiert einmal aus der militärischen Überlegenheit, zum anderen aus dem ideologischen Selbstverständnis der Ostblock-Staaten. Nicht zuletzt konkretisierte sich diese Gefährdung der Bundesrepublik Deutschland auf sicherheitspolitischer Ebene in besonderer Weise durch die konträre Position in der Deutschland- und Berlin-Frage. "Die Anerkennung der DDR sowie der Oder-Neiße-Linie durch die Bundesrepublik Deutschland und der Abschluß einvernehmlicher Regelungen über Berlin hat aber in dieser Hinsicht gefährliche Konfliktstoffe entschärft" (44). Der Abschluß solcher einvernehmlicher Regelungen macht deutlich, daß es sowohl den Westmächten als auch der Bundesrepublik Deutschland und den Ostblock-Staaten daran gelegen war, selbst kleinere bewaffnete Auseinandersetzungen zwischen Ost und West zu vermeiden. Die Gefahr, daß hieraus ein dritter Weltkrieg eskaliere, wurde von allen Teilen als zu groß eingeschätzt; Friede galt als Wert an sich, dessen Aufrechterhaltung von vorrangiger Bedeutung ist.

Europa als Kriegsschauplatz wird allgemein einmal im Hinblick auf die Folgen für Deutschland und zum anderen als Region für Kriegsplanspiele in der Literatur bedeutsam.
Die historische Konstellation gibt auf der einen Seite Anlaß zu sicherheitspolitischem doktrinären Denken. "Die Aufgaben der Sicherheitspolitik in Europa lassen sich nicht auf eine einzige Dimension der Politik, etwa die militärische, beschränken. Zahlreiche Entwicklungen der jüngeren Vergangenheit haben diese Tatsache wieder stärker ins allgemeine Bewußtsein treten lassen: die Entspannungspolitik zwischen den Supermächten und ihren Blöcken ebenso wie die Erfahrung wirtschaftlicher Abhängigkeit von Rohstoffländern der Dritten Welt und divergierende Tendenzen in den Bündnissen West- und Osteuropas" (45).
Für die Blockbildung im Westen erweist sich das NATO-Bündnis als allen anderen bilateralen und multilateralen Vereinbarungen überlegen; es ist Grundlage und

Operationsrahmen aller sicherheitspolitischen Bemühungen. Innerhalb der Allianz sind es in erster Linie die USA, welche die Sicherheit Westeuropas und damit auch der Bundesrepublik Deutschland zu gewährleisten in der Lage sind. Die Friedenserhaltung beruht auf der Konzeption der nuklearen Abschreckung. Auf der Basis des Gewalt- und Machtpotentials, welches das NATO-Bündnis verkörpert, kann auf 'politische Entspannung' hingewirkt werden. Rüstungskontrollvereinbarungen und eine sich häufende Anzahl von Konferenzen zwischen Politikern beider Machtblöcke sind die Folgen dieser Bemühungen. Diese Durchsetzung der Entspannungspolitik ist mit spektakulären Ereignissen auf allen politischen Ebenen verbunden; somit erregen diese Bemühungen auch größeres Interesse in der Öffentlichkeit.

Das bislang auf 'Geheimwissen' und Erkenntnisse weniger unterrichteter Kreise beruhende sicherheitspolitische Vorgehen bleibt aber nicht mehr unwidersprochen: Alternativkonzepte werden diskutiert. Im Mittelpunkt der neueren Überlegungen stehen "die Alternative eines gesamteuropäischen Sicherheitssystems und die Alternative eines partiellen oder vollständigen Ersatzes der amerikanischen Schutzmacht durch eine westeuropäische Verteidigungsgemeinschaft" (46). Solche Überlegungen zwingen dazu, daß man sich mit militärstrategischen Notwendigkeiten auseinandersetzt und sie im Hinblick auf die spezifischen Gegebenheiten der Bundesrepublik Deutschland im Rahmen ihrer Bündnisverpflichtungen und -einbindungen abklopft: Regionalität und Industrialisierungsstand werden u.a. tragende Bestimmungsgrössen. Mit dem Anstieg des Einflusses der Bundesrepublik Deutschland auf die NATO geht auch eine Umorientierung - zumindest soweit sie sich auf die Streitkräfte der Bundesrepublik Deutschland bezieht - einher; die bisher weitgehend von der Gesellschaft bzw. Öffentlichkeit tabuisierte Bundeswehr wird hinsichtlich ihrer Funktion, ihrer Eingliederung in den demokratischen Staat, den Grundsätzen der Inneren Führung, des Beschaffungs- und Personalbereichs problematisiert. Die Stationierung ausländischer - wenn auch durch ein Bündnis verbundener - Truppen wird hinterfragt. Als weitere wesentliche sicherheitspolitische Rahmenbedingungen werden die Gegebenheiten und Entwicklungslinien westdeutscher Nuklearpolitik, der Abrüstungs- und Rüstungskontrollpolitik, die Militärhilfe der Bundesrepublik Deutschland und die Rolle der Massenmedien im Ost-West-Konflikt problematisiert. Ferner wird gerade in der sicherheitspolitischen Diskussion der letzten Jahre deutlich, daß man nicht von einer einheitlichen und alles umfassenden Militärpolitik westlicher Prägung sprechen kann; vielmehr sind sowohl bundesdeutsche, französische aber auch amerikanische und britische Militärpolitiken zu unterscheiden (47).
Wurde Sicherheitspolitik - zumindest von westlicher Seite - in den fünfziger und frühen sechziger Jahren noch verhältnismäßig pragmatisch vorgetragen, so ist seit Beginn der siebziger Jahre eine zunehmende Verwissenschaftlichung festzustellen (48), deren Aufgabe es nicht nur ist, Sicherheitspolitik in wissenschaftlich fundierter Weise zu untersuchen, sondern darüber hinaus die Bedingungen aufzuzeigen, unter welchen eine manifeste Weltfriedenssicherung zum Erfolg führen könnte (49). Solche Anstrengungen (Konfliktursachenforschung, Friedensforschung) erfordern aber, daß der Erkenntnishorizont über das Wissen zur eigenen sicherheitspolitischen Position hinausreicht. Dies bedeutet ganz besonders die Berücksichtigung der gegnerischen Verhältnisse. Im Bemühen, Sicherheitspolitik zu systematisieren, müssen je nach Diskussionsebene den eigenen sicherheitspolitischen Institutionen und dem sie umfassenden Umfeld Institutionen, Organisationen und

Umfeld des Konfliktpartners gegenübergestellt werden: der NATO ist der Warschauer Pakt gegenüberzustellen, der Bundeswehr die Nationale Volksarmee. Erkenntnisse über die interne Stabilität und die ihnen eigenen Konfliktpotentiale der beiden großen Militärbündnisse NATO und Warschauer Pakt finden Eingang in sicherheitspolitische Überlegungen.
Dieser Exkurs, der versuchte, ein Abbild sicherheitspolitischer Grundzüge, Entwicklungen und Inhalte, die in der einschlägigen Literatur präsentiert werden, zu geben und der als 'typisierend' bewertet werden muß, ermöglicht nun im weiteren Vorgehen den Schritt zur 'Proportionierung'. Gepaart mit den Erkenntnissen über sicherheitspolitische Inhalte, die in den zu analysierenden Sozialkundebüchern enthalten sind und an den Schüler vermittelt werden, kann nun ein umfassendes Raster erstellt werden, welches Grundlage der Dimensionierung und Kategorienbildung ist.

2.2.3. Die sicherheitspolitischen Dimensionen der Inhaltsanalyse

Eine so verstandene Sicherheitspolitik bezieht thematisch das gesamte weltpolitische Kräftverhältnis ein. Ausgehend von der sicherheitspolitischen Lage der Bundesrepublik Deutschland beinhaltet sie selbstverständlich den wesentlichen Themenkomplex Bundeswehr und damit eng zusammenhängend die Problematik Entmilitarisierung und Wiederbewaffnung. Zum unmittelbaren Verständnis der gegenwärtigen nationalen und internationalen Situation und Konfrontation waren speziell die Entstehung und Entwicklung der Bundesrepublik Deutschland nach 1945 von Bedeutung (Westintegration), und, da westdeutsche Sicherheitspolitik unlöslich mit der Deutschlandfrage und somit mit der Politik der DDR verbunden ist, ebenso die sicherheitspolitischen Gegebenheiten der und in der DDR.
Die internationalen Machtstrukturen sollten über die Militärbündnisse einerseits und über weltpolitische Machtfaktoren und Konfliktpotentiale andererseits als Inhalte von Sicherheitspolitik einbezogen werden. Das Thema Friedenssicherung wurde mit dem Organisations- und Aufgabenbereich der UNO und mit Friedenskonzepten unterschiedlicher Art (z.B. soziale Verteidigung) gefüllt.
Die grobe thematische Skizzierung von Sicherheitspolitik führte zunächst zur Bildung von vier Dimensionen:
- Westintegration und Wiederbewaffnung,
- Bundeswehr und Gesellschaft,
- Bündnispolitik und Abschreckung,
- Entspannung und Friedenssicherung .

Aufgrund von Zuordnungsproblemen, des Gebotes nach Trennschärfe, der Notwendigkeit zu umfassender Aufnahme von Kategorien und mit zunehmender Kenntnis der Gewichtigkeit der Behandlung einzelner Themen in den Sozialkundebüchern wurden Dimensionen und Kategorien mehrfach umgestellt und umgruppiert bzw. durch neue Inhalte ergänzt, auf andere wurde verzichtet usw.. Schließlich kristallisierten sich als inhaltliche Dimensionen (und damit als wesentliche Themenkreise) von Sicherheitspolitik heraus:
- Westintegration,
- Bundeswehr,
- Bündnispolitik,
- Nationale Volksarmee,
- Machtfaktoren und internationales Kräfteverhältnis,
- UNO/Vereinte Nationen.

Die UNO wurde aufgrund der Erkenntnis, daß ihrer Darstellung in Sozialkundebüchern erheblicher Raum zur Verfügung stand, als eigenständige Dimension eingerichtet. Umgekehrt verhielt es sich mit der NVA: Eine oberflächliche Sichtung der Bücher zeigte ihre defizitäre Behandlung auf. Aus Gründen der Vergleichbarkeit mit Inhalten der Dimension Bundeswehr wurde die Nationale Volksarmee aber als Dimension mit breit gefächerter inhaltlicher Untergliederung aufgenommen.

Zwischen Dimensionen und Kategorien mußte eine weitere Erfassungs- bzw. Aggregationsebene (50) eingeschoben werden, die als Subdimensionsebene zu bezeichnen ist, da sich die Anzahl von Kategorien, die einer Dimension zuzuordnen waren, als zu groß und zu vielschichtig erwies.
Die Dimensionen teilten sich in mehrere Subdimensionen, bei der Bündnispolitik z.B. in NATO, WEU, Warschauer Pakt usw.; die Subdimensionen aggregierten sich wiederum aus den einzelnen Kategorien, z.B. aus NATO allgemein, Gründung der NATO, NATO-Mitgliedstaaten usw..
Bei der Untergliederung in Subdimensionen und Kategorien fand eine Art Gewichtung aufgrund des Stellenwertes einzelner Inhalte im Rahmen der Sicherheitspolitik statt: ein im Grunde so umfangreiches Thema wie 'Teilung Deutschlands' wurde z.B. als Subdimension mit ziemlich grobem Kategorienraster in den Katalog aufgenommen. Die Teilung Deutschlands als wesentliche sicherheitspolitische Gegebenheit war selbstverständlicher Bestandteil des Kodierplans. Da die Teilung Deutschlands aber auch geschichtliche Fakten umfaßt, die nicht notgedrungen eng sicherheitspolitisch zu sehen sind, z.B. Entwicklung der Parteien in beiden Teilen Deutschlands, konnte die 'Teilung Deutschlands' notgedrungen nur in ihrem wesentlichen bedeutsamen Verlauf unter dem Blickpunkt der Westintegration der Bundesrepublik Deutschland aufgelistet werden. Gegenbeispiele sind die 'Bündnisse' oder die 'Bundeswehr', die als eindeutig sicherheitspolitische Institutionen bzw. Organisationen eine entsprechende Feingliederung erfuhren.
Es wird hier darauf verzichtet, jede einzelne Subdimension und Kategorie im Verlauf der Erstellung des Kodierbogens vorzustellen und zu erläutern, da aufgrund des Umfanges des gesamten Kategorienschemas dieses Unterfangen zu aufwendig und von daher auch mühsam zu lesen wäre (51). Auf die inhaltliche Bedeutung und Eingrenzung der im Kodierbogen aufgenommenen Kategorien und Subdimensionen wird bei der Darstellung der Ergebnisse fallweise zurückgekommen.

2.2.4. Zur Bewertung sicherheitspolitischer Inhalte

Weitere Überlegungen im Rahmen der Erstellung des Kategorienschemas richten sich darauf, wie mögliche Bewertungen der Inhalte sowie der Kontext, in dem die sicherheitspolitischen Themen behandelt wurden, in den Griff zu bekommen waren.

In einer ersten Maßnahme wurden zusätzlich zu den inhaltlichen Dimensionen zur Sicherheitspolitik noch weitere sogenannte 'Erklärungsdimensionen' in den Kodierbogen aufgenommen. Diese Erklärungsdimensionen umfaßten
- Politische Merkmale, Ideologien, Werte,
- Führende Politiker, Militärs, Staaten.

Ausschlaggebend für diese Erweiterung des Kategorienschemas war die Überlegung, durch entsprechende Auswertung der erhobenen Daten Darstellungsmuster von Sicherheitspolitik im Hinblick auf bestimmte politische Merkmale (z.B. Demokratie, Diktatur), gesellschaftliche Werte (z.B. Freiheit, Frieden), deutsche und ausländische Politiker usw. zu gewinnen.

Eine zusätzliche Beurteilung der Behandlung von Sicherheitspolitik in Sozialkundebüchern sollte eine vierstufige Skala erlauben, die die formale Darstellung eines Sachverhaltes, die positive bzw. negative sowie die problematisierende Erörterung eines sicherheitspolitischen Inhalts erfaßte.

2.2.5. Zur Erprobung des Kategorienschemas (Pretest)

Nachdem nach mehreren Entwürfen ein endgültiger Kodierbogen erstellt war, in den die oben aufgeführten Überlegungen eingegangen waren, bildete sich eine 'Kodiergruppe', bestehend aus 6 Mitgliedern. Aufgabe dieser Gruppe war es zunächst, - nach entsprechender Einweisung - in einem Pretest unabhängig voneinander 48 pro Person identische Texteinheiten (= recording units) aus zehn Sozialkundebüchern zu verkoden. Bei der Auswahl dieser 'Protokolleinheiten' wurde darauf geachtet, möglichst viele Themenbereiche und Aufbereitungsformen im Pretest zu berücksichtigen.

Die durchschnittliche Interkoder-Reliabilität erbrachte, nach dem Scott-Verfahren (52) gerechnet, einen paarweisen Summen-Koeffizienten von jeweils über 0.97 (53). Das bedeutet, daß einerseits das Kodierraster hinreichend griffig und für den Kodierer durchsichtig genug entworfen war und daß andererseits die Gruppe in ihrer Zusammensetzung bestehen bleiben konnte (54). Trotzdem war wegen einzelner verhältnismäßig niedriger Einzelpaarkoeffizienten Veranlassung gegeben, verschiedene Kategorien genauer zu bestimmen, abzugrenzen bzw. in ihrer Zuordnung zu Subdimensionen und Dimensionen umzustellen. Differenziert nach den einzelnen Subdimensionen und Kategorien ergaben sich in einigen Fällen unterschiedlich hohe Übereinstimmungswerte: Während dies für die Dimension Westintegration, Bundeswehr, Bündnispolitik, Nationale Volksarmee und Vereinte Nationen dazu führte, daß nur unerhebliche Änderungen vorgenommen werden mußten, erforderte die Dimension 'Machtfaktoren und internationales Kräfteverhältnis' aufgrund ihrer niedriger liegenden Verläßlichkeitskoeffizienten in einigen Punkten wesentliche Überarbeitung. So wurde

- die Subdimension 'Strukturen der internationalen Beziehungen auf sicherheitspolitischer Ebene' stark gekürzt,
- die Subdimension 'Konfliktpotentiale/Spannungspotentiale' stringenter formuliert und inhaltlich eingegrenzt,
- die 'zwischenstaatlichen militärischen Konflikte' ausdrücklich auf 'nach Ende des 2. Weltkrieges' beschränkt und mit Beispielen versehen,
- die einzelnen 'Kriegsarten' 'am Wort' festgemacht und
- die unterschiedlichen 'Vorstellungen von Friedenssicherung' trennschärfer und 'griffiger' herausgearbeitet.

Eine grundsätzliche Ergänzung für alle Subdimensionen bestand darin, daß einheitlich allen diesen Aggregationen eine Residualkategorie 'allgemein; sonstiges' hinzugefügt wurde. Aufgrund des Pretests hatte sich ergeben, daß durch diese Kategorienart eine zuverlässigere (im Hinblick auf die intersubjektiven Bedingungen) und 'gültigere' (im Hinblick auf die erschöpfende Erfassung der angebotenen Inhalte) Kodierung möglich war. 'Allgemein' erlaubte eine Kodierung, wenn der Inhalt der Subdimension generell und unspezifisch angesprochen war; 'sonstiges' bezog sich auf einen zur Subdimension gehörenden Inhalt, dessen Spezifikation - in der Regel aus Gründen der Marginalität - nicht aufgeführt war.

Zum Teil gravierende Änderungen waren aufgrund des Pretest-Ergebnisses auch bei den beiden Erklärungsdimensionen nötig. Die ursprünglich fünf Subdimensionen der Erklärungsdimension 'Werte/Ideologien', nämlich

- individuelle Werte,
- gesellschaftliche Werte,
- staatsorientierte Merkmale,
- politische Prozesse,
- politische Strömungen,

mußten auf 3 begrenzt ('politische und gesellschaftliche Kennzeichen', 'Werte', 'politische Strömungen') werden; dies bedeutete den Verzicht auf eine erhebliche Reihe von Kategorien. Um eine einheitliche Zuordnung der kommunizierten Inhalte zu Kategorien durch die Kodierer zu erreichen, mußte künftig wortgetreu am vorgegebenen Begriff kodiert werden - im Gegensatz zu den sicherheitspolitischen Kategorien, die, soweit nicht anders vermerkt, inhaltlich und/oder wörtlich erfaßt werden konnten. Eine Fülle von Informationen zum Kontext Sicherheitspolitik mußte hier dem Anspruch auf Zuverlässigkeit der Kodierung weichen. Überraschenderweise ergab auch die Subdimension 'Staaten' Kodierschwierigkeiten. Um hier ein einheitliches Verständnis in der Kodiergruppe zu bewirken, wurde die Staatenliste mit dem Hinweis 'am Wort festmachen, es zählen Staatennamen einschließlich der entsprechenden Eigenschaftswörter, Nationalitäten und der Hauptstädtenamen, soweit sie synonym für den Staat stehen', versehen.
Ein weiteres Resultat des Pretests hatte schließlich die Neufassung der Bewertungsskala zur Folge. In hohem Maße waren nämlich sicherheitspolitische Inhalte von den einzelnen Kodierern identisch erfaßt, jedoch mit unterschiedlichem Skalenwert der richtigen Kategorie zugeordnet worden. Da die Diskrepanz in fast 50 % der Fälle die beiden ersten Skaleneinstufungen betraf, wurden die Einstufungen 'Inhalt erwähnt' und 'Inhalt formal behandelt' zu einer Skaleneinstufung mit der Bezeichnung 'Der Autor erwähnt einen Sachverhalt (= die erfaßte Kategorie), behandelt ihn formal, stellt ihn ohne Wertung dar', zusammengefaßt.
Als weitere Bewertungen waren möglich

- der Autor bewertet einen Sachverhalt (= die erfaßte Kategorie) positiv, zustimmend, als richtig, als begrüßenswert, als gute Sache.
- Der Autor bewertet einen Sachverhalt (= die erfaßte Kategorie) negativ, ablehnend, als nicht richtig, als schädlich, als schlechte Sache.
- Der Autor behandelt einen Sachverhalt (= die erfaßte Kategorie) sowohl positiv als auch negativ, spricht sich sowohl dafür als auch dagegen aus.

Um größere Abweichungen bei der Kodierung auszuschließen, fand die Skala nun nur noch für die inhaltlichen Dimensionen des Kategorienschemas Verwendung. Die Erklärungsdimensionen (Merkmale, Staaten usw.) wurden lediglich mit 'erfaßt' und ohne Bewertungsmöglichkeit kodiert.
Damit sich die Kodiergruppe mit dem umgestellten Kodierplan vertraut machen konnte und um einer hohen Interkoderreliabilität willen, kodierte die Gruppe noch eine Reihe ausgewählter Protokolleinheiten mit hohem Kodierschwierigkeitsgrad.

2.2.6. Die endgültige Fassung des Kodierbogens

Das Kategorienschema (Kodierbogen) in seiner letztlich verabschiedeten Form umfaßte 6 inhaltliche Dimensionen und 2 Erklärungsdimensionen. Auf maschinenlesbare Datenträger übertragen ergab dies 9 Lochkarten pro kodierter Protokolleinheit.

Neben den als sicherheitspolitisch relevant erachteten Inhalten wurden auch Daten von allgemeinem Interesse (wie Klassifizierung der Protokolleinheiten nach Beitragsgruppen) bzw. Zuordnungskennzeichen erfaßt; letztere enthielten die Kennziffer der Protokolleinheit sowie die Buchnummer. Der Kodierbogen in seinem detaillierten Aufbau und gesamten Umfang ist im Anhang dieser Ausarbeitung beigefügt.

2.3. Zur Festlegung der Protokolleinheiten

Nachdem inhaltlich die sicherheitspolitischen Themen im Kodierbogen abgesteckt sowie formal das Untersuchungsmaterial, bestehend aus Sozialkundebüchern, bestimmt waren, erfolgte nun die Einteilung des Materials in Untersuchungseinheiten (= Texteinheiten = Protokolleinheiten = recording units).

2.3.1. Kriterien zur Bestimmung der Protokolleinheiten

Die Protokolleinheiten wurden grundsätzlich nach inhaltlichen Gesichtspunkten und Zusammenhängen gegeneinander abgegrenzt. Da die formale Gliederung und Einteilung eines Buches in Kapitel, Unterkapitel, Absätze, Merk- und Fragesätze, Zusammenfassungen, Abbildungen, Tabellen, Graphiken usw. eine didaktische Aufbereitung von zu vermittelnden Lehrinhalten bedeutet, mußten die recording units jedes einzelnen Buches unter Berücksichtigung der jeweiligen Aufbereitung inhaltlich zusammengehöriger Einheiten gesondert festgelegt werden.
Nach mehrfachen, langwierigen Einteilungsversuchen, die wiederholt nach ihrer Erprobung als nicht brauchbar verworfen wurden, richtete sich das Verfahren zur Abgrenzung und Bestimmung der zu untersuchenden Texteinheiten schließlich nach folgenden Grundsätzen:

a) Zur Protokolleinheit erklärt wurde zunächst der kleinste, deutlich abgesetzte (markierte) Abschnitt eines Buches.
b) In Büchern, die diese Bestimmung nicht zuließen (z.B. ausschließlich große Kapitel), wurden andere Einheiten, zumeist Abschnitte (Kriterium ist auch hier der abgesetzte Inhalt), als Texteinheiten bestimmt.
c) Merksätze oder Fragesätze zählten zur inhaltlich entsprechenden recording unit; bei einem umfangreicheren Fragenkomplex wurden sie als gesonderte Untersuchungseinheit gewertet. Überschriften und Vorspanne gehörten zur folgenden Texteinheit. Graphiken oder Schemata, die keine eigene recording unit bildeten, zählten zur inhaltlich entsprechenden Textstelle.
d) Eine Protokolleinheit sollte mindestens zehn, höchstens dreißig Zeilen (etwa eine halbe Seite) umfassen. Wo es sinnvoll und möglich war, konnten deshalb Protokolleinheiten, die vorab nach a) und b) definiert waren, zusammengefaßt oder geteilt werden. Hier handelte es sich aber nur um Richtlinien. Das inhaltliche Kriterium hatte übergeordneten Charakter.

2.3.2. Pretest zur Überprüfung der Protokolleinheiten

Nach den oben beschriebenen Kriterien wurde zunächst ein Pretest durchgeführt, um die Handhabbarkeit der nun so bestimmten recording units zu prüfen und um den durchschnittlichen Umfang der zu analysierenden Texteinheiten zu ermitteln. Aus sieben zufällig ausgewählten Sozialkundebüchern wurden fünfzig Texteinheiten mit sicherheitspolitischem Inhalt und fünfzig mit allgemein sozialkundlichem Inhalt bestimmt und zur Ermittlung ihres Umfanges nach der Anzahl der Wörter (55), die sie umfaßten, ausgezählt.

Die Festlegung der Untersuchungseinheiten nach den vorher definierten Kriterien erwies sich als durchführbar und auch als sinnvoll. Die Auszählung der Wörter der einzelnen Texteinheiten erbrachte folgende arithmetische Mittelwerte:

$\bar{x}_1$ = 183 (182,84) Wörter bei Texteinheiten mit allgemein sozialkundlichem Inhalt;

$\bar{x}_2$ = 195 (194,94) Wörter bei Texteinheiten mit sicherheitspolitischem Inhalt;

die dazugehörenden Standardabweichungen betrugen:

s_1 = 54 (54,31) Wörter bei Texteinheiten mit allgemein sozialkundlichem Inhalt;

s_2 = 55 (54,87) Wörter bei Texteinheiten mit sicherheitspolitischem Inhalt.

Im Durchschnitt umfaßten Texteinheiten allgemein sozialkundlichen Inhalts 183 ± 54 Wörter, Texteinheiten sicherheitspolitischen Inhalts 195 ± 55 Wörter. Ein statistisches Testverfahren (56) nach der Formel

$$\hat{t} = \frac{\bar{x}_1 - \bar{x}_2}{\pm\sqrt{\frac{s_1^2}{n_1} + \frac{s_2^2}{n_2}}}$$

hatte zum Ergebnis $\hat{t} = \pm 1.10$. Die mit diesem Testverfahren geprüfte Nullhypothese,

'die den beiden Stichproben zugrunde liegenden Mittelwerte $\bar{X}_1$ und $\bar{X}_2$ bei nicht gleichen Varianzen s_1^2 und s_2^2 entstammen der gleichen Grundgesamtheit',

konnte nicht verworfen werden, da der Ergebniswert $\hat{t} = \pm 1{,}10$ innerhalb des Mutungsintervalls $- 1{,}96 \leq \hat{t} \leq + 1.96$ (Signifikanzniveau = 0, 05) lag. Dies besagt, daß sich die Untersuchungseinheiten mit allgemein sozialkundlichem Inhalt nicht statistisch signifikant nach ihrem durchschnittlichen Wörterumfang von den Texteinheiten mit sicherheitspolitischem Inhalt unterscheiden.
Die getroffenen Richtlinien, die der Bestimmung der Texteinheiten zugrundegelegt wurden, erwiesen sich im Rahmen dieses Pretests als problemlos umsetzbar. Durch die errechneten Werte des Wörterumfanges der recording units und des anschließenden Vergleichs konnte die Bestätigung dafür erbracht werden, daß die Protokolleinheiten eine hinreichende Homogenität in ihren Umfängen aufweisen.

Konfrontiert man dieses Ergebnis mit dem Hinweis Osgood's, daß zu untersuchende Textabschnitte "nicht weniger als 120 und nicht mehr als 210 Worte umfassen sollten (ein solcher Abschnitt scheint der Länge einer normalen Assoziationssequenz zu entsprechen)" (56), so stellt man auch hierzu im wesentlichen Übereinstimmung fest.
Hierauf aufbauend war das weitere Vorgehen folgendermaßen festgelegt: Die Sozialkundebücher wurden nach alphabetischer Reihenfolge der Verfasser geordnet (57) und Buch für Buch die Texteinheiten, gesondert nach allgemein sozialkund-

lichen und sicherheitspolitischen Inhalten durchnumeriert.
Während die allgemein sozialkundlichen recording units nur nach ihrer Häufigkeit ausgezählt (27847 Texteinheiten) wurden, schloß sich an die Numerierung der sicherheitspolitischen Teile (4693 Protokolleinheiten) der Sozialkundebücher die Inhaltsanalyse anhand des vorab festgelegten Kategorienschemas (Kodierbogens) an.

2.4. Überlegungen zur Auswertung des Materials

Von Anfang an bestand die Absicht, die inhaltsanalytische Untersuchung zum Thema 'Erziehung zur Wehrpflicht?' keineswegs auf die bloße Feststellung reiner Häufigkeiten (Frequenzanalyse) zu beschränken. Aufbau und Inhalt des Kodierbogens ließen einmal die Interpretation möglicher Darstellungsintentionen der Schulbuchautoren mit Hilfe der an die Kategorien anzulegenden Bewertungsskala zu; zum anderen sollten die beiden Erklärungsdimensionen und die ihnen zugeordneten Kategorien das gesamte Auftreten sicherheitspolitischer Themen im Zusammenhang mit politischen Merkmalen, Werten und Ideologien ermöglichen (Kontingenzanalyse). Darüber hinaus war ursprünglich von vornherein der Versuch geplant, mit Hilfe von Kreuztabellen, Korrelationsberechnungen und multivariaten Verfahren wie Faktorenanalyse oder multidimensionaler Skalierung inhaltliche Elemente in ihren Zusammenhängen und Querverbindungen zu erkennen.

Anmerkungen:

(1) Siehe hierzu die Ausführungen bei Wersig, G.: Inhaltsanalyse - Einführung in ihre Systematik und Literatur, in: Schriftenreihe zur Publizistikwissenschaft 5, Berlin 1968, S. 11 u. insbesondere Anmerkung 1, S. 38

(2) Vgl. z.B. die Referate und Arbeitsberichte anläßlich der ZUMA-Arbeitstagung "Elektronische Inhaltsanalyse" vom 18. bis 29. September 1978 in Mannheim; auch die Herbsttagung vom 5. bis 6. Oktober 1979 der Sektion "Methoden" der Deutschen Gesellschaft für Soziologie stand unter dem Thema "Methoden der Inhaltsanalyse".

(3) Vgl. Cartwright, D.: Analysis of Qualitative Material, in: Festinger, L. und D. Katz (Hrsg.), Research Methods in the Behavioral Sciences, New York 1966, S. 447

(4) Vgl. Lasswell, H.D. und N. Leites (Hrsg.): Language of Politics, Cambridge (Mass.) 1965

(5) Berelson, B.: Content Analysis in Communication Research, Glencoe 1952, S. 18; auch Berelson, B. u. P.F. Lazarsfeld: Die Bedeutungsanalyse von Kommunikationsmaterialien, in: König, R. (Hrsg.), Praktische Sozialforschung, Köln usw. 1952, S. 141 - 168

(6) Mayntz, R., Holm, K. u. P. Hübner: Einführung in die Methoden der empirischen Soziologie (3. Aufl.), Opladen 1972, S. 152

(7) Vgl. Berelson, B.: Content Analysis, in: Lindzey, G. (Hrsg.), Handbook of Social Psychology, Vol. 1, New York 1967, S. 489

(8) Vgl. Ritsert, J.: Inhaltsanalyse und Ideologiekritik - Ein Versuch über kritische Sozialforschung, Frankfurt/Main 1972, S. 17 ff.

(9) Ritsert, J.: Inhaltsanalyse und Ideologiekritik ..., a.a.O., S. 19; vgl. auch: Kracauer, S.: Challenge of Qualitative Content Analysis, in: Public Opinion Quarterly, Vol. 16, Nr. 4/1959, S. 631 - 641; George, A.: Quantitative and Qualitative Approach to Content Analysis, in: De Sola Pool, I. (Hrsg.), Trends in Content Analysis, Urbana 1959, S. 7 ff; vgl. auch: Silbermann, A.: Systematische Inhaltsanalyse, in: König, R. (Hrsg.), Handbuch der empirischen Sozialforschung, Bd. 1 (2. Aufl.), Stuttgart 1967, S. 570 ff.

(10) Vgl. Ritsert, J.: Inhaltsanalyse und Ideologiekritik ..., a.a.O., S. 24 f.

(11) Vgl. ebenda, S. 28

(12) Vgl. Büschges, G.: Empirische Sozialforschung, in: Herder (Hrsg.), Wissen im Überblick. Die moderne Gesellschaft, Freiburg i.Br./Basel/Wien 1973, S. 640 f.

(13) Wersig, G.: Inhaltsanalyse - Einführung in ihre Semantik und Literatur, Berlin 1968, S. 26

(14) Z.B. Units of enumeration, context units, recording units; vgl. hierzu die späteren Ausführungen

(15) Vgl. Stone, P.J.: Content Analysis, in: Stone, P.J., Dunphy, D.C., Smith, M.S. u. D.M. Olgivie (Hrsg.), The General Inquirer, Cambridge (Mass.)/London 1966, zitiert nach Scheuch, E.K.: Entwicklungsrichtungen bei der Analyse sozialwissenschaftlicher Daten, in: König, R. (Hrsg.), Handbuch der empirischen Sozialforschung, Bd. 1 (2. Aufl.), Stuttgart 1967, S. 667

(16) Scheuch, E.K.: Entwicklungsrichtungen bei der Analyse sozialwissenschaftlicher Daten, in: König, R. (Hrsg.), Handbuch der empirischen Sozialforschung, Bd. 1 (2. Aufl.), Stuttgart 1967, S. 667

(17) Maletzke, G.: Psychologie der Massenmedien, Hamburg 1963, S. 58

(18) Vgl. Pappert, P.: Quantifizierung, in: Fuchs, W., Klima, R. Lautmann, R., Rammstedt, O.u.H. Wienold (Hrsg.), Lexikon zur Soziologie, Opladen 1973, S. 537

(19) Die Operationalisierung erfolgt durch Festlegung von durchgängig anzuwendenden Regeln, wie Begriffe (oder Inhalte) und Daten zu verknüpfen sind. Solche operationalen Definitionen dienen der Erfassung des durch den Begriff (oder Inhalt) bezeichneten Sachverhalts und führen zu jenen meßbaren Ereignissen, die das Vorliegen dieses Sachverhalts - Indikatoren - aufzeigen.

(20) Begriffe wie 'Dimension' u.ä.werden hier nicht im analytischen Sinne verwendet, sondern ausschließlich in einem strukturierenden bzw. ordnenden.

(21) Mayntz, R., Holm, K. u. P. Hübner: Einführung in die Methoden der empirischen Soziologie, a.a.O., S. 157

(22) Unter Dimensionsanalyse soll hier verstanden werden, "die Entwicklung von Definitionen deskriptiver Kategorien (Taxonomie)"; zitiert nach Zetterberg, H.: Theorie, Forschung und Praxis in der Soziologie, in: König, R. (Hrsg.), Handbuch der empirischen Sozialforschung, Bd. 1 (2. Aufl.), Stuttgart 1967, S. 65

(23) Friedrichs, J.: Methoden empirischer Sozialforschung, Reinbek 1973, S. 321

(24) Herkner, W.: Inhaltsanalyse, in: Koolwijk, J. v. u. M. Wieken-Mayser (Hrsg.), Techniken der empirischen Sozialforschung, H. 3, Erhebungsmethoden: Beobachtung und Analyse von Kommunikation, München/Wien 1974, S. 173

(25) Vgl. Osgood, C. E.: The Representational Model and Relevant Research Methods, in: De Sola Pool, I. (Hrsg.), Trends in Content Analysis, Urbana 1959, S. 61 f. vgl. auch Weymann, A.: Bedeutungsfeldanalyse - Versuch eines neuen Verfahrens der Inhaltsanalyse am Beispiel der Didaktik der Erwachsenenbildung, in: Kölner Zeitschrift für Soziologie und Sozialpsychologie, 25. Jhgg., H. 4/1973, S. 765

(26) Holsti, O.R.: Content Analysis for the Social Sciences and Humanities, Reading (Mass.)/Menlo Park/London/Amsterdam/Don Mills/Sidney 1969, S. 117

(27) Vgl. Zelinka, F.F.: Zum Einfluß der Protokolleinheiten auf den Aussagewert von Inhalts(Frequenz-)analysen, in: Zeitschrift für Sozialpsychologie, H. 3, 1979, S. 226 u. S. 241

(28) Vgl. hierzu die Ausführungen in Teil I, Abschnitt 4

(29) Weitere Anmerkungen zum Stellenwert des Schulbuches erfolgten in Teil I, Abschnitt 3

(30) Für das Bundesland Hessen lagen die Zulassungslisten nur bis zum Jahre 1975 vor, da die neueren bereits vergriffen waren und nicht nachgereicht werden konnten.

(31) Cornelsen, F.: Schulbücher - sorgfältig vorbereitet und preiswert, in: Börsenblatt für den Deutschen Buchhandel, Nr. 16, 25.2.1975, Frankfurt/Main, S. 259 - 261, S. 260

(32) Vgl. Müller, W.: Schulbuchzulassung - zur Geschichte und Problematik staatlicher Bevormundung von Unterricht und Erziehung, Kastellaun 1976, S. 201 ff. und 411 ff.

(33) Schwarz, H.P. (Hrsg.): Handbuch der deutschen Außenpolitik, München 1975, S. 479

(34) Militärgeschichtliches Forschungsamt (Hrsg.): Verteidigung im Bündnis - Planung, Aufbau und Bewährung der Bundeswehr 1950 / 1972, München, 1975 S. 303

(35) Schwarz, H.P. (Hrsg.), a.a.O., S. 465

(36) Ebenda, S. 468

(37) Militärgeschichtliches Forschungsamt (Hrsg.), a.a.O., S. 228

(38) Bundesminister der Verteidigung (Hrsg.): Weißbuch 1971/1972 - Zur Sicherheit der Bundesrepublik Deutschland und zur Entwicklung der Bundeswehr -, Bonn 1971, S. 3

(39) Militärgeschichtliches Forschungsamt (Hrsg.), a.a.O., S. 233

(40) Schwarz, H.P. (Hrsg.), a.a.O., S. 469

(41) Ebenda, S. 478

(42) Bundesminister der Verteidigung (Hrsg.): Weißbuch 1971/1972..., a.a.O., S. 3

(43) Schwarz, H.P. (Hrsg.), a.a.O., S. 480 f

(44) Ebenda, S. 482

(45) Kaiser, K. u. K.M. Kreis (Hrsg.): Sicherheitspolitik vor neuen Aufgaben, Frankfurt/Main 1977, S. XIV

(46) Schwarz, H.P. (Hrsg.), a.a.O., S. 487

(47) Vgl. Schwarz, K.D. (Hrsg.): Sicherheitspolitik. Analyse zur politischen und militärischen Sicherheit, Bad Honnef-Erpel 1976

(48) Vgl. Kaiser, K. u. K.M. Kreis (Hrsg.), a.a.O., S. XIV

(49) Vgl. hierzu z.B. die Bemühungen der Hessischen Stiftung für Friedens- und Konfliktforschung

(50) Zur Aggregation inhaltsanalytisch gewonnener Daten vgl. z.B. Zelinka, F.F.: Präferenzen sozialwissenschaftlicher Militärforschung in der Bundesrepublik Deutschland - Ein inhaltsanalytisches Modell zur Forschungsplanung -, Bern/Frankfurt a.M./ Cirencester U.K. 1979, S. 64 f

(51) Der Kodierbogen liegt als Anhang 2 diesem Bericht bei.

(52) Die Interkoderreliabilitäten (Verläßlichkeitskoeffizienten) wurden nach der Formel von Scott, W.A., berechnet:

$$r = \frac{P-P_e}{1-P_e} \quad \text{wobei } P_e = \sum_{l=1}^{k} P_{il} \quad P_{jl};$$

Es bedeuten:

r den Interkoderreliabilitätsindex (Verläßlichkeitsindex);

P_e das Ausmaß der Übereinstimmung, das aufgrund des Zufalls zu erwarten ist;

P die empirische Übereinstimmung, die maximal den Wert 1 annehmen kann;

P_{il} den relativen Anteil der Treffer in Kategorie l durch Kodierer i;

P_{jl} den relativen Anteil der Treffer in Kategorie $_l$ durch Kodierer j;

k die Anzahl der Kategorien.

Hierzu vgl. Scott, W.A.: Reliability of Content Analysis. The Case of Nominal Scale Coding, in: Public Opinion Quarterly, Bd. 19, 1955, S. 321 ff.; vgl. auch Herkner, W., a.a.O., S. 178

(53) Zur Bewertung dieser hohen Interkoderreliabilität siehe Andrä, S.: Das Informationsangebot der Bundeswehr im Bereich der politischen Bildung, in: Sozialwissenschaftliches Institut der Bundeswehr (Hrsg.), Berichte, H. 13, München 1978, S. 100; vgl. auch die Ausführungen hierzu bei Lisch, R. u. J. Kriz: Grundlagen und Modelle der Inhaltsanalyse, Reinbek bei Hamburg 1978, S. 91 ff.

(54) Zur Kodiererproblematik vgl. u.a. Lisch, R.u.J. Kriz, a.a.O., S. 89

(55) Die Untersuchungseinheiten wurden nach Wörtern ausgezählt, da nur dieses Verfahren bei der unterschiedlichen Aufbereitung der Sozialkundebücher ein eindeutiges Kriterium zur Ermittlung von Umfang und Größe der recording units gewährleistete. Dieses Vorgehen berücksichtigte somit Schriftgröße, Seitenformat und Zeilenabstände der unterschiedlichen Texte.

(56) Vgl. hierzu Welch, B.L.: The significance of the difference between two means when the population variances are unequel, in: Biometrika 29, 1937, S. 350-361

(57) Osgood, C.E.: The Representational Model and Relevant Research Methods, in: De Sola Pool I. (Hrsg.): Trends in content analysis, Urbana 1959, zitiert nach Weymann, A.: Bedeutungsfeldanalyse. Versuch eines neuen Verfahrens der Inhaltsanalyse am Beispiel Didaktik der Erwachsenenbildung in: Kölner Zeitschrift für Soziologie und Sozialpsychologie, Heft 4/1973, S. 765

(58) Das geschah zunächst für die Sozialkundebücher, die aufgrund der Zulassungslisten der Kultusministerien bis 1975 ermittelt wurden. Die Bücher vom Stand 1977 wurden später an diese Reihe 'angehängt'.

Teil III: Untersuchungsergebnisse

Das Buchmaterial selbst sowie die gekodeten sicherheitspolitischen Inhalte ergaben eine Fülle von (Einzel-)Ergebnissen, die im folgenden zunächst zusammenhängend dargestellt und dann nach Themenkreisen gegliedert besprochen werden.

Um einen Eindruck der Themenvielfalt zu vermitteln, die in Sozialkundebüchern enthalten ist, stellen wir zunächst dominierende Inhalte vor. Zur Abrundung des Gesamteindrucks weisen wir dann sicherheitspolitische Daten im Überblick aus.

1. Sicherheitspolitik im Sozialkundebuch - Einbettung und allgemeiner Zahlenüberblick

Aus den analysierten Büchern konnten sowohl in Verfolgung ihrer didaktischen Aufbereitung als auch über die herausgefilterten Texteinheiten die ersten qualitativen und quantitativen Ergebnisse gewonnen werden.

1.1. Die in Sozialkundebüchern behandelten gesellschaftlichen und politischen Themen

Ein Buch, das den Lehrstoff politischen Unterrichts abdecken will, bietet heute i.d.R. eine Vielzahl von Themen zu den unterschiedlichsten gesellschaftlichen Problemen, charakterisiert politische Institutionen und Gruppierungen und berücksichtigt Aktuelles und Zeitgeschichtliches. Aufgrund unserer vielfältigen und komplexen Umwelt ist einzusehen, daß nicht alle politisch und gesellschaftlich bedeutsamen Inhalte im Rahmen eines einzelnen Sozialkundebuches als Lehrstoff dargeboten werden können - notgedrungen muß der Autor eine Auswahl treffen, einiges unberücksichtigt lassen, anderes nur kurz streifen oder anreißen.
Die Tabellen 3 und 4 sollen zur Übersicht und zur besseren Einordnung der sicherheitspolitischen Themen über die häufigsten Inhalte in Sozialkundebüchern informieren.
Die Tabellen können hier nur kurz besprochen werden, da eine Analyse des gesamten Inhalts von Sozialkundebüchern nicht vorgesehen war und unter den Randbedingungen, die der vorliegenden Untersuchung zugrundelagen, auch nicht zu leisten ist.
Aus beiden Tabellen wird ersichtlich, daß die formale Ordnung der Bundesrepublik Deutschland - z.B. Vorstellung des politischen Aufbaus, der Rechtsordnung - sowie ihre zeitgeschichtlichen Bezüge in den meisten Büchern (vorrangig) behandelt werden. Nach den die Schüler unmittelbar ansprechenden Themen 'Individuum und Gesellschaft', 'Familie und Ehe', 'Arbeit, Beruf, Betrieb' - in auffallend vielen Büchern fehlen Abschnitte zu Schule, Erziehung bzw. zur Bildung allgemein - folgen dann die weltpolitisch umfassenderen Inhalte oder Themen grundlegender (abstrakter) Art.
Die Frage, in welchen dieser in Kurzform ausgewiesenen Kapitel sich nun sicherheitspolitische Inhalte vorfinden lassen, kann man nach erster Durchsicht der Bücher überschlägig beantworten:

- Westintegration: in 'Deutschland nach dem 2. Weltkrieg';
- Bundeswehr: gesondert oder in unterschiedlichen Kapiteln wie 'Bündnispolitik', 'Ordnung der Bundesrepublik Deutschland'.
- Bündnispolitik: gesondert oder in 'Weltpolitik';
- Nationale Volksarmee: in 'das gespaltene Deutschland';

- Machtfaktoren und internationales Kräfteverhältnis: in 'Deutschland nach dem 2. Weltkrieg' oder 'Weltpolitik';
- UNO: gesondert oder in 'Weltpolitik'.

Tabelle 3: Inhalte in Sozialkundebüchern (ohne spezifische sicherheitspolitische Themen wie Militärbündnisse, Bundeswehr)

Dominierende Inhalte, die in Inhaltsverzeichnissen zu übergreifenden Kapiteln von Sozialkundebüchern ausgewiesen werden	Häufigkeit (absolut)
- Politischer Aufbau der Bundesrepublik Deutschland	48
- Rechtsordnung/Rechtssprechung	44
- Deutschland nach dem 2. Weltkrieg/das gespaltene Deutschland	35
- Der einzelne in der Gesellschaft/Gesellschaft und Individuum	34
- Politik allgemein	33
- Weltpolitische Probleme/Weltpolitik	33
- Geschichtliche Grundlagen zum Verständnis der deutschen Gegenwart	30
- Wirtschaft in der Bundesrepublik Deutschland	30
- Ideologien/Kommunismus	29
- Gemeinde und Kreis	24
- Arbeit, Beruf, Betrieb	23
- Staats- und Regierungsformen	23
- Wirtschaft(sformen)	21
- Familie, Ehe, Verwandtschaft	19
- Gesellschaftsordnung/Gesellschaft im Wandel	19
- Informations-/Meinungsbildung	19
- Soziale Sicherung/Sozialordnung	18
- Parteien	18
- Europapolitik	17
- Grundrechte, Grundgesetz	16
Grundgesamtheit: 79 Sozialkundebücher (ohne Wörterbücher)	

Tabelle 4: Inhalte in Sozialkundebüchern (ohne spezifische sicherheitspolitische Themen wie Militärbündnisse, Bundeswehr)

Dominierende Inhalte in übergreifenden oder in Unterkapiteln von Sozialkundebüchern	absolute Häufigkeit
- Politischer Aufbau der Bundesrepublik Deutschland	61
- Rechtsordnung/Rechtssprechung	61
- Wahlen	54
- Grundrechte/Grundgesetze	54
- Parteien	53
- Deutschland nach dem 2. Weltkrieg/das gespaltene Deutschland	51
- Arbeit/Beruf/Betrieb	46
- Familie, Ehe, Verwandtschaft	45
- Gemeinde und Kreis	41
- Europa-Politik	41
- Ideologien/Kommunismus	41
- Soziale Sicherung/Sozialordnung	40
- Gesetzgebung	40
- Wirtschaft(sformen)	40
- Wirtschaft in der Bundesrepublik Deutschland	40
- Informations-/Meinungsbildung	39
- Verbände	38
- Föderalismus/Bund und Länder	37
- Steuern, Staatshaushalt	36
- Staats-/Regierungsformen	36
- Weltpolitische Probleme/Weltpolitik	36
- Arbeitgeber und Arbeitnehmer	35
- Politik allgemein	33
- Geschichtliche Grundlagen zum Verständnis der deutschen Gegenwart	33
- Demokratie (Demokratisierung)	31
- Kontrolle der staatlichen Macht	30

Grundgesamtheit: 79 Sozialkundebücher (ohne Wörterbücher)

1.2. Anteil und Stellenwert sicherheitspolitischer Inhalte in den Sozialkundebüchern

Die 81 Sozialkundebücher wurden in insgesamt 32.540 Texteinheiten nach den in Teil II, Abschnitt 2.3. beschriebenen Kriterien eingeteilt. In 4.693 Protokolleinheiten (= 14,42 %) konnten sicherheitspolitische Inhalte festgestellt werden; sie ergaben somit das unmittelbare Textmaterial für die Inhaltsanalyse. Durchschnittlich 57,94 recording units pro Buch (Standardabweichung: 6,17) sprachen mindestens ein sicherheitspolitisches Thema, welches im Kategorienschema vertreten war, an.

Tabelle 5: Anteil von Sicherheitspolitik in Sozialkundebüchern

81 Sozialkundebücher = 32.540 Texteinheiten			
	absolut		relativ
davon:	4.693	Texteinheiten mit sicherheitspolitischem Inhalt;	14,42 %
	27.847	Texteinheiten mit sonstigem sozialkundlichen Inhalt	85,58 %

In knapp drei Viertel der Bücher fand die Behandlung sicherheitspolitischer Themen eher am Ende des Buches statt, bei knapp einem Drittel (auch) im Mittelteil des Buches. Nur bei 11 % der Bücher wurden die relevanten Sachverhalte bereits (zum Teil) am Anfang aufgeführt (vgl. Tabelle 6).

Tabelle 6: Zur Position+) von Sicherheitspolitik im Sozialkundebuch

Sicherheitspolitische Themen werden behandelt	Häufigkeiten	
	absolut	relativ
eher am Anfang	9	11,39 %
eher in der Mitte	24	30,38 %
eher am Ende	58	73,41 %

+) Mehrfacheinstufungen waren möglich. Die beiden Wörterbücher sind hier nicht berücksichtigt.

1.3. Zur didaktischen Aufbereitung von Sicherheitspolitik

Sozialkundebücher beinhalten in der Regel nicht nur Lehrstoff in Form fortlaufender vom Autor verfaßter Texte. Zahlreiche Schulbuchverfasser sind bemüht, den 'trockenen' Lehrstoff durch Photos, Graphiken, Karikaturen, tabellarische Übersichten u.ä. aufzulockern bzw. zu veranschaulichen; zum Teil werden diese besonderen Darstellungsformen zur wirkungsvolleren Vermittlung von Inhalten didaktisch bewußt eingesetzt. Eine Reihe von Autoren nutzt insbesondere zur Wiedergabe gegensätzlicher Sachverhalte oder auch als Beleg ihrer eigenen Aussagen Quellenmaterial oder sie zitiert zur Verdeutlichung unterschiedlicher Sichtweisen ausführlich Aussagen von Politikern oder Kernsätze aus Zeitungskommentaren. Manche Autoren von neu aufgelegten oder neu erschienenen Büchern bereiten ihre Inhalte bewußt nach curricularen Überlegungen auf, d.h. sie erläutern Lernziele, bringen Informationen zum Thema und fordern zur Diskussion auf. Schließlich ist es auch üblich, einen Themenkreis mit Fragen abzuschließen, durch welche die Schüler ihr Wissen kontrollieren können oder die zur weiteren Beschäftigung mit bestimmten Inhalten anregen sollen.
All diese unterschiedlichen Formen didaktischer Aufbereitung von Lerninhalten wurden für den sicherheitspolitischen Themenbereich klassifiziert und je Protokolleinheit erfaßt. Die Tabelle 7 gibt über Art und Häufigkeit der analysierten Beitragstypen Auskunft.
Dabei bedeutet 'Lehrtext', daß die sprachlichen Passagen zur Wissensvermittlung sozialkundlicher Inhalte vom Autor selbst verfaßt sind. Diese Art der Darbietung überwiegt in den analysierten Schulbüchern bei weitem. Bereits mit

Tabelle 7: Klassifikation und Verteilung der Beitragstypen

	Beitragstyp	Protokolleinheiten Häufigkeiten (absolut)
Einfach-beitrags-typen	Lehrtext/fortlaufender Text	2488
	Schema/Tabelle/Grafik/ Photo/Übersicht	176
	(Kontroll-)Frageblock/Diskussionsthemen	139
	Quelle/Zitat	383
Mehrfachbeitragstypen	Lehrtext und Schema/Tabelle/Grafik usw.	548
	Lehrtext und Frageblock/Diskussionsthemen	156
	Lehrtext und Quelle	458
	Schema/Tabelle usw. und Frageblock	38
	Schema/Tabelle usw. und Quelle	58
	Frageblock/Diskussionsthema und Quelle	59
	Lehrtext und Schema und Quelle	82
	Lehrtext und Frageblock und Quelle	28
	Schema und Frageblock und Quelle	8
	Lehrtext und Schema und Frageblock und Quelle	13

großem Abstand folgt die Einbindung von Zitaten zum Beleg oder anstelle von eigenen Formulierungen (1). Zur besseren Vermittlung von Fakten oder als einprägsamer Überblick finden darüber hinaus geeignete gesellschaftskundliche/politische Informationen in schematischer oder tabellarischer Form Verwendung. Der Illustrierung und Veranschaulichung von bestimmten Aussagen dienen schließlich Grafiken, Karikaturen oder photografische Abbildungen. Daß letztere Arten der Inhaltspräsentation quantitativ niedrig liegen, leuchtet ein, da sich nicht jeder Lehrstoff in Übersichten straffen oder über Photographien verdeutlichen läßt. Schließlich bieten viele Schulbuchverfasser zur Wissenskontrolle vornehmlich am Ende eines inhaltlich abgeschlossenen Abschnitts rezipierende Fragen bzw. regen durch sogenannte 'Diskussionsthemen' eine Vertiefung oder Ausweitung des gebotenen Lehrstoffes an.
Ausgehend von der durchschnittlichen Belegungszahl der Beitragstypen mit kommunizierten Inhalten (2), die im Rahmen einer Subdimension erfaßt sind, lassen sich innerhalb einiger Subdimensionen auffallende Abweichungen in der Darbietungsart sicherheitspolitischer Inhalte registrieren.
Aufgrund der Vorgaben für die Bestimmung der Protokolleinheiten und aufgrund der vorliegenden Belegungszahlen empfehlen sich statistisch sinnvolle Berechnungen nur für die ersten sieben Beitragstypen - Lehrtext, Tabelle/Schema/Grafik/ Photo, Frageblock, Quelle, Lehrtext und Tabelle/usw., Lehrtext und Frageblock, Lehrtext und Quelle - in Verbindung mit sicherheitspolitischen Aggregationen (Subdimensionen).
Eine erste Auffälligkeit der Disposition der Inhalte nach Beitragstypen ist bei der Subdimension "Teilung Deutschlands" aufzufinden. Die Inhalte folgen mit hoher Wahrscheinlichkeit unterschiedlichen Häufigkeitsverteilungen (χ^2_{48} = 151,37 $> {}_{0,001}\chi^2_{48}$ = 84,04) (3). Im einzelnen ist darauf hinzuweisen, daß

Inhalte, die die Kategorie "Westzonen vor der Gründung der Bundesrepublik Deutschland" betreffen, kaum anhand von 'Quellen' behandelt werden, ebenso wie Inhalte, die der Kategorie "Gründung der Bundesrepublik Deutschland" zuzuordnen sind. Hingegen finden Inhalte der Kategorien "Ostzone, sowjetisch-besetzte Zone (vor Gründung der DDR)", "Fehlender Friedensvertrag für Deutschland" und "Wiedervereinigung Deutschlands" überproportional in dem Beitragstyp 'Quelle' ihren Niederschlag. Obwohl die Gründungen der Bundesrepublik Deutschland und der DDR hinreichend in Lehrtexten ausgewiesen sind, fällt auf, daß diese Inhalte zusätzlich in starkem Maße in tabellarischer, photographischer Form verarbeitet sind. Der Inhalt "Wiedervereinigung Deutschlands" wird dagegen auffallend häufig in 'Quellen' allein oder in Lehrtexten, in welchen Quellen eingebunden sind, oder in Frageblöcken angeboten; in 'Lehrtexten' tritt "Wiedervereinigung Deutschland" aber 170 mal auf, d.h. im Durchschnitt 2 mal pro Buch.
Die Inhalte (Kategorien), die der Subdimension "Organisation/Struktur der Bundeswehr" zugeordnet sind, zeigen eine voneinander abweichende Verteilung auf die Beitragstypen. Zwar dominiert hier auch der Beitragstyp 'Lehrtext', doch fällt gerade in bezug auf die Kategorie "Verteidigungshaushalt" auf, daß Inhalte, die sich mit dem Verteidigungshaushalt der Bundesrepublik Deutschland auseinandersetzen, unterrepräsentiert in Lehrtexten dargestellt werden, dafür übermäßig häufig in dem kombinierten Beitragstyp 'Lehrtext und Tabelle/Graphik/Photo'; dies bedeutet, daß Inhalte, die sich auf den Verteidigungshaushalt beziehen, in der Regel in bilanzartiger Form in den Sozialkundebüchern ausgewiesen werden.

Bezogen auf die Inhalte "Wehrpflicht", "Wehrdienstzeit", "Kriegsdienstverweigerung" und "Ersatzdienst" ist eine ähnliche Struktur des Angebots nach Beitragstypen festzustellen, wobei grundsätzlich der Beitragstyp 'Lehrtext' dominiert, gefolgt von den Beitragstypen 'Quelle' und 'Lehrtext und Quelle'. Die genannten Inhalte werden etwa 6 mal häufiger in Lehrtexten angeboten als in Tabellen und Frageblöcken, aber nur 3 mal so häufig wie in Quellen.
Die Inhalte der Subdimension "NATO" sind recht unterschiedlich nach Beitragstypen verteilt. Insbesondere ist es die Kategorie "Mitgliedsstaaten der NATO", die eine aus dem Rahmen fallende Darstellung in den Sozialkundebüchern erfährt. Der Anteil an eigenständigen tabellarischen Darstellungen oder in Verknüpfung mit Lehrtexten ist überdurchschnittlich groß. ($\chi^2_{12} = 41{,}6 > {}_{0{,}001}\chi^2_{12} = 31{,}26$). (4). Demgegenüber folgt die Darstellung des Warschauer Paktes einer durchgängigen Systematik: die Inhalte zum "Warschauer Pakt" sind zur einen Hälfte in 'Lehrtexten' und zur anderen Hälfte in den restlichen 14 Beitragstypen verarbeitet.

Auch die Inhalte, die die Subdimension "Strukturen der internationalen Beziehungen" repräsentieren, werden in ihrer Darstellung nach Beitragstypen nicht unterschiedlich behandelt. Am häufigsten werden sie in der Form von Lehrtexten abgehandelt; es folgen in der Frequenz Lehrtexte, die durch Tabellen aufgelockert sind. Ein nicht unerheblicher Anteil findet sich aber auch in Frageblöcken wieder. Demgegenüber sind aber einige Besonderheiten bei der Präsentation der Inhalte (Kategorien) der Subdimension "Konfliktpotentiale/Spannungspotentiale" festzustellen. Inhalte allgemeiner Art sind im Vergleich mit der Gesamtstruktur der Darstellung der kategorialen Inhalte dieser Subdimension häufig über Frageblöcke kommuniziert. Dagegen nimmt die Vermittlung der Inhalte staatstheoretischer

und ideologischer Doktrinen, die als Konflikt- bzw. Spannungspotentiale ausgewiesen werden, über einfache 'Lehrtexte' hier übergroßen Raum ein (χ^2_{30} = 61,93 > $_{0,001}$ χ^2_{30}= 59,70) (5). Zur Subdimension "Phasen des Ost-West-Verhältnisses" ist auszuführen, daß die ihr zugeordneten Kategorien grundsätzlich am häufigsten im Beitragstyp 'Lehrtext' angesprochen werden; doch finden auch andere Beitragstypen eine im Vergleich zu anderen Subdimensionen und deren Kategorien hohe Berücksichtigung durch die Autoren. Hervorzuheben sind hier vor allem die Mehrfachbeitragstypen, wie 'Lehrtext und Tabelle', 'Lehrtext und Frageblock' sowie 'Lehrtext und Quelle', welche zusammen etwa halb soviel Nennungen (Belegungen) auf sich vereinigen, wie der Beitragstyp 'Lehrtext' allein. Zu bemerken ist allerdings, daß der Mehrfachbeitragstyp 'Lehrtext und Tabelle/Graphik/Photo' überdurchschnittlich häufig mit Inhalten der Kategorie "Berliner Mauer, Mauerbau" belegt ist. Der Beitragstyp 'Quelle' wird überdurchschnittlich oft zur Präsentation von Inhalten der Kategorie "Entspannung" in Anspruch genommen (χ^2_{24} = 80,48 > $_{0,001}$ χ^2_{24} = 51,18) (6).
Die Ost- und Deutschlandpolitik der Bundesregierungen seit Gründung der Bundesrepublik Deutschland bis in die mittleren 70er Jahre werden einem einheitlichen Schema folgend in den Sozialkundebüchern abgehandelt. Obwohl auch hier der Beitragstyp 'Lehrtext' dominiert, entfallen bedeutende Anteile der Nennhäufigkeiten auf die Beitragstypen 'Quelle' und 'Lehrtext und Quelle', d.h. knapp 28 % (χ^2_{30} = 44,19 < $_{0,01}$ χ^2_{30} = 50,85) (7). Ähnlich werden auch die Inhalte der Subdimension "Militärpolitische und strategische Zielrichtungen" abgehandelt. Wenig wird zur Darstellung von zwischenstaatlichen militärischen Konflikten seit 1945, d.h. seit Ende des Zweiten Weltkrieges, auf die Beitragstypen 'Frageblock' und 'Quelle' von den Schulbuchautoren zurückgegriffen. Recht häufig treten aber die zu vermittelnden Inhalte in Beitragstypen auf, die eine Kombination mit 'Lehrtexten' darstellen. Gleichgültig ob über Kriege in Europa, Fernost, Nah-Ost, Afrika oder Mittel- und Südamerika (z.B. Kuba) berichtet wird oder ob die Auflösung der Kolonialstaaten in der Mitte des 20. Jahrhunderts in den Protokolleinheiten angesprochen werden, ist die Verteilung dieser Inhalte auf Beitragstypen nicht unterschiedlich (χ^2_{20}= 14,37 < $_{0,1}$ χ^2_{20} = 28,41) (8). Die gleiche Aussage trifft auch für die Verteilung der Inhalte zu Kriegsarten bzw. Kriegsbildern zu, ebenso wie für die Vorstellungen von Friedenssicherung bzw. einer friedlichen Ordnung oder des friedlichen Zusammenlebens der Völker.
Auch soweit die Inhalte sich auf Institutionalisierung der Vereinten Nationen, ihrer Organisation und Struktur richten, können keine Besonderheiten, die vielleicht auf didaktische Hintergründe zurückzuführen sind, in der Darstellungsform ausfindig gemacht werden. Sie konzentrieren sich auf 'Lehrtexte' oder Lehrtexte, die mit Tabellen/Graphiken/Photos angereichert sind; weniger kommen Quellenmaterial oder alleinstehende Tabellen zum Zuge, wie auch weniger häufig die Inhalte (Kategorien) dieser Subdimension in Frageform gekleidet beim Leser von Sozialkundebüchern abgefragt werden. Diesem Aufbereitungsschema der UNO-Inhalte folgt allerdings nicht die Subdimension "Ziele, Aufgaben und Grundsätze der UNO"; überdurchschnittlich häufig wird auf Quellenmaterial zurückgegriffen, wendet sich der Lehrinhalt der Kategorie "UNO-Charta als oberstes Völkerrecht" zu. Die Beilegung von Konflikten vermittels der Entsendung von UNO-Truppen wird hier verstärkt durch die Präsentationsform 'Lehrtext und Tabelle' behandelt.

Zusammenfassend läßt sich bei Betrachtung der didaktischen Aufbereitung sicherheitspolitischer Inhalte auf Subdimensionsebene feststellen: Es sind durchaus unterschiedliche Muster der Lehrstoffvermittlung bei einzelnen Themenstellungen zu verzeichnen. In der Regel bringen Schulbuchautoren unumstrittene Inhalte wie Zeitgeschichtliches, eindeutig bewertbare und bereits einschlägig vorbewertete Vorgänge usw. in Lehrtextform. Eher brisante oder noch nicht abschließend bewertete Inhalte werden dagegen eher mit Quellenangaben versehen oder dem Schüler in Form von Fragen selbst zur Beurteilung vorgelegt.
Besonders auffällig bearbeitete kategorielle Inhalte werden in den Einzelergebnissen an Ort und Stelle vermerkt.

1.4. Sicherheitspolitische Hinweise in Inhalts- und Sachwortverzeichnissen

Nach den Richtlinien der Kultusministerkonferenz von 1972 sind bei der Beurteilung und Zulassung von Schulbüchern u.a. die übersichtlich gegliederte Darstellung des Lehrstoffes sowie das notwendige Sachverzeichnis zu berücksichtigen (9). In dieser Untersuchung werden beispielhaft sicherheitspolitische Nennungen, die in engstem Bezug zur Bundesrepublik Deutschland - und vergleichend zur DDR - stehen, aus dem Inhaltsverzeichnis und soweit vorhanden auch aus dem Sachregister ermittelt. Die interessierende Fragestellung lautete:
Findet ein in Kürze mit der Problematik Wehrpflicht/Bundeswehr konfrontierter Schüler raschen Zugang zur Thematik über die ordnenden Register des einschlägigen Schulbuchs?

Tabelle 8: Ausgewählte namentliche sicherheitspolitische Nennungen im Inhaltsverzeichnis

Inhalte (Register)	in Büchern absolut	in Büchern relativ
- Bundeswehr	8	10,13 %
- Kriegsdienst-/Wehrdienstverweigerung	6	7,59 %
- Wiederbewaffnung der Bundesrepublik Deutschland	5	6,33 %
- Wehrpflicht	4	5,06 %
- Staatsbürger in Uniform/Soldat und Grundrechte	4	5,06 %
- Entmilitarisierung Deutschlands	2	2,53 %
zum Vergleich		
- Nationale Volksarmee	4	5,06 %
- Wehrpflicht in der DDR	2	2,53 %
- Wiederbewaffnung der DDR	1	1,27 %
Grundgesamtheit: 79 Bücher (ohne Wörterbücher)		Bezugsgröße: 79 Bücher

Nur rund 10 % der untersuchten Bücher von Abschlußklassen in den verschiedenen Schultypen verweisen in ihren Inhaltsverzeichnissen wörtlich auf einen Abschnitt 'Bundeswehr', ein Drittel führt sie als Schlagwort im Sachregister - untergeordnete Begriffe werden entsprechend und seltener verzeichnet. Pendants für die DDR finden nur geringe Erwähnung.

Tabelle 9: Ausgewählte namentliche sicherheitspolitische Nennungen im Sachwortverzeichnis

Inhalte (Sachwortverzeichnis)	absolut	relativ
- Bundeswehr	26	32,91 %
- Wehrpflicht	23	29,11 %
- Kriegsdienst-Wehrdienstverweigerung	21	26,58 %
- Wehrbeauftragter	11	13,92 %
- Wehrdienst	7	8,86 %
- Wiederbewaffnung der Bundesrepublik Deutschland	6	7,59 %
- Bürger in Uniform	5	6,33 %
- Wehrgesetzgebung	4	5,06 %
- Wehrgerechtigkeit	3	3,80 %
- Ersatzdienst	3	3,80 %
- Entmilitarisierung Deutschlands	2	2,53 %
zum Vergleich:		
- Nationale Volksarmee	8	10,13 %
- Wehrpflicht in der DDR	3	3,80 %
- Wiederbewaffnung der DDR	2	2,53 %
Grundgesamtheit: 79 Bücher (ohne Wörterbücher)		Bezugsgröße: 79 Bücher

2. Sicherheitspolitik im Sozialkundebuch - quantitative und qualitative Ergebnisse

In diesem Kapitel werden nun die unmittelbar gewonnenen Ergebnisse aufgeführt und kommentiert. Zunächst sollen Überblickdaten - Häufigkeiten, z.T. in Form von Rangreihen - einen ersten Eindruck von der Quantität sicherheitspolitischer Themenbehandlung in Sozialkundebüchern liefern. Im Anschluß daran wird auf die sicherheitspolitischen Themen in ihren wechselseitigen Zusammenhängen eingegangen. Der umfangreichste Teil dieses Abschnitts beschäftigt sich dann mit Häufigkeit und Art der Darstellung der einzelnen sicherheitspolitischen Inhalte, wie sie auf der Kategorienebene erfaßt wurden.

2.1. Nennhäufigkeiten und daraus abgeleitete Rangreihen von sicherheitspolitischen Inhalten

Die für die Behandlung sicherheitspolitischen Stoffs als wesentlich erkannten Dimensionen wurden in den untersuchten Büchern mit unterschiedlicher Nennhäufigkeit angesprochen; Tabelle 10 gibt hierüber Auskunft.
Die von der Anzahl der Kategorien her bereits im Kodierplan am umfangreichsten ausgewiesene Dimension "Machtfaktoren und internationales Kräfteverhältnis" findet mit der größten Nennhäufigkeit (43,9% aller Nennungen) in den Büchern den breitesten Niederschlag. Rund ein Fünftel der dargestellten sicherheitspolitischen Sachverhalte entfällt auf die Problematik der Zeitgeschichte nach 1945, die "Westintegration". An dritter Stelle findet sich die "Bündnispolitik" als unbestritten relevante sicherheitspolitische Themenstellung. Der dominierende Stellenwert der Vereinten Nationen in den Sozialkundebüchern, dem bereits bei Erstellung des Kodierplanes als inhaltlicher Hauptdimension Rechnung getragen

wurde, bestätigt sich hier voll: die Vereinten Nationen (UNO) werden z.B. wesentlich häufiger angesprochen als die Bundeswehr. Als Schlußlicht rangiert - wie erwartet - die Nationale Volksarmee, die mit nur 2,5 % der erzielten Nennhäufigkeiten zu sicherheitspolitischen Inhalten auf Dimensionsebene in Erscheinung tritt.

Tabelle 10: Rangfolge der inhaltlichen Hauptdimensionen

Themenkomplex/Dimension	Nennhäufigkeit (aggregierte Häufigkeit) absolut	relativ
- Machtfaktoren und internationales Kräfteverhältnis	3661	43,9 %
- Westintegration	1749	20,9 %
- Bündnispolitik	1157	13,9 %
- UNO/Vereinte Nationen	851	10,2 %
- Bundeswehr	751	8,6 %
- Nationale Volksarmee (NVA)	213	2,5 %
Σ der Nennhäufigkeiten	8346	100 %

Als nächstes ist von Interesse, wie häufig die inhaltlichen Subdimensionen mit Nennungen belegt sind und welche Rangabfolge sich für die auf subdimensionaler Ebene erfaßten Inhalte ergibt. Die entsprechenden Daten sind wiederum in Form der aggregierten Häufigkeiten ausgewiesen.
Am häufigsten werden wiederum Themen aus der Dimension "Machtfaktoren und internationales Kräfteverhältnis" angesprochen, und zwar die relativ globalen Inhalte: "Kriegsarten/Kriegsbilder", "Konflikt- und Spannungspotentiale", "Strukturen internationaler Beziehungen auf sicherheitspolitischer Ebene", "Phasen des Ost-West-Verhältnisses" sowie "Rüstung, Waffen, Truppen" (zusammen 39,48 % aller Nennhäufigkeiten auf Subdimensionsebene).
Außer diesen am häufigsten thematisierten Subdimensionen aus dem 5. Themenblock (Dimension) rangieren noch erwartungsgemäß die Inhalte zur "Teilung Deutschlands" hoch. Mit deutlich geringerem Gewicht werden "Vorstellungen zur Friedenssicherung" (4,51 % aller Nennhäufigkeiten auf Subdimensionsebene) behandelt. Die beiden großen Bündnisse NATO und Warschauer Pakt werden etwa mit gleicher Häufigkeit in den Protokolleinheiten angesprochen. Neben den vielfach angebotenen Gliederungspunkten zum Thema "Vereinte Nationen" wählen die Autoren von Sozialkundebüchern verhältnismäßig häufig die "Deutschlandpolitik der Alliierten" sowie die "Ostpolitik der Bundesregierungen" zum Lehrstoff; dasselbe trifft auch für die "zwischenstaatlichen militärischen Konflikte seit 1945" zu. Mit deutlichem Abstand in der Häufigkeit der Behandlung folgen der 1. Themenkreis zur Bundeswehr (Organisation/Struktur der Bundeswehr) (2,16 %) sowie die Inhalte "Abrüstung, Rüstungskontrolle" (2,15 %) und "militärpolitische und strategische Zielrichtungen" (1,88 %).
Neben der erwarteten defizitären Behandlung der einzelnen Aspekte zur Nationalen Volksarmee (NVA) überrascht insbesondere das (eher) mangelnde Eingehen der Schulbuchautoren auf die Problematiken "Entnazifizierung", "Öffentliche

Tabelle 11: Rangreihe der inhaltlichen Subdimensionen

Rangplatz	INHALT (Subdimensionen)	Nennhäufigkeiten absolut	Nennhäufigkeiten relativ
1	Kriegsarten/Kriegsbilder	1688	9.84 %
2	Konflikt /Spannungspoteniale	1551	8.64 %
3	Strukturen internationaler Beziehungen	1346	7.85 %
4	Teilung Deutschlands	1318	7.68 %
5	Phasen des Ost-West-Verhältnisses	1236	7.20 %
6	Rüstung, Waffen, Truppen	1051	6.13 %
7	Vorstellungen zur Friedenssicherung	773	4.51 %
8	NATO	632	3.68 %
9	Deutschlandpolitik der Alliierten	609	3.55 %
10	Warschauer Pakt, Ostblockstaaten	601	3.50 %
11	UNO: Organisation/Struktur	551	3.21 %
12	Ostpolitik der Bundesregierungen	548	3.19 %
14	UNO: Ziele, Aufgaben, Grundsätze	489	2.85 %
15	Organisation/Struktur der Bundeswehr	371	2.16 %
16	Abrüstung, Rüstungskontrolle	368	2.15 %
17	Militärpolitische und strategische Zielrichtung	322	1.88 %
18	UNO: Institutionalisierung	277	1.61 %
19	Entwicklung zur Wiederbewaffnung der Bundesrepublik Deutschland	266	1.55 %
20	Internationales Kriegsrecht	237	1.38 %
21	Bundeswehr: Gesetzliche Regelung	226	1.31 %
22	Institutionalierung der Bundeswehr	203	1.18 %
23	Bilaterale Abkommen	190	1.11 %
24	Bisherige UNO-Tätigkeit	176	1.03 %
25	WEU	172	1.00 %
26	Notstandsgesetze der Bundesrepublik Deutschland	167	0.97 %
27	Entmilitarisierung Deutschlands	155	0.90 %
28	Kriegsdienst-/Wehrdienstverweigerung (Bundesrepublik Deutschland)	141	0.82 %
29	Stellenwert der UNO	137	0.80 %
30	Institutionalisierung der NVA	123	0.72 %
31	Programme der Parteien zur Sicherheitspolitik	111	0.65 %
32	Innere Führung	104	0.61 %
33	Gründe für die Wiederbewaffnung	100	0.58 %
34	Entnazifizierung	75	0.44 %
25	Organisation/Struktur der NVA	72	0.42 %
36	Öffentliche Meinung zur Wiederbewaffnung	65	0.38 %
37	SEATO	58	0.34 %
38	Gesetzliche Regelung NVA	45	0.26 %
39	Innere Ordnung der NVA	29	0.17 %
40.5	Ausbildung in der Bundeswehr	26	0.15 %
40.5	Bagdadpakt	26	0.15 %
42	OAS	25	0.15 %
43	Bundeswehr als Wirtschaftsfaktor	24	0.14 %
44.5	Kriegsdienst-/Wehrdienstverweigerung in der DDR	17	0.10 %
44.5	Ausbildung in der NVA	17	0.10 %
46	Notstandsgesetzgebung in der DDR	9	0.05 %
47	NVA als Wirtschaftsfaktor	3	0.02 %
Σ	zusammen	17 155	100.15 % (≈100 %) (10)

Meinung zur Wiederbewaffnung Deutschlands", "Ausbildung in der Bundeswehr" (nur 26 mal, d.h. zu 0,15 % wurde die Subdimension "Ausbildung in der Bundeswehr" angesprochen!) sowie "Bundeswehr als Wirtschaftsfaktor" (0,14 %).
Auf die Rangreihen der Kategorien soll an dieser Stelle nur in tabellarischer Form hingewiesen werden. Es wäre unergiebig und mühsam, 465 Kategorien von den reinen Quantitäten her zu erläutern. Lediglich hoch und auffallend niedrig mit Nennhäufigkeiten besetzte Inhalte auf kategorieller Ebene werden im folgenden zum Überblick ausgewiesen. Sie differenzieren im wesentlichen die bereits auf Dimensions- und Subdimensionsebene erhaltenen Eindrücke.
Als auffallend mit Nennhäufigkeiten hoch belegte Kategorien sollen jene gelten, die Nennhäufigkeiten von 81 und mehr auf sich vereinigen. Bezogen auf die 81 Bücher, die der Analyse unterzogen wurden, hätte dann jeder der Inhalte, der 81 mal und öfter angesprochen ist, unter der Annahme der Gleichverteilung die Chance, mindestens einmal in jedem Buch aufzutreten. Es ergibt sich, daß 95 Kategorien

Tabelle 12: Rangreihe der inhaltlichen Kategorien

Rang-platz	Inhalte (Kategorienebene)	Nennhäufig-keiten absolut
1	Kriegsarten, Kriegsbilder, allgemein	1326
2	Strukturen der internationalen Beziehungen auf sicherheitspolitischer Ebene, allgemein	867
3	Teilung Deutschlands, allgemein	548
4	Phasen des Ost-West-Verhältnisses, allgemein	489
5	Friedensvorstellungen, allgemein	456
6	Atomare Rüstung, Atomwaffen	453
7	Rüstung, allgemein	449
8	Konfliktpotentiale, allgemein	430
9	Staatstheoretische, ideologische Doktrinen als Konfliktpotential	394
10	Aggressionspolitik als Konfliktpotential	380
11	NATO, allgemein	363
12	Weltmacht (ausschließlich USA, UdSSR, China)	347
13	Wiedervereinigung Deutschlands	337
14	Zwischenstaatliche militärische Konflikte in Fern-Ost	320
15	Deutschlandpolitik der Alliierten, allgemein	308
16	Beziehungen der Weltmächte untereinander	304
17	Ostzone, sowjetisch besetzte Zone (vor Gründung der DDR)	302
18	Konferenzen der Siegermächte in Postdam und Jalta	284
19	Geteilte Staaten, Völker, Nationen	271
20	Organisation der UNO, UNO allgemein	250
21	Warschauer Pakt, allgemein	248
22	Konventionelle Rüstung, konventionelle Waffen	234
23	UNO-Vollversammlung	227
24	Abrüstung, allgemein	226
25	Berliner Mauer	224
26	Alliierter Kontrollrat, Vier-Mächte-Kontrolle Deutschlands	214
27	Entspannung	209
28	Rechtskonventionen, Völkerrecht	201
29	UNO-Charta als oberstes Völkerrecht	199
30	Westzonen (vor der Gründung der Bundesrepublik Deutschland)	193
31	Weltsicherheitsrat, allgemein	193
32	Menschliches Leid bei militärischen Auseinandersetzungen	187
33	Ostverträge Moskau/Warschau	186
34	Berlinblockade	183
35	Gewaltlose Bereinigung von Interessengegensätzen/Konflikten als Friedenskonzept	177
36	NATO-Mitgliedstaaten	173
37	UNO-Ziel: Weltfrieden, internationale Sicherheit	171
38	Bundeswehr allgemein, Organisation in der Bundeswehr	169
40	Atomare Auseinandersetzung, mit Atomwaffen geführter Krieg	165
41.5	Ko-Existenz	158
41.5	Wehrpflicht	158
43	Sektoren in Berlin	156
44	Unterdrückungspolitik als Konfliktpotential	151
45.5	Westberlin in seiner Zugehörigkeit zur Bundesrepublik Deutschland	148
45.5	Menschliche und materielle Verluste im 1. und 2. Weltkrieg	148
47	Vier-Mächte-Status in Berlin, Alliierte Kommandantur	147
48	Kalter Krieg	144
49.5	Einmarsch in die CSSR	143
49.5	Grundlagenvertrag zwischen der Bundesrepublik Deutschland und der DDR	143
51	Gründung der DDR	141
52	Bisherige UNO-Aktivitäten bei militärischen Auseinandersetzungen	139
53	Angriffskrieg	136
54	Gründung der Bundesrepublik Deutschland	135
55	17. Juni, Arbeiteraufstand in der DDR	133
56	Hunger, Existenzerhaltung, ökonomische Lage als Konfliktpotential	129
58.5	Sonderorganisationen der UNO	125
58.5	Ungarn-Aufstand	125
60	Ost-Politik/Deutschlandpolitik der Bundesregierung ab 1969	124
61	UNO-Mitgliedstaaten	120
62	Generalsekretär der UNO	114
63	Vorläufer der UNO (Völkerbund)	113
64	Ost-Politik Deutschlands, allgemein	112
65	Strategien, allgemein	108
67.5	NATO als Verteidigungsbündnis	103
67.5	Gleichgewicht des Schreckens	103
67.5	Bürgerkrieg	103
67.5	Grenzbefestigung der DDR, Stacheldraht, Selbstschußanlagen	103
70	Pariser Verträge, Deutschland-Vertrag, allgemein	102
71	Zuständigkeit des Bundes für die Verteidigung	100
72.5	UNO-Aufgabe: Beilegung von Konflikten	99
72.5	Amerikanische Zone	99
74	Eiserner Vorhang	98
75.5	Gründungsphase der UNO	93
75.5	Internationaler Gerichtshof	93
77	Großmächte (England, Frankreich, Japan)	92

Fortsetzung Tabelle 12

78.5	Britische Zone	91
78.5	Marshall-Plan	91
80	Pariser Verträge: Beitritt Deutschlands zur NATO	90
81.5	Zwischenstaatliche militärische Konflikte in Europa (auch Zypern)	89
81.5	UNO-Ziele und Aufgaben, allgemein	89
83	Veto-Recht im Weltsicherheitsrat	88
84	Zwischenstaatliche militärische Konflikte in Afrika	87
85	Französische Zone	86
87	UNO-Aufgabe: Soziale, wirtschaftliche, kulturelle, homanitäre Zusammenarbeit in der Welt	85
87	Rüstungskosten	85
87	Notstandsgesetze, allgemein	85
89.5	Pariser Verträge: Erlangung der Souveränität Deutschlands	84
89.5	Verteidigungshaushalt der Bundesrepublik Deutschland	84
91.5	UNO: Deklaration der Menschenrechte	83
91.5	Vier-Mächte-Abkommen Berlin	83
93.5	Ständige Mitglieder des Weltsicherheitsrates	82
93.5	Rassen- und ethische Fragen als Konfliktpotential	82
95	Gründungsphase der NATO	81

Belegungshäufigkeiten von 81 oder mehr aufweisen; dies sind 20,4 % aller inhaltlichen Kategorien (vgl. Tabelle 12). Als auffallend mit Nennhäufigkeiten gering belegte Kategorien sollen jene gelten, die Nennhäufigkeiten von 8 und weniger auf sich vereinigen. Jeder durch diese Kategorien erfaßte Inhalt ist dann mit der Chance ausgestattet, höchstens in jedem zehnten Sozialkundebuch einmal erwähnt zu werden. Es ergibt sich, daß 102 der 465 inhaltlichen Kategorien (21,9 %) Belegungshäufigkeiten von 8 oder weniger aufweisen (vgl. Tabelle 13).
Einer abschließenden Würdigung der angetroffenen Nennhäufigkeitsverteilung auf Kategorien nicht vorgreifend, aber im Hinblick auf die im Teil II dieser Arbeit vorgetragenen Vorbehalte gegen rein quantitative Inhaltsanalysen, sind einige wenige Ausführungen zu Latenz und Präsenz angebracht.
Zum einen ist festzuhalten, daß die untersuchten Sozialkundebücher nicht alle neuesten Datums sind oder mit anderen Worten gesagt: die meisten von ihnen weisen ein Erscheinungsjahr der frühen 70er Jahre aus! Zum anderen müssen aus Sozialkundebüchern notgedrungen bestimmte Einzelaspekte von Inhalten ausgeschlossen bleiben, wenn der Buchautor den übergreifenden thematischen Zusammenhang, in dem diese inhaltlichen Einzelaspekte eingebettet sind, nicht reflektiert und kommuniziert.
Darüber hinaus wird sich wohl jeder Autor verpflichtet fühlen, ein Lehrbuch vom Umfang her dem in den Lehrplänen vorgesehenen Stoff- und Zeitumfang weitgehend anzupassen. Dieses führt zwangsläufig und festgemacht am historischen Prozeß zu inhaltlichen Schwerpunktverlagerungen im angebotenen Kommunikationsbündel: sicherheitspolitische Inhalte, die z.B. im Jahre 1972 aus aktuellem Anlaß oder im Hinblick auf die Darstellung von Kontinuität in der zeitgeschichtlichen Entwicklung mit großer Bedeutung versehen waren und in zu diesem Zeitpunkt erschienenen Büchern deshalb hervorgehoben behandelt waren, dominieren vielleicht nicht mehr in den Büchern mit einem später liegenden Erscheinungsdatum; die historische Entwicklung verlangte rückblickend die Setzung abweichender Akzente bei der Darstellung.

Tabelle 13: Auffallend geringe Besetzung inhaltlicher Kategorien

Rangplatz	Inhalte (Kategorien)	Nennhäufigkeit
367	Militärgerichtsbarkeit (Bundeswehr)	8
367	Vorbehaltsrecht des Präsidenten der USA bei Einsatz atomarer Waffen	8
367	Vorrang militärischer Erfordernisse (Bundesrepublik Deutschland)	8
367	MBFR (Ausgewogenheit der Truppenstärke)	8
367	Kriegsdienstverweigerung in anderen westlichen Staaten (Staatsverfassungen)	8
367	Rekrutierung der NVA-Soldaten	8
367	NVA, allgemein	8
367	Grundlagen, Verordnungen und Erlasse zur Inneren Führung	8
367	Wehrdienstzeit der NVA	8
377.5	Gesetz zur Schaffung der NVA/Wehrgesetzgebung in der DDR	7
377.5	Auseinandersetzung in der Bevölkerung der Bundesrepublik Deutschland im Rahmen der Wiederbewaffnungsbestrebungen	7
377.5	Nationale Truppen der Ostblockstaaten sind insgesamt dem Warschauer Pakt unterstellt	7
377.5	Ministerium für Nationale Verteidigung in der DDR (NVA)	7
377.5	OAS-Mitgliedstaaten	7
377.5	Verfügung von England und Frankreich über Atomwaffen	7
377.5	Zivile Schutzmaßnahmen vor ABC-Waffeneinsatz	7
377.5	Weltregierung	7
377.5	Truppen von NATO-Mitgliedstaaten außer Bundesrepublik Deutschland sind partiell der NATO unterstellt	7
377.5	Sonderstatus Berlin: Keine Wehrpflicht	7
377.5	UNO als Instrument der UdSSR	7
377.5	Bundeswehr gewährt fachliche, zivil verwertbare Ausbildung, z.B. Bundeswehrfachschulen	7
389.5	OAS: Gegen kommunistische Angriffspolitik gerichtet	6
389.5	Förderung der wirtschaftlichen Zusammenarbeit in den Ländern des Warschauer Paktes	6
389.5	Neutralitätspläne für Mitteleuropa, allgemein	6
389.5	UNO als Stätte der Begegnung von Politikern	6
389.5	Bundeswehr-Ausbildung, allgemein	6
389.5	NATO-Manöver	6
389.5	Einfluß der NVA im Warschauer Pakt	6
389.5	Behandlung neutraler Staaten	6
389.5	UNO als Instrument der USA	6
389.5	Haltung der NPD (Deutschlandpolitik, Außenpolitik)	6
389.5	Politische Bildung in der Bundeswehr	6
401.5	Waffenembargo	5
401.5	Militärgerichtsbarkeit (NVA)	5
401.5	Verteidigungshaushalt (nicht Rüstungshaushalt) der DDR	5
401.5	Gelöbnis/Fahneneid (NVA)	5
401.5	Sicherung des Arbeitsplatzes für den Wehrpflichtigen	5
401.5	Einsatz der NVA im Innern	5
401.5	Südamerikaabkommen	5
401.5	Haltungen der Parteien in der Wiederbewaffnungsdiskussion (Bundesrepublik Deutschland)	5
401.5	Bundeswehr als Wirtschaftsfaktor, allgemein	5
401.5	Kosten für verbündete NATO-Truppen in der Bundesrepublik Deutschland	5
401.5	Berufssoldaten (NVA)	5
401.5	Wehrdisziplinarordnung (Bundeswehr)	5
401.5	Ausrufung des Notstands durch internationales Organ mit Zustimmung der Bundesregierung (Bundesrepublik Deutschland)	5
401.5	Regierungskrise 1950/51 (Rücktritt des Bundesministers Heinemann)	5
414	Haltung der DKP (Deutschlandpolitik, Außenpolitik)	4
414	Zivilverwaltung der Streitkräfte (Bundeswehr)	4
414	Administrative Organisation des Warschauer Paktes	4
414	Einfluß der Technik auf die Organisation der Bundeswehr	4
414	Äußerungen der Bundesregierungen zur Wiederbewaffnung der Bundesrepublik Deutschland	4
414	„Rechte" Regierungen in Mitgliedstaaten der NATO	4
414	Notstandsgesetze der DDR, allgemein	4
414	Keine regionale, geographische Begrenzung des Warschauer Pakts	4
414	Wehrpflicht für Bürger Ost-Berlins (NVA)	4
414	Verweigerung des Wehrdienstes in der DDR	4
414	Untergliederung der Streitkräfte der NVA	4
426.5	Entmilitarisierung Deutschlands: Forderungen der deutschen Bevölkerung	3
426.5	Prinzip von Befehl und Gehorsam in der NVA	3
426.5	Militärische Disziplin in der NVA	3
426.5	Einfluß der EURO-Group auf die NATO	3
426.5	Ausbildung in der NVA, allgemein	3
426.5	Politische Bildung in der NVA	3
426.5	Forderung der technischen Zusammenarbeit in den NATO-Ländern	3
426.5	NVA als Wirtschaftsfaktor, allgemein	3
426.5	Bundeswehr als Arbeitsplatzgeber	3
426.5	Entmilitarisierung als Element der Wiederbewaffnungsdiskussion (Bundesrepublik Deutschland)	3
426.5	Infrastrukturelle Auswirkungen der Bundeswehr	3
426.5	Soziale Herkunft der Bundeswehroffiziere	3
426.5	Warschauer Pakt: Bündnis gegen westlichen Imperialismus bzw. Kapitalismus	3
438	Einberufungsalter für Wehrpflichtige (NVA)	2
438	Waffenstillstandsabkommen zur Beendigung des 2. Weltkrieges	2
438	Position der Kirchen in der Diskussion um Wiederbewaffnung der Bundesrepublik Deutschland	2

Fortsetzung Tabelle 13

438	Forderung nach kultureller Zusammenarbeit in den Ländern des Warschauer Paktes	2
438	Grundlagen, Verordnungen, Erlasse (NVA)	2
438	Administrative Vorbereitung zur Wiederbewaffnung (z.B. Amt Blank)	2
438	WEU als Alternativkonzeption zum europäischen Sicherheitsbündnis	2
438	Beispiele aus dem Bereich der Inneren Führung der Bundeswehr	2
450.5	Beispiele zur Menschenführung (NVA)	1
450.5	Haltung der F.D.P. in der Wiederbewaffnungsdiskussion (Bundesrepublik Deutschland)	1
450.5	Kriegsdienstverweigerung aus Gewissensgründen in der DDR (NVA)	1
450.5	Kriegsdienstverweigerung aus religiösen Gründen in der DDR (NVA)	1
450.5	Kriegsdienstverweigerung aus sonstigen (vorgeschobenen) Gründen in der DDR (NVA)	1
450.5	Forderung der wirtschaftlichen Zusammenarbeit in den Ländern des Warschauer Pakts	1
450.5	Innere Ordnung der NVA	1
450.5	Haltung der KPD in der Wiederbewaffnungsdiskussion (Bundesrepublik Deutschland)	1
450.5	Disziplinarordnung (NVA)	1
450.5	Grundsätze der Führung und Leitung der NVA	1
450.5	Russische Atombombe als Anlaß zur Wiederbewaffnung der Bundesrepublik Deutschland	1
450.5	Vorrang militärischer Erfordernisse (NVA)	1
450.5	Soziale Herkunft der Mannschaften und Unteroffiziere in der Bundesrepublik Deutschland	1
450.5	Hierarchie der Dienstgrade in der NVA	1
450.5	„Linke" Regierungen in den Mitgliedstaaten der NATO	1
462	Besonderheiten des militärischen Berufs (NVA)	0
462	Warschauer Pakt als Bündnis gegen China	0
462	Kriegsdienstverweigerer aus politischen Gründen in der DDR	0
462	Beschwerdeordnung der NVA	0
462	Kriegsdienstverweigerung aus persönlichen und familiären Gründen in der DDR	0
462	Kriegsdienstverweigerung aus persönlichen und familiären Gründen in der Bundesrepbulik	0
462	Quote der Kriegsdienstverweigerer in der DDR	0

Die Maßstäbe, die an die Bewertung präsentierter Inhalte oder auch an solche, die nicht kommuniziert werden, gelegt werden, müssen dann dem jeweiligen Einzelfall angemessen und den jeweiligen situativen Kontext der Lehrbucherstellung ebenso wie den Stand der sicherheitspolitischen Gesamtdiskussion berücksichtigend, gewählt werden.
Ausgehend von dem in Teil I abgeleiteten Erkenntnisinteresse - und ausschließlich unter dieser Prämisse gesehen - ist festzustellen, daß eine Reihe von Inhalten zu wenig häufig und unterbelichtet in den Sozialkundebüchern, die heute noch zu Unterrichtszwecken zugelassen sind, angeboten werden. Wie aus der folgenden Tabelle 14 ersichtlich wird, betrifft diese Feststellung einmal Inhalte, die sich auf die historischen Fakten beziehen, die zur Wiederbewaffnung der Bundesrepublik Deutschland führten und die der Institutionalisierung der Bundeswehr, deren Organisation und Integration in die bundesdeutsche Gesellschaft, zugrunde lagen; zum anderen sind davon Inhalte betroffen, die den sicherheitspolitischen Rahmen verdeutlichen, in dem Streitkräfte der heutigen Zeit stehen und aus dem sie ihren Stellenwert ableiten. Es fehlen aber auch weitgehend Inhalte, die Vergleiche zwischen den Wehrstrukturen und solche zwischen den sicherheitspolitischen Anstrengungen der großen politischen und gesellschaftlichen Machtblöcke und ihrer Mitgliedstaaten erlauben. Die Durchsicht der 465 inhaltlichen Kategorien und ihrer Belegungszahlen nach Maßgabe der vorstehend geschilderten Kriterien erbringt, daß 52 Kategorien (11,2 %) unerwartet geringe Nennhäufigkeiten aufweisen (vgl. Tabelle 14).

Tabelle 14: Unerwartet geringe Besetzung inhaltlicher Kategorien

Rangplatz	Inhalte (Kategorienebene)	Nennhäufigkeiten
101	Wettrüsten	76
101	Kriegsdienstverweigerung aus Gewissensgründen in der Bundesrepublik Deutschland	76
106.5	Rüstungsvergleich, Waffenvergleich	72
109.5	Mitgliedstaaten des Warschauer Paktes	67
119.5	Atomwaffensperrvertrag	67
121.5	Ersatzdienst in der Bundesrepublik Deutschland	67
125.5	Stellenwert der UNO	62
130.5	Nationale Volksarmee, allgemein; Organisation der Nationalen Volksarmee	59
130.5	Blockfreie Staaten	59
143	Institutionalisierung der Bundeswehr	54
143	Wehrdienstzeit in der Bundeswehr	54
151.5	Neutrale Staaten	51
153.5	Materielle Verluste bei Kriegen	50
162	Gründungsphase des Warschauer Paktes	46
172.5	Wehrbeauftragter (Bundesrepublik Deutschland)	42
177	Entnazifizierung	41
183	Bundeswehrtruppen sind insgesamt der NATO unterstellt	39
186.5	Test-Stop-Abkommen	38
190	Staatsbürger in Uniform	37
190	Verteidigungsausschuß (Bundesrepublik Deutschland)	37
193.5	Flexible Abschreckung	36
197	Wehrgesetzgebung	35
204.5	Nürnberger Prozesse	33
210	Bedrohung aus dem Osten als Grund für die Wiederbewaffnung Deutschlands (Bundesrepublik)	32
216	Grundgesetzliche Verankerung des Einsatzes der Bundeswehr im Innern	31
216	Entmilitarisierung Deutschlands als Auflage der Alliierten	31
222.5	Das Prinzip von Befehl und Gehorsam in der Bundeswehr	30
222.5	Wehrpflicht in der Nationalen Volksarmee	30
228.5	Integration von Militär und Gesellschaft in der Bundesrepublik Deutschland	29
235	Verfügung der Bundesrepublik Deutschland über Atomwaffen	28
240	Strategisches Ziel der Sowjetunion: Mitteleuropa	27
249	Umfang der Streitkräfte der Bundeswehr	25
249	Soldatengesetzgebung (Bundesrepublik Deutschland)	25
260	Institutionalisierung der Nationalen Volksarmee (NVA)	23
274.5	Alliierte Pläne zur Wiederbewaffnung Deutschlands (Bundesrepublik Deutschland)	21
274.5	Korea-Krieg als Anlaß zur Wiederbewaffnung Deutschlands (Bundesrepublik Deutschland)	21
274.5	Wehrgerechtigkeit (Bundesrepublik Deutschland)	21
282	Prüfungsverfahren für Kriegsdienstverweigerer (Bundesrepublik Deutschland)	20
290	Innenpolitische Schwierigkeiten in NATO-Mitgliedstaaten	19
295.5	Untergliederung der Streitkräfte der Bundeswehr	18
306.5	Bündnisfähigkeit Deutschlands (Bundesrepublik Deutschland) als Grund für Wiederbewaffnung	16
314	Rekrutierung der Bundeswehr aus Wehrpflichtigen und Freiwilligen	15
320.5	Wehrbeschwerdeordnung der Bundeswehr	14
326	Auseinandersetzungen im Parlament aufgrund der Wiederbewaffnung der Bundesrepublik	13
337	Integration von Militär und Gesellschaft in der DDR	11
346.5	Zivilverteidigung als Friedenskonzept	10
356.4	Militärisch-Industrieller Komplex in der Bundesrepublik Deutschland	9
367	Grundlagen der Inneren Führung	8
377.5	Zivilverwertbare Ausbildung in der Bundeswehr	7
401.5	Sicherung der Arbeitsplätze für Wehrpflichtige (Bundesrepublik Deutschland)	5
426.5	Bundeswehr als Arbeitsplatz	3
450	Innere Ordnung der NVA, allgemein	1

2.2. Nennassoziationen und -dissoziationen sicherheitspolitischer Inhalte

Das im Planungsstadium der Studie vorab geäußerte Vorhaben, multivariate Auswertungsinstrumente und -verfahren einzusetzen, um die inhaltlichen Variablen in ihren Abfolgen, Querverbindungen und Zusammenhängen zu erkennen, wurde im Verlauf der Studie immer kritischer und vorsichtiger gehandhabt.

Mit fortschreitender Einarbeitung in die Verfahrensweisen, die bei inhaltsanalytischen Untersuchungen zum Tragen kommen - vor allem in deren Auswertungspraktiken - wuchs auch die Erkenntnis, daß dieses empirische Verfahren der Auswahl besonderer Auswertungsmethoden bedürfe.

Die schlichte Vorüberlegung, z.B. analog eines durch Befragungen gewonnenen Datenmaterials vorzugehen, ließ sich im Untersuchungsverlauf in bezug auf die multivariaten Analysen kaum mehr halten. Zur eigenen Rechtfertigung läßt sich anmerken, daß es an einschlägiger Literatur zu dieser Problematik mangelt. Die gängigen Bücher, die sich mit empirischer Sozialforschung beschäftigen, bringen in der Regel Abschnitte, die sich mit Auswertungsmethoden befassen derart, daß die oben geäußerten Analogieschlüsse zur Behandlung von Daten für alle Arten von Erhebungstechniken naheliegen. Dies ist jedoch ein Trugschluß; es sind weder die zu analysierenden Kommuniqués mit Versuchspersonen gleichzusetzen, noch darf davon ausgegangen werden, daß jede Protokolleinheit die Chance hat, das gesamte inhaltliche Kategorienraster abzudecken. Beide Argumente führen dazu, daß eine große Anzahl von Verfahren und Methoden zur statistischen Berechnung empirisch erhobener Daten bei Inhaltsanalysen nicht greifen bzw. dem inhaltsanalytischen Vorhaben nicht gerecht werden. In Anbetracht der Datenerhebungsmodalitäten und der Qualität der Daten, die als Grundlage zur Durchführung von Inhaltsanalysen dienen, ist es meistenteils unangemessen, komplizierte Verfahren und Methoden statistischer Analyse anzuwenden, da sie den erforderlichen Vorbedingungen nicht entsprechen. "If no inferential statistical techniques are available to fit the problem, do not alter the problem in essential ways to make some pet or fashionable technique apply. Above all, do not 'jam' the data willy-nilly into some wildly inappropriate statistical analysis simply to get a significance test; there is little or nothing to gain by doing this" (11). Will man dieser weisen Anmerkung entsprechen, wird es schwer sein, über Frequenzanalysen hinauszukommen!

2.2.1. Kontingenzanalyse: Das Representational Model nach C.E. Osgood

Eine Möglichkeit, die isolierte Betrachtung der Belegung von Kategorien mit Nennhäufigkeiten zu überwinden und die Beziehungen (Zusammenhänge oder Abweisungen) von Inhalten zueinander zu analysieren, bietet der Ansatz, Assoziationsstrukturen zu untersuchen.

Diese Weiterentwicklung der frequentiellen Inhaltsanalyse zur Kontingenzanalyse geht auf C.E. Osgood zurück und fußt auf einem Vergleich beobachteter und erwarteter (theoretischer) (12) Häufigkeiten nennverbundener Inhalte in den Protokolleinheiten. In diesem Modell wird als Prüfgröße die relative Häufigkeit der Kombination von zwei inhaltsanalytischen Kategorien, bezogen auf das Gesamt der Protokolleinheiten, verwendet:

$$p_b(D) = \frac{\text{Anzahl der gefundenen Kombinationen } x \cap y}{\text{Anzahl der Protokolleinheiten}} = \frac{D}{N}\ .$$

Anschließend wird für jede inhaltsanalytische Kategorie die relative Häufigkeit ihrer Belegungshäufigkeit im Gesamt der Protokolleinheiten berechnet:

$$p_b(X) = \frac{\text{Anzahl Treffer (Kodierungen) in der Kategorie } x}{\text{Anzahl der Protokolleinheiten}} = \frac{X}{N}$$

$$p_b(Y) = \frac{\text{Anzahl Treffer (Kodierungen) in der Kategorie } y}{\text{Anzahl der Protokolleinheiten}} = \frac{Y}{N}$$

Hieraus lassen sich nun die Erwartungswerte für das gemeinsame Auftreten einer Kombination von Inhalten zweier Kategorien errechnen, indem man nach dem

Multiplikationssatz der Wahrscheinlichkeitsrechnung das Produkt ihrer relativen Häufigkeiten bildet:

$$p_e \quad (X \cap Y) = p_e \quad (D) = p_b(X) \quad p_b(Y);$$

Sind die relativen Häufigkeiten für eine Kombination signifikant größer oder kleiner als die zuvor errechneten Erwartungswerte, dann läßt sich dies als Indikator für eine im Text zum Ausdruck kommende 'kognitive Assoziations- oder Dissoziationsstruktur' interpretieren. Unterscheiden sich die beobachteten relativen Häufigkeiten p_b nicht signifikant von den Erwartungswerten p_e, dann läßt sich das als Beweis dafür deuten, daß keine durch eine Assoziations- oder Dissoziationsstruktur verursachte Verbindung der beiden in Betracht gezogenen Kategorien besteht.
Die Entscheidung, ob der jeweils zwischen Erwartungswert und Prüfwert (beobachtete relative Häufigkeit) auftretende Unterschied bedeutsam ist, läßt sich durch die Berücksichtigung der Standardabweichung des Erwartungswertes einschätzen. Diese Abweichung wird nach der Formel (13)

$$\sigma_p = \lambda \sqrt{\frac{p\ (1-p)}{N}} = \lambda \sqrt{\frac{\frac{XY}{N^2} \ (1 - \frac{XY}{N^2})}{N}}$$

errechnet.
Entsprechend des gewählten Signifikanzniveaus wird für λ die Standardnormalvariable eingesetzt.
Innerhalb des Vertrauensintervalls

$$\frac{XY}{N^2} \pm \lambda \sqrt{\frac{\frac{XY}{N^2} \ (1 - \frac{XY}{N^2})}{N}}$$

kann der Erwartungswert p_e zufällig schwanken. Fällt die empirisch ermittelte relative Häufigkeit für das Auftreten der Kombination $x \cap y$ in dieses Vertrauensintervall, dann kann man daraus schließen, daß der assoziative Zusammenhang zwischen den inhaltsanalytischen Kategorien x und y rein zufällig ist; bleibt die empirische relative Häufigkeit für die Kombination $x \cap y$ kleiner als die Untergrenze des Vertrauensintervalls oder ist sie größer als die Obergrenze des Vertrauensintervalls, dann kann man darauf schließen, daß der assoziative Zusammenhang (bei Überschreiten der Obergrenze) oder die assoziative Unvereinbarkeit (bei Unterschreiten der Untergrenze) auf eine zum Ausdruck kommende 'kognitive Assoziationsstruktur' der/des Verfasser(s) zurückzuführen sein dürfte. Dieser Schluß auf 'assoziative Muster' beim Kommunikator ist aber nur haltbar, wenn sich die beiden analysierten Inhalte nicht von voneherein gegenseitig ausschliessen und somit a priori die Behauptung eines gemeinsamen Auftretens unhaltbar bzw. unsinnig ist. Aus logischen Überlegungen heraus werden z.B. Protokolleinheiten, die sich mit dem Inhalt der Kategorie "Plevenplan/EVG" auseinandersetzen, kaum im gleichen Atemzug auf Inhalte der Kategorie "Ablösung der Notstandsrechte der Alliierten" eingehen, da hierfür z.B. jeglicher historischer Zusammenhang fehlt. Sollte die statistische Berechnung eine hohe Dissoziativität

dieser beiden Inhalte ausweisen - was in der Tat zu beobachten ist - darf hierfür durchaus nicht allein die kognitive Assoziations- oder Dissoziationsstruktur des Kommunikators verantwortlich gemacht werden. "Auf keinen Fall darf man Dissoziationen derart deuten, daß zwei Kategorien nichts miteinander zu tun haben, denn das bedeutet ja gerade stochastische Unabhängigkeit, also keine Signifikanz der Kontingenzen" (14). Weiterhin ist anzumerken, daß das Representational Model (15) die syntaktischen Zusammenhänge, in denen sprachliche Einheiten aufeinander bezogen sind, völlig unberücksichtigt läßt; aus dem ermittelten Verhältnis aller Inhalte in Texten kann somit nicht ohne weiteres auf die Art der semantischen Beziehungen zwischen ihnen geschlossen werden.
Es gab immer wieder Versuche, diese Osgoodsche Kontingenzanalyse weiterzuentwickeln und zu überschreiten. Bekannt ist die von A. Weyman vorgeschlagene Technik der Bedeutungsfeldanalyse (16). Auch im Sozialwissenschaftlichen Institut der Bundeswehr wurden mehrere Möglichkeiten einer Abwandlung des Osgood-Modells - z.B. über die Veränderung der Bezugsmenge - erprobt. Doch letztlich traf für alle bisher vorgestellten Fortführungen des Representational Model zu, was J. Kriz in seinen Anmerkungen zu A. Weyman formulierte: "Gerade da auch die Osgoodsche Kontingenzanalyse ihre Schwächen hat, möchte ich persönlich zufügen: Trotz meiner Kritik bin ich der Meinung, daß neue Analysemodelle in den Sozialwissenschaften so notwendig sind, daß den ohnehin selten unternommenen Versuchen, solche Modelle zu entwickeln, erhöhte und wohlwollende Aufmerksamkeit entgegengebracht werden muß, auch wenn sie ... scheitern" (17).

Grund für das Interesse an einer Weiterentwicklung des mittlerweile nahezu klassischen Osgood-Modells ist die vielfältige Kritik an diesem Verfahren, die zum Teil Osgood selbst formuliert (18).

- Das Assoziationsmuster, das einen Text repräsentiert, stellt nur einen Ausschnitt aus der gesamten Assoziationsstruktur des Verfassers dar.
- Über Richtung und Intensität der zugrundeliegenden Aussagen vermögen die Kontingenzen keine Hinweise zu bringen.
- Die Assoziationsstrukturen sind voneinander abhängig; zur Anwendung kommende Signifikanztests setzen dagegen unabhängige Variablen voraus.
- Es bilden sich bereits bei einem relativ geringen gemeinsamen Auftreten zweier Variablen hohe positive signifikante Werte. Das erklärt sich aus der Berücksichtigung der Anzahl aller Protokolleinheiten im Nenner der zu berechnenden Prüfgrößen (19).
- Dissoziationen treten dementsprechend relativ selten auf.

"Wegen der aufgezeigten Mängel braucht das Modell der Kontingenzanalyse keinesfalls verworfen zu werden, was aufgrund der im Vergleich zu manchen anderen inhaltsanalytischen Modellen außerordentlich fundierten theoretischen Grundlagen auch kaum sinnvoll wäre. Es ist jedoch unbedingt notwendig, sich der Grenzen des Modells bewußt zu sein" (20). Das heißt, man darf die Kontingenzanalyse nicht als rein mechanische Methode betrachten und verwenden: der situative Kontext, in welchem kommunizierte Inhalte stehen und entstehen, erfordert hier höchste Beachtung (21).

2.2.2. Gemeinsames Auftreten sicherheitspolitischer Themenkreise (Subdimensionsebene) im Untersuchungsmaterial

In der Tabelle 15 werden sicherheitspolitische Inhalte, die in Sozialkundebüchern zusammenhängend dargestellt werden, aufgrund des im letzten Abschnitt vorgestellten Auswertungsmodells nach Osgood ausgewiesen. Um zumindest einigen formalen Kritikpunkten zum Modell zu begegnen, werden nur hochsignifikante Zusammenhänge (0,001-Signifikanz-Niveau), die außerdem einen mindestens zweistelligen Z-Wert (22) ergeben, berücksichtigt. Dieses soll gewährleisten, daß die absoluten Häufigkeiten des gemeinsamen Auftretens zweier Variablen auch zahlenmäßig hoch liegen. Damit wird zumindest ein Teil der Eigenschaft des Osgood-Modells, im positiven Kontingenzbereich zu übersteuern, aufgefangen.
Um dem Leser aber selbst eine Relativierung der ausgewiesenen Nennverbindungen zu ermöglichen, werden in den Tabellen 15 bis 17 die absoluten Häufigkeiten aufgeführt.
Die Vorgabe einer Zäsur aufgrund eines Formalkriteriums (Zweistelligkeit der Z-Werte) ist sicherlich problematisch; bereits im statistischen Sinne favorisiert sie die unberechtigte Beibehaltung der Nullhypothese, die besagt, daß sich in den analysierten Texten keine Inhalte finden, deren überzufälliges gemeinsames Auftreten auf ein assoziatives Muster des Kommunikators schließen läßt, obwohl sie eine gewisse Chance des gemeinsamen Auftretens in Protokolleinheiten haben. Dazu kommt, daß dieses Zäsurkriterium im hohen Maße sowohl auftretende Singularitäten als auch Latenz (23), Präsenz und situativen Kontext der kommunizierten Inhalte und deren Gehalt vernachlässigt. Somit können in den gewonnenen Meßwerten nur vorläufige Hinweise auf auftretende Überzufälligkeiten erblickt werden, aber keinesfalls stichhaltige Beweise; erst eine angemessene Konfrontation mit den oben angeführten inhaltlichen, qualitativen Kriterien mag zu aussagekräftigen und vertretbaren Ergebnissen führen.
Bei Betrachtung der Tabelle 15 fällt auf den ersten Blick auf, daß die zusammenhängende Behandlung sicherheitspolitischer Inhalte fast ausschließlich innerhalb der inhaltlichen Dimensionen des Kategorienschemas geschieht. Bundeswehr und Nationale Volksarmee sowie die Vereinten Nationen (UNO) erfahren in den Büchern (nahezu) inhaltlich isolierte Darstellungen. Der Zusammenhang innerhalb der großen Themenblöcke (Dimensionen) entspricht den historischen, politischen und sachlichen Gegebenheiten: Letzteren wurde ja bereits bei der Erstellung und Gliederung des Kategorienschemas Rechnung getragen.
Querverbindungen von Inhalten zwischen den Dimensionen ergeben sich - wiederum logischerweise - bei den Subdimensionen

- "Teilung Deutschlands" und "Phasen des Ost-West-Verhältnisses"

sowie zwischen

- "Teilung Deutschlands" und "Ostpolitik/Deutschlandpolitik der Bundesregierungen",
- "Entwicklung zur Wiederbewaffnung Deutschlands" (Bundesrepublik) sowohl mit der "NATO" als auch mit der "WEU",
- "Zwischenstaatliche militärische Konflikte seit 1945" und "Bisherige UNO-Tätigkeit".

Tabelle 15: Gemeinsames hochsignifikantes Auftreten sicherheitspolitischer Inhalte auf Subdimensionsebene (inhaltliche und erklärende Subdimensionen)

Variable x	Variable y	Z≫ Z 1°/oo	Aggregierte Häufigkeiten von x	y	X ∩ Y
Deutschlandpolitik der Alliierten nach 1945	Teilung Deutschlands	26.56	609	1318	512
	Entnazifizierung	11.00	609	75	44
	Entmilitarisierung Deutschlands	15.84	609	155	91
Teilung Deutschlands	Entmilitarisierung Deutschlands	10.12	1318	155	110
	Phasen des Ost-West-Verhältnisses	12.65	1318	1236	574
	Deutschlandpolitik der Bundesregierungen	11.73	1318	548	297
Entnazifizierung	Entmilitarisierung Deutschlands	16.86	75	155	29
Gründe für die Wiederbewaffnung Deutschlands	Entwicklung zur Wiederbewaffnung Deutschlands	22.41	100	266	59
	Öffentliche Meinung zur Wiederbewaffung Deutschlands	20.92	100	65	26
Entwicklung zur Wiederbewaffnung Deutschlands	Öffentliche Meinung zur Wiederbewaffnung Deutschlands	16.32	266	65	35
	NATO	15.80	266	632	130
	WEU	20.60	266	172	74
Öffentliche Meinung zur Wiederbewaffnung	Politiker der Bundesrepublik Deutschland	11.98	65	535	40
Institutionalisierung der Bundeswehr	Organisation/Struktur der Bundeswehr	16.49	203	371	82
	Gesetzliche Regelung der militärischen Dienstpflicht	11.92	203	226	47
	Innere Führung	13.92	203	104	34
Gesetzliche Regelung der militärischen Dienstpflicht	Kriegsdienst-/Wehrdienstverweigerung	27.35	226	141	78
	Innere Führung	18.77	226	104	47
	Ausbildung in der Bundeswehr	12.29	226	26	15
Kriegs-/Wehrdienstverweigerung	Innere Führung	10.68	141	104	22
Innere Führung	Ausbildung in der Bundeswehr	20.32	104	26	16
NATO	WEU	22.67	632	172	132
	Warschauer Pakt/Ostblockstaaten	16.49	632	601	228
	SEATO	12.60	632	58	43
	Militärpolitische und strategische Zielrichtungen	11.69	632	322	120
SEATO	OAS	15.64	58	25	9
	Bagdad/Pakt – CENTO-Pakt	36.48	58	26	21
	bilaterale Abkommen	10.87	58	190	19
OAS	Bagdad-Pakt/CENTO-Pakt	13.06	25	26	5
Institutionalisierung der Nationalen Volksarmee	Organisation/Struktur der Nationalen Volksarmee	19.01	123	72	28
	Gesetzliche Regelung der militärischen Dienstpflicht (NVA)	16.41	123	45	19
	Innere Ordnung der NVA	10.60	123	29	10
	Politiker der DDR	11.92	123	238	36
Organisation/Struktur der NVA	Gesetzliche Regelung der militärischen Dienstpflicht (NVA)	22.04	72	45	19
Gesetzliche Regelung der militärischen Dienstpflicht (NVA)	Kriegsdienst-/Wehrdienstverweigerung in der DDR	26.48	45	17	11
	Innere Ordnung der NVA	16.54	45	29	9
	Ausbildung in der NVA	19.41	45	17	8
Strukturen der internationalen Beziehungen auf sicherheitspolitischer Ebene	Konfliktpotentiale/Spannungspotentiale	15.45	1346	1451	717
	Phasen der Ost-West-Verhältnisse	11.85	1346	1236	569
	Vorstellungen von Friedenssicherung/friedlicher Ordnung	10.00	1346	773	367
Konfliktpotentiale Spannungspotentiale	Politische Strömungen	12.16	1451	1416	680
Rüstung, Waffen, Truppen	Abrüstung/Rüstungsbegrenzung/-kontrolle	14.62	1051	368	214
	Militärpolitische und strategische Zielrichtungen	13.04	1051	322	182
	Kriegsarten/Kriegsbilder	11.58	1051	1688	594
Phasen der Ost-West-Verhältnisse	Ostpolitik/Deutschlandpolitik der Bundesregierungen	12.49	1236	548	292
Ostpolitik/Deutschlandpolitik der Bundesregierungen	Programme der Parteien zur Sicherheitspolitik	10.86	548	111	52
	Politiker der Bundesrepublik Deutschland	19.55	548	535	216
	Politiker der DDR	11.26	548	238	87

Fortsetzung Tabelle 15

Zwischenstaatliche militärische Konflikte seit 1945	Kriegsarten/Kriegsbilder	11.71	550	1688	359
	Organisation/Struktur der UNO	11.33	550	551	155
	Bisherige UNO-Tätigkeit	22.81	550	176	124
Vorstellungen von Friedenssicherung/ friedl. Ordnung	Werte	12.83	773	2088	573
Institutionalisierung der UNO	Organisationen/Strukturen der UNO	24.54	277	551	171
	Ziele/Aufgaben/Grundsätze der UNO	24.30	277	489	159
	Bisherige UNO-Tätigkeit	10.44	277	176	44
	Stellenwert der UNO	11.94	277	137	42
Organisation/ Struktur der UNO	Ziele/Aufgaben/Grundsätze der UNO	32.21	551	489	300
	Bisherige UNO-Tätigkeit	23.88	551	176	129
	Stellenwert der UNO	21.96	551	137	104
Ziele/Aufgaben/ Grundsätze der UNO	Bisherige UNO-Tätigkeit	18.64	489	176	98
	Stellenwert der UNO	19.81	489	137	89
	Werte	10.44	489	2088	368
Bisherige UNO-Tätigkeit	Stellenwert der UNO	18.04	176	137	46
Politische Strömungen	Ausländische Politiker	11.65	1416	933	471
Politiker der Bundesrepublik Deutschland	Politiker der DDR	11.91	535	238	89

Einen interessanten Aspekt bietet das hohe gemeinsame Auftreten der Inhalte zu "Konfliktpotentiale/Spannungspotentiale" einerseits und "Politische Strömungen" andererseits. Hier wird bereits deutlich, wie vorrangig gerade Ideologien als weltweites Konfliktpotential betrachtet werden.
Obwohl das statistisch-rechnerische Kalkül einen hochsignifikanten Z-Wert ausweist, erstaunt der in absoluten Zahlen ausgewiesene eher als geringfügig zu bewertende Zusammenhang folgender sicherheitspolitischer Inhalte:

- "Entnazifizierung Deutschlands" und "Entmilitarisierung Deutschlands";
- "Gründe für die Wiederbewaffnung Deutschlands (Bundesrepublik Deutschland)" sowie "Entwicklung zur Wiederbewaffnung Deutschlands" und "Öffentliche Meinung zur Wiederbewaffnung";
- "Rüstung, Waffen, Truppen" und "militärpolitische und strategische Zielrichtungen".

Bei der Behandlung der beiden deutschen militärischen Einrichtungen, Bundeswehr und Nationale Volksarmee, vermißt man weitgehend die besondere gegenseitige Bezugnahme und damit den Vergleich von Institutionalisierung und Organisation/ Struktur des Militärs. Auch der Vergleich der gesetzlichen Regelung militärischer Dienstpflicht, der inneren Prinzipien und der Ausbildung, denen beide Militärorganisationen unterliegen, wird großteils gescheut. Darüber hinaus werden für die Bundeswehr wie auch vor allem für die Nationale Volksarmee vergleichsweise wenig aufklärende und verbindende Hinweise zu den Bündnissystemen NATO und Warschauer Pakt, in welchem sie fallweise eingebettet sind, gegeben. Zusätzlich fällt bei der Behandlung der Bundeswehr die Zurückhaltung der Schulbuchautoren auf, Querverweise zur Entmilitarisierung Deutschlands, zu den Gründen für und zur Entwicklung der Wiederbewaffnung aufzunehmen. Die Tabelle 16 belegt mit absoluten Zahlwerten die beschriebenen Sachverhalte. Sie weist hierzu keine Z-Werte aus; diese liegen für alle dokumentierten Vergleiche im Bereich von

$$-_{0,001}Z < Z < +_{0,001}Z.$$

Tabelle 16: Gemeinsames nicht-signifikates Auftreten sicherheitspolitischer Themenkreise auf Subdimensionsebene (inhaltliche Subdimensionen) (Auswahl)

Variable x	Variable y	Aggregierte Häufigkeiten x	y	X ∩ Y
Entmilitarisierung Deutschlands	Institutionalisierung der Bundeswehr	155	203	8
	Organisation/Struktur der Bundeswehr	155	371	10
	Gesetzliche Regelung der militärischen Dienstpflicht	155	226	6
	Innere Führung	155	104	5
Gründe für die Wiederbewaffnung Deutschlands	Institutionalisierung der Bundeswehr	100	203	18
	Struktur der Bundeswehr	100	371	19
	Gesetzliche Regelung der militärischen Dienstpflicht	100	226	15
	Innere Führung	100	104	8
Entwicklung zur Wiederbewaffnung Deutschlands	Institutionalisierung der Bundeswehr	266	203	36
	Organisation/Struktur der Bundeswehr	266	371	30
	Gesetzliche Regelung der militärischen Dienstpflicht	266	226	21
	Innere Führung	266	104	7
Institutionalisierung der Bundeswehr	Institutionalisierung der NVA	203	123	8
Organisation/Struktur der Bundeswehr	Organisation/Struktur der NVA	371	72	11
Gesetzliche Regelung der militärischen Dienstpflicht (Bundeswehr)	Gesetzliche Regelung der militärischen Dienstpflicht (NVA)	226	45	9
Innere Führung	Innere Ordnung der NVA	104	29	3
Ausbildung i.d.Bundeswehr	Ausbildung in der NVA	26	17	0
Bundeswehr	NATO	371	632	90
Nationale Volksarmee	Warschauer Pakt	72	601	26

Tabelle 17 gibt zusätzlich Aufschluß über weitere, eher defizitär zu bezeichnende Verbindungen in der Darstellung sicherheitspolitischer Inhalte in Sozialkundebüchern. Die Variablen sind nach dem Kriterium einer größeren Anzahl zu erwartender Querverbindungen unter Bezugnahme auf inhaltlichen und situativen Kontext der vermittelten Inhalte ausgewählt.
Erstaunlich ist wiederum die unzureichende Verbindung der Themenblöcke "Entwaffnung-Wiederbewaffnung Deutschlands" und die - historisch betrachtet - eher zusammenhanglose Darstellungsweise der "Remilitarisierung der Bundesrepublik Deutschland" im Kontext der damaligen sicherheitspolitischen Weltkonstellation. Da das Thema "Entnazifizierung" in Sozialkundebüchern weitgehend tabuisiert wird, ist die fehlende Aufarbeitung im Rahmen "Bundeswehr" bereits als zwangsläufig zu sehen. Auch ein so wesentliches Thema wie "Abrüstung" wird kaum in der Gesamtschau sicherheitspolitischer Sachverhalte dargeboten.

Tabelle 17: Gemeinsames unzureichendes Auftreten sicherheitspolitischer Inhalte auf Subdimensionsebene (inhaltliche Subdimensionen)

Variable x	Variable y	Aggregierte Häufigkeiten x	y	X ∩ Y
Entnazifizierung	Organisation/Struktur der Bundeswehr	75	371	1
	Innere Führung	75	104	0
Entmilitarisierung Deutschlands	Gründe für die Wiederbewaffnung Deutschlands	155	100	20
	Entwicklung zur Wiederbewaffnung Deutschlands	155	266	23
Gründe für die Wiederbewaffnung Deutschlands	Institutionalisierung der NATO	100	123	8
	Strukturen der internationalen Beziehungen auf sicherheitspolitischer Ebene	100	1346	27
	Konflikt/Spannungspotentiale	100	1451	33
	Rüstung, Waffen, Truppen	100	1051	38
	Phasen des Ost-West-Verhältnisses	100	1236	36
	Militärische und strategische Zielrichtungen	100	322	14
Abrüstung/Rüstungsbegrenzung/-kontrolle	Phasen des Ost-West-Verhältnisses	368	1236	123
	Militärpolitische und strategische Zielrichtungen	368	322	60
	Vorstellungen von Friedenssicherung, friedl. Ordnung	368	773	130

Abschließend sollen nun noch signifikante Assoziationen und Dissoziationen von sicherheitspolitischen Inhalten auf Subdimensionsebene im Einzugsbereich der Erklärungssubdimensionen veranschaulicht werden. Da Dissoziationen, wie bereits erwähnt, beim Osgood-Modell nur äußerst selten auftreten, sich Assoziationen aber bereits in großer Zahl schon bei einer geringen Anzahl gemeinsamer Nennungen der beiden Inhalte in den Protokolleinheiten ergeben, wird das zur Entscheidung herangezogene Signifikanzniveau wieder (24) mit $\pm$ 0,001 sehr hoch gewählt.

Die Abbildungen 1 und 2 zeigen schematisiert die nach diesem Formalkriterium auffindbaren hochsignifikanten Assoziationsstrukturen (Abb. 1) und Dissoziationsstrukturen (Abb. 2) zwischen inhaltlichen Subdimensionen und erklärenden Subdimensionen, wobei die erklärende Subdimension zentral steht. Neben inhaltlich und von der historischen Entwicklung her schlüssigen und gerechtfertigten Konstellationen verdeutlicht der Affinograph (Abb. 1) der Subdimensionen folgende Auffälligkeiten:

- "Gründe für die" und "die Entwicklung zur Wiederbewaffnung" werden überdurchschnittlich häufig an Politikern der Bundesrepublik Deutschland festgemacht.
- "Organisation/Struktur" und ebenso "Ausbildung in der NVA" werden betont im Zusammenhang mit "Politischen Strömungen" abgehandelt. Die Auffälligkeit ist dadurch gegeben, daß im Vergleich dazu die "Bundeswehr" nicht im besonderen Maße in Verbindung mit Ideologien, Werten usw. behandelt wird.
- "Rüstung, Waffen, Truppen" treten signifikant im Zusammenhang mit ausländischen Politikernamen auf,
- "Abrüstung, Rüstungskontrolle" wird dagegen primär wertorientiert angeboten;
- gleiches gilt für die Abhandlung der subdimensional erfaßten Inhalte im Bereich der Dimension "UNO".
- "Kriegsarten/Kriegsbilder" werden übermäßig häufig im Zusammenhang mit der Nennung ausländischer Politiker einerseits und der Einbindung in "Werte" andererseits gebracht;
- "Ostpolitik/Deutschlandpolitik der Bundesregierungen" läuft hochsignifikant über Politikernamen der beiden deutschen Staaten (man hätte z.B. eine stark wertorientierte Abhandlung dieses Themenkomplexes erwarten können);
- die Behandlung von militärpolitischen und strategischen Zielrichtungen erfolgt weitgehend im Zusammenhang mit "Politische Strömungen".

Beim Graph der Abweisungen (Abb. 2) von Subdimensionen im Einzugsbereich der Erklärungsdimensionen finden sich vor allem folgende herausragende Konstellationen:

- Die "Entwicklung zur Wiederbewaffnung Deutschlands" und "Politische Strömungen" schließen sich signifikant aus. Das verwundert angesichts der damaligen Situation des 'Kalten Krieges' und der damit verbundenen 'Bedrohung durch den Kommunismus';
- der gesamte Komplex "Bundeswehr" und "Politische Strömungen" stoßen sich ab. Verblüffenderweise gilt das auch für die "Innere Führung". Hier ist noch einmal darauf hinzuweisen, daß das Kontingenz-Modell nach Osgood nichts über die Richtung einer (Nicht-)Verbindung aussagt: Also Inhalte zur und Kenntnisse über die Bundeswehr werden auch nicht im Hinblick auf Abwehr von Ideologien dem Schüler über sein Sozialkundebuch dargeboten.

Abb. 1: AFFINOGRAPH DER SUBDIMENSIONEN IM EINZUGSBEREICH DER ERKLÄRUNGSSUBDIMENSIONEN

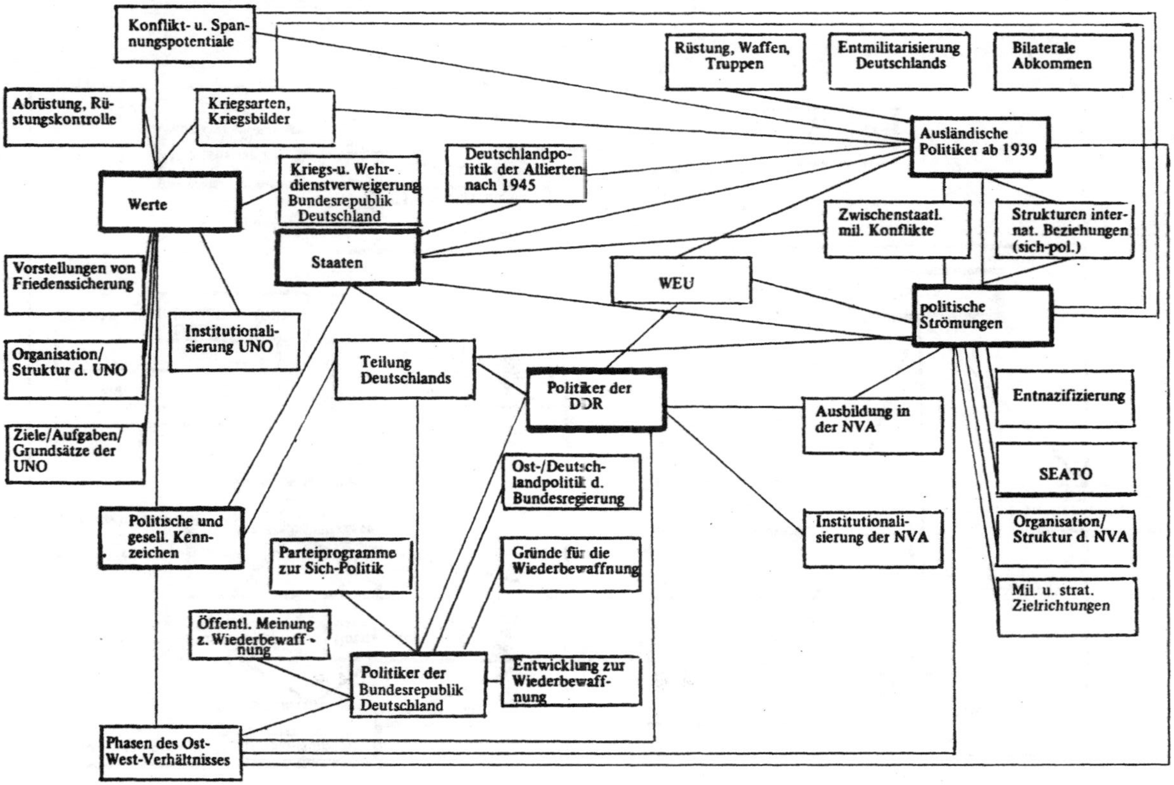

Abb. 2: Graph der Abweisungen von Subdimensionen im Einzugsbereich der Erklärungssubdimensionen

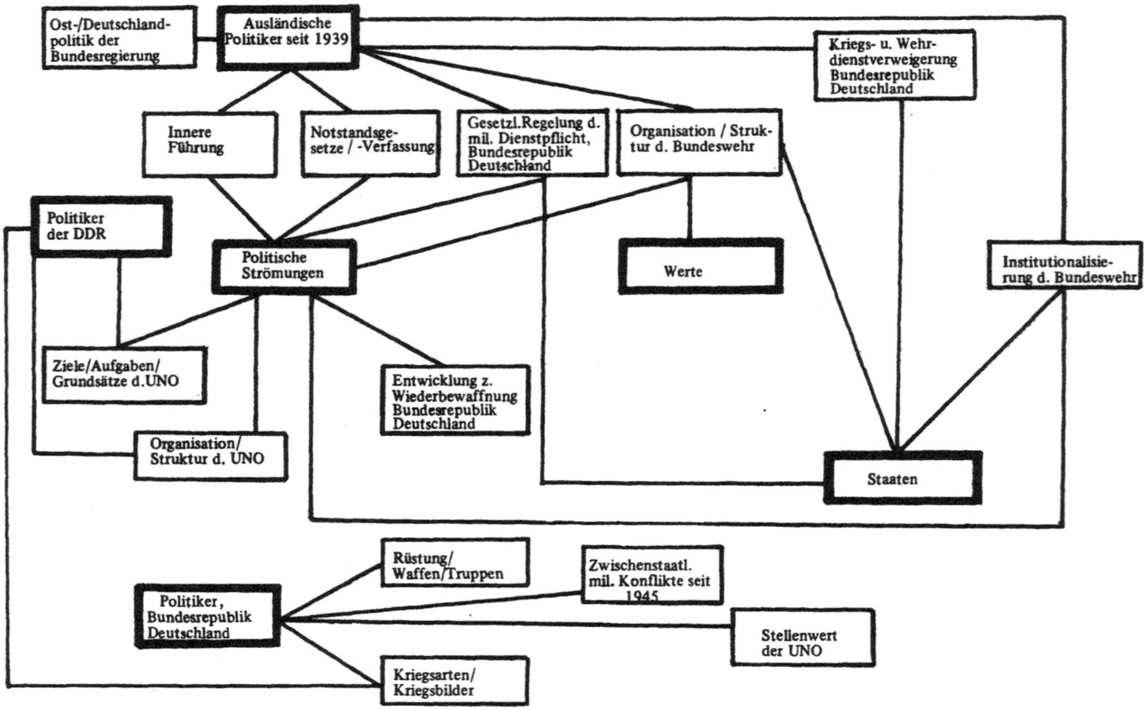

2.2.3. Korrelationsmatrix und Faktorenanalyse der inhaltlichen Subdimensionen

Das Auftreten sicherheitspolitischer Inhalte in Sozialkundebüchern bzw. in deren Protokolleinheiten ist im streng statistischen Sinn nicht als zufällig zu bezeichnen. Das Urnenmodell, welches der statistischen Zufälligkeit des Auffindens von Variablen zugrunde liegt, kann nicht voll zum Zuge kommen, da, wie in den vorangegangenen Abschnitten erläutert, bestimmte situative Zwänge und übergeordnete Gegebenheiten, z.B. historischer Art, die Entstehung von inhaltlichen Variablen bündeln und deren Niederschlag in den Protokolleinheiten in gegenseitiger Abhängigkeit fördern. Entsprechend ist auch die Voraussetzung einer Normalverteilung der untersuchten Variablen nicht zwingend und nur unzureichend gegeben. Obwohl diese Voraussetzung auch für Faktorenanalysen als eine von mehreren zum Tragen kommt, wird häufig ihre Beachtung unterlassen. Unterzieht man trotz dieser Einwendungen das inhaltsanalytisch aufbereitete Material einer Faktorenanalyse, so wird die Interpretationsfähigkeit der Ergebnisse erheblich eingeschränkt. Versteht man die Anwendung der Faktorenanalyse in breitester Hinsicht als Instrument, um eine unüberschaubare Menge von Variablen zu ordnen und auf dem Hintergrund der erzielten Ordnung zu beschreiben (25), so ist hiermit bereits eine der Aussage- bzw. Interpretationsgrenzen unter den vorliegenden Verhältnissen erreicht. Ziel einer im Bereich inhaltsanalytischen Vorgehens durchgeführten Faktorenanalyse darf deshalb höchstens sein, zu ermitteln, "auf wieviel unabhängige Dimensionen sich eine größere Anzahl von gemessenen Variablen (d.h. Indikatoren), die miteinander in Zusammenhang stehen, reduzieren läßt" (26). Zur Unterscheidung gegenüber den Dimensionen (Haupt- und Erklärungsdimensionen), zu welchen sich das zur Erfassung und Kodierung hergestellte Kategorienraster aggregiert, seien diese in der ursprünglichen Erhebung nicht explizit formulierten Dimensionen als Faktoren bezeichnet. Mit diesen Einschränkungen versehen und in Kenntnis der vollen Tragweite des Unterfangens wurde über die inhaltlichen Subdimensionen des Kategorienschemas eine Faktorenanalyse mit Varimax-Rotation (27) gerechnet. Auf die auszugsweise Korrelationsmatrix des vorausgeschalteten Korrelationsrechenganges wird in der Tabelle 18 eingegangen.

Aufgrund der Berechnungen nach dem Bravais-Pearsonschen Produkt-Moment-Korrelationskoeffizienten ergaben sich folgende stark positive Beziehungen zwischen zwei Variablen: Überdurchschnittlich zusammenhängend werden sämtliche Subdimensionen der "UNO" untereinander ausgewiesen. Neben der - historisch nicht überraschenden - inhaltlichen Verbundenheit von "Deutschlandpolitik der Alliierten nach 1945" und "Teilung Deutschlands" und der ebenfalls erwartungsgemäß auftretenden Korrelation von "Gründe für die Wiederbewaffnung Deutschlands" und "Entwicklung zur Remilitarisierung", findet sich eine starke Verknüpfung der westlichen Bündnissysteme NATO-WEU einerseits und SEATO-CENTO-/Bagdadpakt andererseits.

Sehr häufig ist auch das gemeinsame Auftreten von Indikatoren zu den Subdimensionen "Kriegsdienstverweigerung" und "gesetzliche Regelung der militärischen Dienstpflicht" in der Bundesrepublik Deutschland und entsprechend auch in der DDR in den Protokolleinheiten zu verzeichnen.

Tabelle 18: Korrelationsmatrix der inhaltlichen Subdimensionen (Korrelationskoeffizient ≥ 0.33)

Verbundene Inhalte	Korrelationskoeffizient
Deutschlandpolitik nach 1945/Teilung Deutschlands	0.48
Entwicklung zur Wiederbewaffnung Deutschlands/Gründe für die Wiederbewaffnung Deutschlands	0.34
Kriegsdienstverweigerung in der Bundesrepublik Deutschland/gesetzliche Regelung der Bundeswehr	0.42
WEU/NATO	0.36
CENTO/SEATO	0.54
Gesetzliche Regelung der Nationalen Volksarmee/Organisation der Nationalen Volksarmee	0.33
Kriegsdienstverweigerung in der DDR/Gesetzliche Regelung in der Nationalen Volksarmee	0.39
Bisherige UNO-Tätigkeit bei militärischen Konflikten/ Militärische Konflikte nach 1945	0.36
Organisation der UNO/Institutionalisierung der UNO	0.39
Ziele der UNO/Institutionalisierung der UNO	0.39
Ziele der UNO/Organisation der UNO	0.53
UNO-Tätigkeit/Organisation der UNO	0.38
Stellenwert der UNO/Organisation der UNO	0.35

Auf diese Korrelationsmatrix aufbauend, mit geeigneter Kommunalitätenschätzung und Durchführung des Rotationsverfahrens, kristallisieren sich Faktoren heraus. Es muß aber nochmals betont werden: die Faktorenanalyse bringt Reduktion auf wichtige Bestandteile der Variablenstruktur sowie Ordnung und Übersicht bei einer Vielzahl von Variablen; sie kann nicht - wie oft fälschlicherweise angenommen oder behauptet wird - kausale Erklärungsprinzipien liefern.
Auf eine ausführliche Diskussion des Für und Wider der Anwendung von Faktorenanalysen muß über das bereits vorstehend Angemerkte zur Durchführung und Voraussetzung, der notwendigen Datenqualität und ihrer Aussagereichweite hinausgehend, verzichtet werden (28). Auch soll lediglich versucht werden, die gefundenen Faktoren über eine einfache Numerierung hinaus zu benennen bzw. sie über die in ihnen enthaltenen Variablen zu umschreiben; das Ordnungs- und Beschreibungsprinzip allein soll die Überlegungen leiten.
Die Bestimmung der Eigenwerte der je Untersuchung auftretenden Faktoren gibt einen ersten Hinweis auf die Faktorenordnung im analysierten Material, wenn man die Eigenwerte als relative Größe der Varianzanteile auffaßt (29), die durch die einzelnen Faktoren aufgeklärt werden. Veranschaulicht man die Abfolge der Eigenwerte der Faktoren grafisch (vgl. Abb. 3), so ist damit ein Weg gewiesen zu entscheiden, "wie viele Faktoren zur Klärung der Beziehungen zwischen den Aussagevariablen erforderlich bzw. hinreichend sind" (30).

Abb. 3: Screetest zur Feststellung von Sprungstellen in der Abfolge der Eigenwerte zur Abschätzung von Hauptfaktorengruppen

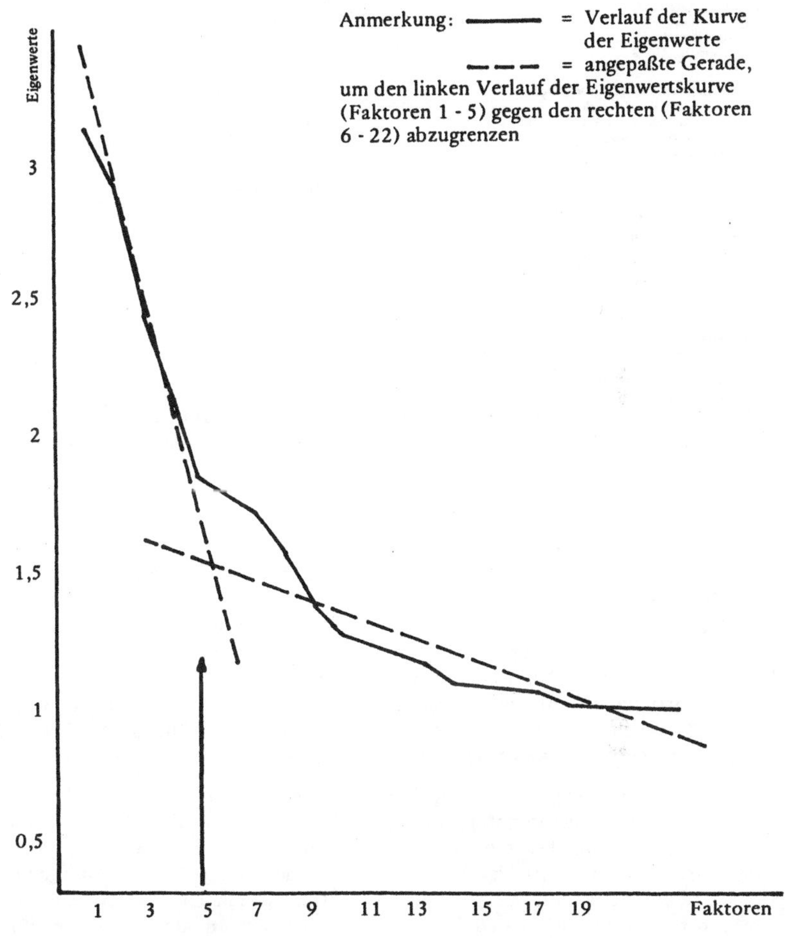

Einerseits wird vorgeschlagen, daß alle in Erwägung zu ziehenden Faktoren Eigenwerte von 1,0 oder größer aufweisen sollen (31), andererseits soll sich in der Abfolge der Eigenwerte ein deutlicher, auch zahlenmäßig belegbarer Knick abzeichnen, wenn davon ausgegangen werden darf, daß nicht lediglich Zufallskorrelationen vorliegen (32).
Die Ergebnisse dieses faktorenanalytischen Ordnungsverfahrens - angewandt auf die inhaltlichen Subdimensionen - werden in der Übersicht (vgl. Tabelle 19) in Form einer 5-Faktoren-Lösung vorgestellt (33).

Tabelle 19: Faktorenanalyse der inhaltlichen Subdimensionen

5-Faktorenlösung, abgedeckte Varianz = 45.3 % (nach der Rotation)	Ladungen ≥ 0.40
FAKTOR 1: UNO	
Institutionalisierung der UNO	0.58
Organisation der UNO	0.78
Ziele der UNO	0.75
Bisherige UNO-Tätigkeit	0.58
Stellenwert der UNO	0.55
FAKTOR 2: Bundeswehr	
Institutionalisierung der Bundeswehr	0.44
Organisation der Bundeswehr	0.50
Gesetzliche Regelung der Bundeswehr	0.53
Kriegsdienstverweigerung	0.40
Innere Führung	0.43
(Phasen des Ost-West-Verhältnisses - 0.45)	
FAKTOR 3: Internationale Beziehungen unter Bedrohungs- und Gewaltaspekt	
Strukturen der Internationalen Beziehungen auf sicherheitspolitischer Ebene	0.44
Konfliktpotentiale/Spannungspotentiale	0.43
Rüstung, Waffen, Truppen	0.52
Militärpolitische und strategische Zielrichtungen	0.41
Zwischenstaatliche militärische Konflikte seit 1945	0.40
Kriegsarten/Kriegsbilder	0.46
FAKTOR 4: Nationale Volksarmee	
Institutionalisierung der Nationalen Volksarmee	0.52
Organisation der Nationalen Volksarmee	0.56
Gesetzliche Regelung der Nationalen Volksarmee	0.73
Kriegsdienstverweigerungen in der DDR	0.50
Innere Ordnung in der Nationalen Volksarmee	0.46
Ausbildung in der Nationalen Volksarmee	0.50
FAKTOR 5: Integration der Bundesrepublik Deutschland ins westliche Bündnissystem	
Gründe für die Wiederbewaffnung Deutschlands	0.55
Entwicklung zur Wiederbewaffnung Deutschlands	0.66
Öffentliche Meinung zur Wiederbewaffnung Deutschlands	0.48
NATO	0.61
WEU	0.49

Auch wenn sie lediglich Varianzanteile in Höhe von 45,32 % abdecken, sind diese 5 extrahierten Faktoren dennoch von Interesse (34): Die Faktoren "UNO", "Bundeswehr" und "Nationale Volksarmee" sind nahezu identisch mit den entsprechenden inhaltlichen Hauptdimensionen des Kategorienschemas. Auch die Faktoren "Internationale Beziehungen unter Bedrohungs- und Gewaltaspekt" und "Integration der Bundesrepublik Deutschland ins westliche Bündnissystem" repräsentieren wesentliche Themenkreise des sicherheitspolitischen Katalogs. Dementsprechend können die Ergebnisse der Faktorenanalyse als Überprüfung und Bestätigung des Kodierbogens gewertet werden.

2.3. Die Behandlung sicherheitspolitischer Inhalte im einzelnen

Im folgenden umfangreichsten Abschnitt des Ergebnisteils wird über die Behandlung und Bewertung der einzelnen sicherheitspolitischen Inhalte in den Sozialkundebüchern berichtet. Aufgeführte Texte aus den analysierten Sozialkundebüchern verdeutlichen zum Teil beispielhaft Darstellungsform und inhaltlichen Anspruch der Autoren; zum Teil werden aber auch Zitatstellen als Beleg für singuläre Behandlung oder latente Vermittlung ausgewiesen. Die in Klammern angegebenen Quellen verweisen über die aufgeführten Buchnummern auf die im Anhang 1 aufgelisteten und analysierten Sozialkundebücher.

2.3.1. Deutschland nach 1945 - die Westintegration

Deutschlands Geschichte nach dem 2. Weltkrieg erfährt rein von den Quantitäten her gesehen durchaus Beachtung: Über ein Drittel der als sicherheitspolitisch wesentlich bestimmten Protokolleinheiten haben eine Themenstellung aus der genannten Problematik zum Inhalt. Im Durchschnitt wird pro Buch etwa 22 mal dieser Themenkomplex angeschnitten.

2.3.1.1. Die Deutschlandpolitik der Alliierten nach 1945 und die Teilung Deutschlands

Zentral angesprochen unter sicherheitspolitischen Aspekten werden zum Thema Westintegration die "Deutschlandpolitik der Alliierten nach 1945" (vgl. Tabelle 20) sowie die "Teilung Deutschlands" (vgl. Tabelle 21). Neben der hoch besetzten Kategorie "allgemein, sonstiges" (35) dominieren im Lehrangebot im Hinblick auf die Alliiertentätigkeit eindeutig die "Konferenzen der Siegermächte von Potsdam und Jalta". Die Darstellung des Geschehens unmittelbar nach dem 2. Weltkrieg erfolgt weitgehend formal sachlich; die Politik der Alliierten wird insgesamt nur 10 mal unter negativer Sicht und 4 mal im problematisierenden Kontext vorgetragen. Aussagen wie die folgenden sind stellvertretend für die meisten der kommunizierten Inhalte, die Wertungen in diesem Zusammenhang enthalten: "Trotz dieser etwas günstigeren Aspekte bestimmte die Potsdamer Konferenz in verhängnisvoller Weise die Nachkriegsentwicklung. Die Vertreter der USA und Großbritanniens waren Stalin taktisch unterlegen .... Hinzu kam, daß die westlichen Gesprächspartner die kommunistische Dialektik nicht kannten. Sie meinten, es genüge, sich auf den 'Frieden' zu einigen ..." (Buch 42, S. 137). "In der von den Alliierten vereinbarten Einstimmigkeit bei Beschlüssen des Kontrollrates - oder um es anders zu sagen, im Veto-Recht der Sowjetunion - dürfte der Keim der heute sichtbaren Teilung Deutschlands zu erblicken sein" (Buch 29, S. 47).

Tabelle 20: Deutschlandpolitik der Alliierten nach 1945

Inhalte (Kategorien)	insgesamt angesprochen	Häufigkeiten (36) davon sachlich	negativ	problematisierend
- Konferenz der Siegermächte in Potsdam und Jalta	284	282	1	1
- Außenministerkonferenzen 1945-47	71	69	1	1
- Außenministerkonferenzen 1948-54	55	55	-	-
- Genfer Gipfelkonferenz	26	26	-	-
- Politik der Alliierten, allgemein	308	298	8	2

Zum Thema des geschichtlichen Verlaufs der Teilung Deutschlands ist festzustellen, daß in vielen Büchern ausführlich über das Geschehen in den drei Westzonen und in der sowjetisch besetzten Zone berichtet wird. Der "Alliierte Kontrollrat" findet häufige Erwähnung - wenn negativ, dann im Hinblick auf das Verhalten der sowjetischen Vertreter, wie die vorstehenden Zitate zeigen. Während die Währungsreform nicht in allen analysierten Büchern angesprochen wird, zählen die Gründungen der Bundesrepublik Deutschland und der Deutschen Demokratischen

Republik (DDR) zu den zentral behandelten Themenstellungen, häufig hervorgehoben durch eigene Kapitel oder zumindest durch Zwischenüberschriften.
Breiter Raum wird in der Regel der gesamten Berlinproblematik gewidmet, sowohl was die Sektoren und den Viermächtestatus betrifft als auch die Zugehörigkeit West-Berlins zur Bundesrepublik Deutschland. "Die ehemalige Hauptstadt des Deutschen Reiches liegt heute mitten im Gebiet der DDR. Sie ist politisch mit der Bundesrepublik stark verbunden, d.h.: An der Arbeit des Bundestags in Bonn nehmen Berliner Abgeordnete, allerdings ohne Stimmrecht teil; Berlin gehört zum Währungsgebiet der BRD; die BRD spricht regelmäßig im Namen auch von Berlin als einem ihrer Bundesländer" (Buch 21, S. 290). "Wiederholt haben die Westmächte darauf hingewiesen, daß sie West-Berlin nicht den Status eines Bundeslandes zuerkennen" (Buch 25, S. 184). Weitaus am häufigsten thematisiert wird die Berlinblockade - zumeist in sachlicher Berichterstattung - einige Male mit betont negativer Wertung der Sowjets. "Nachdem die DM im Juni 1948 eingeführt worden war, versuchten die Sowjets gewaltsam Berlin ihrer Besatzungszone einzugliedern, nämlich durch die Blockade. Durch diese Gewaltmaßnahme wollten sie kaltblütig 2,2 Millionen Berliner aushungern und dadurch ihrem Willen gefügig machen" (Buch 38, S. 99). Wird der Stellenwert Berlins in einem Sozialkundebuch durch gesonderte umfangreiche Kapitel dokumentiert, so erfolgt meist eine Gesamtschau des Werdegangs Berlins ab 1945 bis zum Erscheinungsjahr des Sozialkundebuches; dann finden sich in solchen Abschnitten also auch schon Verweise auf Mauerbau und Viermächte-Abkommen (37).
Auf einen ausstehenden Friedensvertrag wird insgesamt 128 mal verwiesen, häufig bereits in Erläuterung mit den Ergebnissen der Konferenz in Potsdam und Jalta (15.55) (38). "Ein Friedensvertrag mit Deutschland - der bis heute nicht abgeschlossen wurde - sollte die endgültige Regelung bringen" (Buch 36, S. 160). "Die zu erwartenden Ergebnisse waren durch die vorangegangenen Kriegskonferenzen weitgehend präjudiziert .... Die Westmächte ... gaben jedoch ... schließlich nach mit dem Vorbehalt, daß eine endgültige Regelung der deutschen Ostgrenze einem Friedensvertrag vorbehalten bleiben müsse" (Buch 49, S. 161).

Zentral bearbeitetes Thema in den Sozialkundebüchern ist die Wiedervereinigung Deutschlands bzw. deren Chancen.
Sie wird neben sachlicher Erörterung als durchaus wünschenswert vermittelt, allerdings zum Teil in ihrer möglichen Verwirklichung auch differenzierend und problematisierend aus der Sicht beider deutschen Staaten dargeboten. "Die Spaltung Deutschlands ist den europäischen Staaten zwar nicht gleichgültig, ein wiedervereinigtes Deutschland erscheint ihnen aber auch heute gefährlicher als ein geteiltes" (Buch 25, S. 233). Die Wiedervereinigungsproblematik wird hochsignifikant in Verbindung mit dem Wert "Freiheit" beleuchtet (10.16). Darüber hinaus findet im hohen Maße eine zusammenhängende Erörterung im Hinblick auf das Wirken Konrad Adenauers statt (10.91). "Als Hauptaufgaben seiner Politik sah.... Konrad Adenauer den Wiederaufbau, die Beseitigung der Besatzungsherrschaft, die Wiedererlangung internationalen Ansehens ... und die feste Verankerung der Bundesrepublik im freien Westen. Das letzte Ziel fand nicht die Billigung der SPD-Opposition. Mit einer entschiedenen Politik gegenüber der SU - so hoffte Adenauer - lasse sich die Wiedervereinigung erreichen ('Politik der Stärke')" (Buch 81, S. 131).

Tabelle 21: Teilung Deutschlands

Inhalte (Kategorien)	insgesamt angesprochen	Häufigkeiten davon			
		sachlich	positiv	negativ	problematisierend
amerikanische Zone	99	99	–	–	–
britische Zone	91	91	–	–	–
französische Zone	86	86	–	–	–
Westzonen insgesamt	193	192	1	–	–
Ostzone	302	297	–	5	–
Alliierter Kontrollrat	214	206	–	5	3
Währungsreform i.d.Bundesrepublik Deutschland / West-Berlin	73	70	3	–	–
Währungsreform i.d. DDR	42	41	–	1	–
Gründung der Bundesrepublik Deutschland	135	134	1	–	–
Gründung der DDR	141	137	–	4	–
Vier-Mächte-Status Berlin	147	142	2	1	2
Sektoren in Berlin	156	153	–	3	–
Berlin–Blockade	183	174	–	9	–
West-Berlin in seiner Zugehörigkeit zur Bundesrepublik Deutschland	148	130	9	2	7
Saarfrage	72	68	2	1	1
Friedensvertrag für Deutschland	128	119	2	3	4
Wiedervereinigung Deutschlands	227	286	33	1	17
Teilung Deutschlands, allgemein	548	506	–	38	4

Bezüglich der didaktischen Aufbereitung fällt auf, daß die Kategorie "Wiedervereinigung Deutschlands" in unverhältnismäßig hohem Maße über den Beitragstyp 'Quelle' abgehandelt wird

$$(\chi^2_6 = 29,4 > {}_{0,001}\chi^2_6 = 22,5) \quad (39).$$

Insgesamt gesehen werden die Geschehnisse, die zur Teilung Deutschlands führten, dem historischen Kontext angemessen und im Rahmen der zunehmenden Ost-West-Verhärtung (40) aufgeführt, wenn auch von manchen Autoren durchaus bedauernd und aus negativer Sichtweise erläutert. "Alle Vorschläge der Regierung, der Bundesrepublik und der Westalliierten, durch freie Wahlen eine Wiedervereinigung der Bundesrepublik und der Deutschen Demokratischen Republik herbeizuführen, scheiterten bisher an der Ablehnung der kommunistischen Machthaber" (Buch 36, S. 68). Querverweise auf den 2. Weltkrieg als erste Ursache der geschilderten Entwicklung in Deutschland unterbleiben dagegen auffallend häufig. Abschließend bleibt zur Darstellung historisch bedeutsamer sicherheitspolitischer Sachverhalte in Sozialkundebüchern der Bundesrepublik Deutschland, soweit diese Sachverhalte sich auf die Frühphase ihrer Existenz beziehen, noch anzumerken: Die "Saarfrage" und die Problematik ihrer Lösung, die in der Schaffung eines neuen Bundeslandes der Bundesrepublik Deutschland gegen Ende der 50er Jahre gipfelte, werden in beinahe jedem Sozialkundebuch einmal thematisiert; die entsprechenden Ausführungen gehen aber über einen einfachen Hinweis auf das Saarabkommen in der Regel nicht hinaus.

2.3.1.2. <u>Entnazifizierung</u>

Die Entnazifizierung nach 1945 findet in den Büchern nur geringfügige Beachtung. Als Lehrstoff aufgenommen wird das Thema in Verbindung mit der Tätigkeit der Alliierten insgesamt (11.00) und mit der Entmilitarisierung Deutschlands im besonderen (16.86) gebracht.

Neben überwiegend sachlicher Beschreibung unterziehen einige Autoren die Durchführung der Entnazifizierung auch einer problematisierenden Betrachtungsweise. "Sofort nach Kriegsende setzte unter dem Einfluß besatzungspolitischer Ideologien die sogenannte 'Umerziehung' der Deutschen (Reeducation) ein. In ihrem

Rahmen wurde manches Nützliche geboten. Dennoch blieb dieser 'Umerziehung' durch Amerikaner und Briten der Erfolg verwehrt, weil sie sich nie aus dem Spannungsfeld befreien konnte, dessen beide Pole 'Charakterschwäche' auf der einen und 'blasse Formalbelehrung' auf der anderen Seite waren. Darüber hinaus wurde in der Reeducation-Politik soviel Siegerhochmut und Utopismus sichtbar, daß sie ihre Glaubwürdigkeit für viele Deutsche verlor. Das besiegte Volk blieb nicht untätig und suchte eigene Wege zur Demokratie" (Buch 42, S. 16 f.).

Tabelle 22: Entnazifizierung

Inhalte (Kategorien)	insgesamt angesprochen	Häufigkeiten davon sachlich	positiv	negativ	problematisierend
Kriegsverbrechen/Völkermord	30	28	-	2	-
Nürnberger Prozesse	33	31	-	-	2
Reeducation	15	13	-	-	2
Entnazifizierung, allgemein	41	36	1	1	3

Festzuhalten ist an dieser Stelle wieder der überraschende Mangel einer Gesamtschau der Ideologie und des Wirkens des Faschismus bzw. Nationalsozialismus. Zwar ist letzteres durchaus Thema der Sozialkundebücher - meist in Verbindung mit Kommunismus, weniger mit anderen 'Ismen' (z.B. Antisemitismus). Aber eine dezidierte Verknüpfung von Faschismus bzw. Nationalsozialismus in Deutschland zur Entnazifizierung fehlt in der Regel. Vereinzelt tauchen aber Inhalte auf, wie "Das Führungskorps der NSDAP, die Gestapo, der SD und die SS werden als verbrecherische Organisationen bezeichnet. Bei einem Teil der Urteile werden die Gegensätze zwischen den Siegermächten bereits sichtbar. Prozesse gegen Generale, Industrielle, Ärzte und Mitglieder des Auswärtigen Amtes folgen .... Nicht immer entsprechen die Urteile dem Rechtsgefühl der öffentlichen Meinung. Vielen Schuldigen gelingt es auch, unterzutauchen. Alle Deutschen müssen sich der Entnazifizierung unterziehen. Zahlreiche ehemalige Nationalsozialisten werden aus ihren Ämtern entfernt und bestraft. ... In den drei Westzonen werden allein 6 Millionen Fälle behandelt. Dennoch soll sich später zeigen, daß wesentliche Verbrechen ungesühnt blieben" (Buch 43, S. 217).

2.3.1.3. Die Wiederbewaffnung Deutschlands

Über die Vorgabe einer Vielzahl von Detailaspekten sollte der Versuch unternommen werden, Ent- und Remilitarisierung Deutschlands in ihrer Darstellungsweise in den Sozialkundebüchern in den Griff zu bekommen (vgl. Tabelle 23). Aufgrund des ersten Globaleindrucks war ja bereits ersichtlich, daß auf diese Thematik - wenn überhaupt - nur oberflächlich von Seiten der Autoren eingegangen wird.

Die Entwaffnung Deutschlands als solche, d.h. das Verbot eigener Streitkräfte im besiegten Deutschland wird als Auflage der Alliierten in weit weniger als der Hälfte der Bücher thematisiert. Neutralitätspläne für Deutschland/Mitteleuropa, generell bzw. von unterschiedlichen Politikern vorgeschlagen, tauchen in den untersuchten Büchern kaum auf. Höhere Aufmerksamkeit finden die Industrie- und damit auch die Rüstungsdemontagen, vor allem im Ruhrgebiet, sowie die Montanlösung im Hinblick auf die gewünschte Rüstungskontrolle Deutschlands.

"Die Siegermächte wollten durch Entmilitarisierung und Entnazifizierung, durch Reparationen, politische und wirtschaftliche Kontrollen ... einen Schlußstrich unter die Vergangenheit ziehen" (Buch 54, S. 191).

Tabelle 23: Entmilitarisierung Deutschlands

Inhalte (Kategorien)	insgesamt angesprochen	Häufigkeiten davon sachlich	negativ	problematisierend
Auflage der Alliierten	31	31	-	-
Forderung der deutschen Bevölkerung	3	3	-	-
Neutralitätspläne für Mitteleuropa allgemein	6	6	-	-
Stalin-Plan	11	10	1	-
Rapacki-Plan	9	7	-	2
Demontage	62	59	2	1
Ruhrgebiet/Montanlösung	43	43	-	-
Entmilitarisierung Deutschlands, allgemein	34	33	1	-

Ein noch geringerer Stellenwert als der Entwaffnung wird den Gründen für eine später erfolgte Wiederbewaffnung Deutschlands beigemessen (vgl. Tabelle 24). Bei Berücksichtigung der Thematik wird am ehesten noch die "Bedrohung aus dem Osten" als ausschlaggebend aufgeführt. "Die 1950 beginnende und durch den 'Kalten Krieg' zwischen Ost und West beschleunigte Diskussion über eine deutsche Wiederbewaffnung (Remilitarisierung) wurde ... mit großer Heftigkeit geführt" (Buch 20, S. 87). Durchschnittlich ein Viertel der Bücher benennt einen aus welchen Gründen auch immer notwendigen eigenen Verteidigungsbeitrag Deutschlands als wesentlich; derselbe Anteil entfällt auf den Koreakrieg als Anlaß." Die westliche Welt zog aus dem Koreakrieg Konsequenzen: ... Die in den westlichen Besatzungszonen Deutschlands errichtete Bundesrepublik fand Aufnahme in das militärische Verteidigungssystem ...." (Buch 54, S. 199). "Der Koreakrieg gab nun einen erneuten Anlaß. Churchill schlug die Aufstellung einer Europa-Armee vor. In diese sollten auch deutsche Truppen eingegliedert werden" (Buch 34, S. 74).
Als Vorgänge zur Entwicklung der Wiederbewaffnung Deutschlands (vgl. Tabelle 25) werden in durchschnittlich 2/3 der Bücher die Pläne zur EVG erläutert; ein Teil davon geht auch auf deren Scheitern, bedingt durch Frankreichs hegemoniale und nationale Bestrebungen, ein. "1952 wurde in Paris ... der EVG-Vertrag abgeschlossen, der nicht nur eine enge Bündnisverpflichtung im Falle bewaffneter Aggression, sondern auch die Aufstellung einer gemeinsamen Armee mit integrierten Stäben vorsah. Fünf der beteiligten Staatsparlamente ratifizierten dieses bedeutsame Vertragswerk, das auf militärischem Sektor einen ganz erheblichen Schritt in Richtung einer festen Gemeinschaft bedeutet hätte; die französische Nationalversammlung jedoch, deren Mehrheit sich nicht zu einem so bedeutenden Souveränitätsverzicht durchringen und das Mißtrauen gegen Deutschland nicht so schnell überwinden konnte, lehnte ... den Vertrag ab. Damit war dieses Projekt gescheitert" (Buch 31, S. 56 f.)

Tabelle 24: Gründe für die Wiederbewaffnung Deutschlands

Inhalte (Kategorien)	Insgesamt ange-sprochen	Häufigkeiten davon sach-lich	positiv	negativ
Bedrohung aus dem Osten	32	30	-	2
Geographische Lage Deutschlands	9	9	-	-
Militärbeitrag Deutschlands als Voraussetzung zur Bündnisfähigkeit	16	15	1	-
Militärbeitrag Deutschlands zur eigenen Verteidigung/Schutz	21	21	-	-
Militärbeitrag eines eigenständigen souveränen Deutschlands	18	18	-	-
Koreakrieg als Anlaß	21	20	-	1
Gründe für die Wiederbewaffnung Deutschlands, allgemein	24	24	-	-

In den meisten Büchern wird die erneute Einrichtung von Militär in der Bundesrepublik Deutschland allerdings nicht im sicherheitspolitischen Kontext militärischer Begriffe abgehandelt, sondern als gegeben durch die Auswirkungen der Pariser Verträge quasi festgestellt. "Als Gegenleistung für den Erhalt der Souveränität verpflichtete sich die Bundesrepublik im Generalvertrag zur Mitwirkung bei der Verteidigung der Freiheit durch Eintritt in die Westeuropäische Union und in die Nordatlantische Verteidigungsgemeinschaft (Gründung der Bundeswehr!) ..." (Buch 52, S. 11). Der hier vermittelte Eindruck bestätigt sich auch durch die fehlende Rückbindung zur Entmilitarisierung Deutschlands.

Tabelle 25: Entwicklung zur Wiederbewaffnung Deutschlands

Inhalte (Kategorien)	Insgesamt ange-sprochen	Häufigkeiten davon sach-lich	positiv	problema-tisierend
Vorläufer der deutschen Wiederbewaffnung (Bundesgrenzschutz)	10	10	-	-
Alliierte Pläne zur Wiederbewaffnung	21	21	-	-
Plevenplan/EVG	62	61	1	-
Ablehnung der EVG durch Frankreich	45	45	-	-
Pariser Verträge allgemein	102	100	1	1
Pariser Verträge: Erlangung der Souveränität Deutschlands	84	81	1	2
Pariser Verträge: Beitritt Deutschlands zur NATO	90	88	1	1
Pariser Verträge: Beitritt Deutschlands zur WEU	53	51	2	-
Entwicklung zur Wiederbewaffnung Deutschlands, allgemein	41	41	-	-

Nach den bisherigen Ausführungen dürfte es nun nicht mehr verwunderlich sein, daß die Problematik der Wiederbewaffnung Deutschlands und deren Resonanz in der Öffentlichkeit in den Büchern eine nahezu totale Vernachlässigung finden (vgl. Tabelle 26). Am 'häufigsten' wird noch auf die (ablehnende) Haltung der SPD aufmerksam gemacht, bzw. in Verbindung mit Politikerpersönlichkeiten die Thematik der Diskussion und der Auseinandersetzung um die Wiederbewaffnung Deutschlands angeschnitten. Über die Umstrittenheit eigener Streitkräfte im Lande bei anderen Gruppierungen wird nur selten und wenn, dann marginal berichtet. "In der Bundesrepublik kam es zu leidenschaftlichen Auseinandersetzungen in der Frage des Wehrbeitrags. ... Im Dezember 1949 erklärten bei einer Meinungsumfrage 74,6% der Befragten, daß sie nicht wieder Soldat werden wollten und es auch nicht für richtig hielten, daß ihre Angehörigen wieder Soldat würden. Bundesinnenminister Heinemann (CDU) trat aus Protest gegen Adenauers Politik 1950 zurück" (Buch 64, S. 51).

Tabelle 26: Öffentliche Meinung zur Wiederbewaffnung

Inhalte (Kategorien)	insgesamt angesprochen	Häufigkeiten davon		
		sachlich	positiv	problematisierend
Äußerungen der Bundesregierung	4	4	-	-
Auseinandersetzungen im Parlament	13	12	1	-
Haltungen der Parteien allgemein	5	5	-	-
Haltung der CDU/CSU	14	12	-	2
Haltung der SPD	23	22	-	1
Haltung der F.D.P.	1	1	-	-
Haltung der KPD	1	1	-	-
Regierungskrise 1950/51	5	5	-	-
Auseinandersetzung in der Bevölkerung	7	7	-	-
Position der Kirchen	2	2	-	-
Position der Gewerkschaften	1	1	-	-
Öffentliche Meinung, allgemein	17	17	-	-

Kaum befaßt man sich in diesem Zusammenhang mit der 1950 zwischen den Regierungs- und Oppositionsparteien einsetzenden innenpolitischen Auseinandersetzung um einen deutschen Beitrag zur Verteidigung Westeuropas, welche die zentrale Frage aufwarf, ob die Bundesregierung nach dem Grundgesetz überhaupt zur Aufstellung und Unterhaltung bewaffneter Streitkräfte berechtigt war, und weiter, ob die Bundesrepublik Deutschland mit dem Grundgesetz von 1949 die Wehrhoheit bereits innehatte oder nicht. Einfach ausgeblendet wird auch die historische Tatsache, daß im Verlaufe der mehrere Jahre dauernden Auseinandersetzung die Bundesregierung insgesamt den Standpunkt vertrat, die Wehrhoheit sei eine Folge der Staatsgewalt, welche volle Herrschaftsgewalt in den Schranken des Rechts sei. Auch der Standpunkt der Sozialdemokratischen Partei kommt wenig zum Zuge, welcher besagt, daß die Kompetenz des Bundestages in allen mit einem deutschen Verteidigungsbeitrag zusammenhängenden Fragen ausreiche, da das Grundgesetz eine Wehrverfassung nicht kenne.
Solche und ähnliche, die breite Öffentlichkeit tief ergreifenden und in ihrer Substanz erschütternden historischen Vorgänge werden in den analysierten Büchern entweder nur kurz angedeutet oder total verschwiegen.

2.3.2. Die Bundeswehr

Dem Stellenwert der Bundeswehr als zentralem Instrument der bundesdeutschen Sicherheitspolitik wurde bei der hier durchgeführten Inhaltsanalyse durch eine eigene Dimension Rechnung getragen. Es mag nicht so leicht einsichtig sein, daß man der Bundeswehr einen zentralen Platz im bundesdeutschen Bemühen um Sicherheit zubilligt. In der allgemeinen Sicherheitsdiskussion wird diesbezüglich meistens auf die diplomatisch-politische Kommunikation abgehoben, die sich zur Aufgabe die Aufrechterhaltung eines kriegslosen bzw. konfliktlosen Zustands in Europa gesetzt hat - unter der gleichzeitigen Prämisse, die eigenen politischen Ziele, und diese sind über die Staatserhaltung an sich hinausgerichtet, offensiv zu verfolgen. Ein Relikt der Nationalstaatlichkeit ist in diesen Zielsetzungen von Sicherheitspolitik noch durchaus zu erkennen. "Politische Sicherheit wird in der nationalstaatlichen Aera sehr bald ein außenpolitisches Problem, und es wird heute unter 'Sicherheitspolitik' der Schutz der staatlichen Ordnung gegen eine Bedrohung von außen verstanden" (41). "Es müßte gegenwärtig im Gedanken der 'politischen Sicherheit' um die 'Sicherung der Schutzfunktionen' gehen, die offenbar nicht mehr ohne weiteres als 'zuverlässig' empfunden wird" (42). Die Weltgeschichte hat gezeigt, daß es unmöglich ist, diese erstrebte 'Sicherung der Schutzfunktion' allein im politischen Dialog zu verankern und nach außen sichtbar werden zu lassen. Sie muß sich an einem Streitkräftepotential orientieren, welches durch seine Effektivität dem politischen Sicherheitsdialog unterstützend zur Seite steht. Für die Bundesrepublik Deutschland gilt, daß ihre Streitkräfte dann mit dem Prädikat 'effektiv' bewertet werden können, wenn die Bundeswehr ihren Auftrag, die Bundesrepublik im Falle eines Krieges zu verteidigen bzw. einen Krieg überhaupt zu verhindern und den Frieden zu bewahren, tatsächlich erfüllt. In Friedenszeiten kann die Effektivität von Streitkräften allerdings nur geschätzt werden, da die Erhaltung des Friedens nicht nur auf die Effektivität der Streitkräfte, sondern auch auf viele andere Ursachen zurückgeführt werden kann. Der dominierende strategische Gesichtspunkt ist unter dem Aspekt der Friedenserhaltung nicht mehr derjenige der Kriegsführung, sondern derjenige der Kriegsverhinderung, welcher durch die Effektivität der Streitkräfte und deren Präsenz, die der potentielle Gegner wahrzunehmen gezwungen ist, gewährleistet ist.

2.3.2.1. Institutionalisierung der Bundeswehr

Die Einbindung der Bundeswehr in Staat und Politik sowie ihre Gründung Mitte der 50er Jahre sollten unter dem umfassenden Begriff "Institutionalisierung der Bundeswehr" erfaßt werden. Kein diesem Themenkreis zugehöriger Inhalt ist durchschnittlich in sehr viel mehr als der Hälfte der analysierten Sozialkundebücher behandelt (vgl. Tabelle 27). Die Auseinandersetzung um den Primat der Politik und dessen Apostrophierung als unabänderliches Merkmal des Militärs der Bundesrepublik Deutschland und der damit einhergehenden Überwachungs- und Kontrollaufgabe der politischen Instanzen, die der Verhinderung einer in welcher Richtung auch immer unliebsamen Verselbständigung der Streitkräfte dienen soll, findet in den Büchern nur wenig Resonanz. "... war es ein Hauptanliegen aller verantwortlichen Politiker, die Bundeswehr mit den politischen Organen so zu verzahnen, daß sie nicht - wie die Reichswehr in der Weimarer Republik - zu einem Staat im S t a a t e werden kann" (Buch 81, S. 170). Nicht grundsätzliche Ausführungen zur politischen Eingebundenheit der Bundeswehr in den bundesrepublikanischen Staat dominieren die Sozialkundebücher, sondern die grobe Skizzierung ausgewählter Formalfakten oder eher die Benennung von Aufgaben, die auf der Seite der Regierung oder ihrer Repräsentanten angesiedelt sind. "Zu den Hauptaufgaben des Bundestages gehören: 1. Wahl des Bundeskanzlers ...., 2. Teilnahme an der Wahl des Bundespräsidenten (Art. 54), 3. Kontrolle der Regierung, der Verwaltung und der Bundeswehr, 4. ...., 8. Einsetzung von Untersuchungsausschüssen (Art. 44 GG)" (Buch 45, S. 187).

Die häufigsten Hinweise beziehen sich auf

- das Verteidigungsministerium bzw. den Verteidigungsminister; in der Regel findet das Verteidigungsministerium bzw. der Verteidigungsminister lediglich innerhalb einer Auflistung der Ministerien insgesamt oder der Mitglieder des Bundeskabinetts Beachtung (vgl. z.B. Buch 19, S. 130), selten ergänzt durch eine Beschreibung der diesen Institutionen obliegenden Pflichten und Aufgaben. Werden solche Hinweise doch gegeben, so erschöpfen sie sich in Kurzfassungen wie z.B.: "Bundesministerium für Verteidigung, Aufbau, Organisation und Führung der Bundeswehr, Zusammenarbeit mit den NATO-Partnern u.a." (Buch 05, S. 173).
- den Verteidigungsausschuß, der - wenn überhaupt - oft nur als Beispiel für das Vorhandensein von Bundestagsausschüssen benannt ist: "Wichtige Bundestagsausschüsse sind z.B. der Auswärtige Ausschuß, der Verteidigungsausschuß, der Ausschuß für innerdeutsche Angelegenheiten ..." (Buch 11, S. 181).
- den Wehrbeauftragten, dessen parlamentarische Funktion meist unzureichend beschrieben ist: "Dieser Wehrbeauftragte ist ein vom Bundestag gewählter Mann, der zum Schutz der Grundrechte und als Hilfsorgan des Bundestags bei der Ausübung der parlamentarischen Kontrolle darüber zu wachen hat, daß der Soldat auch während seiner Dienstzeit die Grundrechte genießt" (Buch 02, S.22).

Tabelle 27: Institutionalisierung der Bundeswehr

Inhalte (Kategorien)	insgesamt angesprochen	Häufigkeiten davon sachlich	positiv
Administrative Vorbereitungen	2	2	-
Grundgesetzänderung/Wehrgesetzgebung	35	35	-
Politische Führung durch die Regierung allgemein	20	17	3
Politische Führung durch den Verteidigungsminister	16	15	1
Kontrolle durch das Parlament allgemein	22	20	2
Verteidigungsausschuß	37	35	2
Wehrbeauftragter	42	41	1
Verteidigungsministerium	47	47	-
Oberbefehl im Frieden: Verteidigungsminister	32	31	1
Oberbefehl im Krieg: Bundeskanzler	41	40	1
Territoriale Verteidigung	9	9	-
Institutionalisierung der Bundeswehr, allgemein	54	51	3

- die Tatsache, daß der Oberbefehl über die Bundeswehr im Kriegsfall an den Bundeskanzler übergeht: "Der Bundesminister für Verteidigung hat die Befehls- und Kommandogewalt über die Streitkräfte. Mit der Verkündigung des Verteidigungsfalles geht die Befehlsgewalt auf den Bundeskanzler über. Die Feststellung, daß der Verteidigungsfall eingetreten sei, ist im Normalfall vom Bundestag zu treffen" (Buch 77, S. 33).

Lenkt man sein Augenmerk auf die Form der Behandlung und auf die Wiedergabe dieser Inhalte in den Sozialkundebüchern durch die Schulbuchautoren, dann fällt besonders wieder die von eigenen Wertungen absehende Zurückhaltung, die nicht zuletzt auch in den oben ausgewiesenen Belegstellen deutlich wird, auf. Auch ein in der allgemeinen öffentlichen Diskussion so positiv besetztes Thema wie der Primat der Politik wird - wenn überhaupt - für den Sozialkundeunterricht nur als fachlich-formaler Lehrstoff angeboten. "Auch die Bestimmungen der Artikel 59a, 65a, 87a, b, 101 (2) und 143 des GG sollen helfen, die bewaffnete Macht im Staat zu überwachen, Überschreitungen der Befugnisse zu verhindern und Mißbrauch auszuschließen" (Buch 14, S. 206).

2.3.2.2. Organisation/Struktur der Bundeswehr

Die hohe Nennhäufigkeit, die auf die Kategorie "Bundeswehr allgemein" entfiel (vgl. Tabelle 28), ist ein deutlicher Hinweis darauf, daß das Wort 'Bundeswehr' zwar verhältnismäßig oft, aber nur begrifflich und im Sinne von Füllmaterial zum eigentlich kommunizierten Stoff gebraucht wird. Es muß darauf hingewiesen werden, daß die Kategorie "Bundeswehr allgemein" im Rahmen der Subdimension "Organisation/Struktur der Bundeswehr" insbesondere dann zu kodieren war, wenn der Inhalt 'Bundeswehr' als solcher unspezifisch angesprochen oder lediglich beispielhaft erwähnt war. Eine ebenfalls hohe Nennhäufigkeit entfällt auf die Kategorie "Zuständigkeit des Bundes in Verteidigungsangelegenheiten"; zumeist findet dieser Inhalt seine Abhandlung aber nicht im Zusammenhang mit der Bundeswehr, sondern innerhalb eines Kapitels, welches sich mit dem Verhältnis zwischen Bund und Ländern auseinandersetzt. "Der Bund ist für jene Aufgaben zuständig, die einheitlich geregelt werden müssen, vor allem Außenpolitik und Verteidigungswesen (Bundeswehr)" (Buch 0,6, S. 137). Ebenfalls nicht im Zusammenhang mit der Behandlung der Bundeswehr sind die Ausführungen der Schulbuchautoren zu den Verteidigungsausgaben zu sehen; ihre Erwähnung ist vielmehr in Besprechungen zur Verteilung von Steuereinnahmen durch den Bund eingebunden, oder sie werden unter der Überschrift 'Bundeshaushalt' mittels einer Grafik ausgewiesen (vgl. z.B. Buch 23, S. 173), teils kommentarlos, teils begründet durch die hohen Rüstungskosten. Diese Art der Darstellung wird auch durch die verhältnismäßig hohe Nennhäufigkeit, die sich auf den Beitragstyp 'Lehrtext und Tabelle' vereinigt, bestätigt $(\chi^2_6 = 54{,}8 > _{0,001} \chi^2_6 = 22{,}5)$ (43).

Z.T. stellen die Schulbuchautoren den Aufwand für Verteidigungshaushalt den Ausgaben für andere bedeutsame Ressorts gegenüber. "Das meiste Geld im Bundeshaushalt schlucken die Sozialleistungen, ihnen folgen die Ausgaben für Verteidigung, für Wirtschaftsförderung, für den Straßenbau, für Gesetzgebung, Verwaltung, Forschung und vieles mehr" (Buch 16, S. 83). Nur wenige der Schulbuchautoren versuchen - über solche lapidare Aufzählungen hinausgehend - eine Brücke von den Verteidigungseinrichtungen, ihrer Notwendigkeit und den mit ihnen verbundenen unausbleiblichen Kosten, zu den Lasten, die dieser Staat zur Aufrechterhaltung seines Grundkonsenses und seiner Ordnung tragen muß, zu schlagen. "Es werden so viele Ansprüche an den Bundeshaushalt gestellt, daß er trotz der Riesensumme ... noch zu klein ist. Ein Schaubild des Haushaltsplans macht die Runde. Ein Besucher schüttelt den Kopf: 18 Milliarden Mark für 'Verteidigungskosten', muß das denn sein? Für einen Düsenjäger könnte man zwei Volksschulen bauen, und außerdem leisten wir uns den Luxus, eine halbe Million junger Männer aus dem Produktionsprozeß herauszunehmen. Wenn Sie die Verteidigung unserer Freiheit als mehr oder weniger nutzlose Angelegenheit abtun, dann werfen wir allerdings eine Unsumme zum Fenster hinaus. Die finanziellen Lasten für Außenpolitik und Verteidigung beanspruchen die Bundeskasse sehr" (Buch 15, S. 110).

Tabelle 28: Organisation/Struktur der Bundeswehr

Inhalte (Kategorien)	insgesamt angesprochen	Häufigkeiten davon sachlich	positiv	negativ	problematisierend
Zuständigkeit des Bundes für die Verteidigung	100	98	2	–	–
Zuständigkeit des Bundes für den Schutz der Zivilbevölkerung	25	24	1	–	–
Ernennung und Entlassung der Soldaten durch den Bundespräsidenten	20	20	–	–	–
Verteidigungshaushalt	84	82	–	–	2
Verteidigungsausgaben im Vergleich zu anderen Aufgaben	41	41	–	–	–
Untergliederung der Streitkräfte	18	18	–	–	–
Umfang der Streitkräfte	25	25	–	–	–
Rekrutierung der Armee	15	13	–	1	1
Soziale Herkunft der Offiziere	3	3	–	–	–
Soziale Herkunft der Unteroffiziere und Mannschaften	1	1	–	–	–
Hierarchie der Diensgrade	11	9	1	–	1
Zivilverwaltung der Streitkräfte	4	4	–	–	–
Einfluß der Technik auf die Organisation	4	3	–	1	–
Bundeswehr, allgemein	169	156	6	1	6

Gehen Schulbuchautoren in ihren Ausführungen auf Rüstungskosten ein, so kann die Art und Weise, wie sie es tun, stellvertretend durch folgendes Zitat belegt werden. "Die BRD hat im Rahmen des atlantischen Verteidigungsbündnisses einen Beitrag zu leisten, der infolge der wachsenden Anforderungen an die Kriegs- und Rüstungstechnik hohe Beträge in Anspruch nimmt" (Buch 69, S. 177).
Die Formalorganisation und die militärische Struktur der Bundeswehr in den Ausprägungen "Untergliederung der Streitkräfte", "Hierarchie der Dienstgrade" und "Rekrutierung der Armee" aus Wehrpflichtigen und Freiwilligen bilden in durchschnittlich einem Viertel der Sozialkundebücher Lehrinhalte. "Die zahlenmäßige Stärke der deutschen Streitkräfte ist durch die Pariser Verträge festgelegt und muß sich jeweils aus dem Haushaltsplan ergeben. Sie soll 500.000 Mann (12 Divisionen) betragen" (Buch 71, S. 102). Die Nennhäufigkeiten für Inhalte, die den Umfang der Streitkräfte ansprechen, liegen etwa so hoch wie die, die die Zuständigkeit des Bundes für den Schutz der Zivilbevölkerung ansprechen. Seltsamerweise - weil nachrangiger - finden sich mit etwa derselben Nennhäufigkeit auch "Ernennung und Entlassung der Soldaten durch den Bundespräsidenten"; die Hinweise auf diese Aufgabe des Bundespräsidenten finden sich jeweils in einem Abschnitt, der sich mit der Bedeutung und Aufgabenstellung des Präsidenten der Bundesrepublik Deutschland auseinandersetzt. "Er (der Bundespräsident) ernennt und entläßt Bundesminister, Bundesrichter, Bundesbeamte, Offiziere und Unteroffiziere, soweit gesetzlich nichts anderes bestimmt ist" (Buch 44, S. 133).

Aussagen dazu, daß der Stand der Technik auch das Militär in seiner Ordnung und Struktur nicht unbeeinflußt läßt, gehen über die üblichen Hinweise zum Bereich 'Militär' der Schulbuchautoren hinaus; in insgesamt nur 4 Protokolleinheiten konnte eine solche Mitteilung aufgefunden werden. "Im Zeitalter hochtechnischer Waffensysteme stellt sich indes die Frage mit großer Dringlichkeit, ob längerdienende Spezialisten die Sicherheit nicht besser verbürgen können als eine Wehrpflichtarmee" (Buch 81, S. 171). Gerade die Diskussion um Vertiefung solcher eher im Bereich der Andeutung verharrenden Informationen wäre geeignet, die Bundeswehr nicht nur als anonyme und dem Bürger wenig nahestehende Institution erscheinen zu lassen, sondern sie in ihrem Aufbau und in ihren Auswirkungen mit anderen modernen Großorganisationen zu vergleichen und zu problematisieren, ihre Besonderheiten herauszukristallisieren und zu begründen.

2.3.2.3. Die gesetzliche Regelung der militärischen Dienstpflicht

Tabelle 29: Gesetzliche Regelung der militärischen Dienstpflicht

Inhalte (Kategorien)	insgesamt angesprochen	Häufigkeiten davon sachlich	positiv	negativ	problematisierend
Wehrpflicht	158	151	1	1	5
Einschränkung der Grundrechte	31	31	-	-	-
Berufssoldaten	23	21	-	-	2
Zeitsoldaten	11	11	-	-	-
Wehrdienstzeit	54	52	1	-	1
Einberufungsalter	39	39	-	-	-
Sicherung des Arbeitsplatzes für den Wehrpflichtigen	5	5	-	-	-
Wehrgerechtigkeit	21	17	1	1	2
Sonderstatus Berlin	7	6	-	1	-
Gesetzliche Regelung der militärischen Dienstpflicht, allgemein	45	44	-	1	-

Zum Thema "Gesetzliche Regelung der militärischen Dienstpflicht" entfallen die mit Abstand meisten Kodierungen auf den Inhalt "Wehrpflicht". Doch wird dieser für den Schüler zentrale und ihn unmittelbar betreffende Sachverhalt aus dem Bereich der Sicherheitspolitik im weitaus größten Teil der angebotenen Erörterungen formal behandelt - mit überdurchschnittlichem Anteil im Rahmen von Protokolleinheiten, die als Tabellen/Schemata ausgewiesen sind ($\chi^2_6=52{,}1 >_{0{,}001} \chi^2_6=22{,}5$) (44). In der Regel findet sich der erste - oft auch einzige - Hinweis auf diese Staatsbürgerpflicht in einem Abschnitt, der mit der Überschrift 'Rechte und Pflichten der Jugendlichen' versehen ist. In den Übersichten, die aufgeschlüsselt nach Altersangaben den Schüler mit seinen Rechten und Pflichten bekannt machen, steht unter '18 Jahre': Führerscheinerwerb, ehemündig, wehrpflichtig ... oder "mit vollendetem 18. Lebensjahr beginnt die volle Strafmündigkeit, d.h. der Jugendliche ist für alle seine Übeltaten voll verantwortlich ... und voll haftpflichtig ... Für den jungen Mann von 18 Jahren beginnt auch die 'Wehrpflicht'" (Buch 63, S. 160). Treten Bundeswehr und Wehrpflicht - was selten genug geschieht - gemeinsam auf, so wird die Sachinformation bevorzugt. "Seit 1956 erfolgte der Aufbau der Bundeswehr auf der Grundlage der allgemeinen Wehrpflicht" (Buch 20, S. 392).

Diese oftmals bloße Erwähnung der Wehrpflicht, die in den Schulbüchern kaum von einer Erörterung ihrer Grundlagen und ihrer konkreten Ausprägungen gefolgt ist, schlägt sich auch in den Ergebnissen nieder, die auf statistischen Berechnungen fußen. Der Inhalt "Wehrpflicht" tritt zusammen mit dem Begriff "Bundeswehr" lediglich in 33 Protokolleinheiten auf; diese Zahl erweist sich zwar im Rahmen der Kontingenzberechnungen als hoch signifikant (10.2), ist aber von der absoluten Zahl her gesehen unbefriedigend. Von seiten der Schulbuchautoren findet lediglich 5mal eine Problematisierung der 'Wehrpflicht' dahingehend statt, daß die Einberufung zur Bundeswehr zwar einen schmerzlichen Eingriff ins Leben eines jungen Menschen bedeutet, aber auch zur Erhaltung von Frieden und Freiheit diese Pflicht notwendigerweise abverlangt werden müsse. "So ist die Einführung der Wehrpflicht als Maßnahme zur Sicherheit gleichzeitig ein starker Eingriff in die persönliche Freiheit des einzelnen, aber sie trifft auch die Daseinsvorsorge, da sie geldliche Leistungen zur Finanzierung des Militärs erforderlich macht. Radikale Durchführung einer Aufgabe kann die Lösung anderer unmöglich machen. So wird die Ordnung und Sicherheit gefährdet sein, wenn jeder die Freiheit hat, alles zu tun, was er will" (Buch 14, S. 130).
Um über die bereits gemachten Ausführungen hinaus den eher lückenhaften Zusammenhang von Wehrpflicht und sinnvollem Staatsbürgerdienst bzw. die inhaltliche Assoziationsstruktur zwischen dem Inhalt "Wehrpflicht" und sicherheitspolitisch relevanten, staatserhaltenden Werten oder Begriffen, die dem Inhalt "Wehrpflicht" nahestehen sollten, im Sozialkundebuch zu dokumentieren, sind im folgenden noch einige diesbezügliche statistische Kennwerte zusammengestellt.
Zur Erläuterung der Tabellenwerte diene folgendes Beispiel: Der Z-Wert 1,58, der sich auf die Häufigkeit des gemeinsamen Auftretens der Inhalte "Wehrpflicht und Demokratie" bezieht, sagt aus, daß beide Inhalte in den Protokolleinheiten zusammen nicht überzufällig häufig auftreten: etwa wie "die allgemeine Wehrpflicht ist das legitime Kind der Demokratie" (Buch 81, S. 171).

Tabelle 30: Wehrpflicht und ausgewählte politische Merkmale und Werte

Variable x	- Variable y	Z-Wert	Aggregierte Häufigkeiten von X	und Y	X ∩ Y
Wehrpflicht	- Sicherheit	-2,47	158	676	11
Wehrpflicht	- Demokratie	1,58	158	618	28
Wehrpflicht	- Grundgesetz	10,35	158	690	73
Wehrpflicht	- Militär	0,80	158	1552	58
Wehrpflicht	- Soldaten	6,73	158	352	35
Wehrpflicht	- Freiheit	1,33	158	911	38
Wehrpflicht	- Friede	-4,03	158	1205	15

Z-Werte, die außerhalb des Intervalls $-3,29 < Z < +3,29$ liegen, sind auf dem 0,1 %-Signifikanzniveau bedeutsam.

Wehrpflicht in Verbindung mit dem Recht auf Kriegsdienstverweigerung tritt in 32 Protokolleinheiten gemeinsam auf (18.41). "Art. 4, Abs. 3 GG räumt dem Gewissen des einzelnen sogar ein Vorrecht gegenüber einer allgemeinen öffentlichen Pflicht - der Ableistung der Wehrpflicht - ein. Er heißt: 'Niemand darf gegen sein Gewissen zum Kriegsdienst mit der Waffe gezwungen werden'" (Buch 60, S. 98).

Über die Länge der Wehrdienstzeit informieren 54 Protokolleinheiten; Angaben zum Einberufungsalter finden sich in knapp der Hälfte aller analysierten Sozialkundebücher bzw. in 39 Protokolleinheiten. "Durch das Wehrpflichtgesetz sind alle männlichen Deutschen vom 18. bis zum 45. Lebensjahr zum Dienst in der Bundeswehr verpflichtet. Der Grundwehrdienst dauert 18 Monate" (Buch 05, S. 95). Über diese beispielhaft gebrachte Information zu diesem Themenkreis gehen die entsprechenden Passagen in den Sozialkundebüchern kaum hinaus. Ein für die Wehrpflichtigen so brisantes Thema wie 'Wehrgerechtigkeit' wird im Durchschnitt von rund einem Viertel der Schulbuchautoren angesprochen. "Viele Wehrpflichtige klagen darüber, daß nicht alle jungen Männer zum Wehrdienst herangezogen werden und ihre berufliche Ausbildung unterbrechen müssen. Die Meinungen, wie in diesen und anderen Fällen Gleichheit für alle erreicht werden kann, gehen noch weit auseinander. Vernünftige Lösungen werden die Interessen aller Beteiligten berücksichtigen müssen" (Buch 19, S. 72). Informationen, die auf das Gesetz zur Sicherung des Arbeitsplatzes für den militärdienstleistenden Wehrpflichtigen eingehen, sind lediglich in 5 Protokolleinheiten aufzufinden.

2.3.2.4. Kriegsdienstverweigerung bzw. Wehrdienstverweigerung

Das Recht auf Kriegsdienstverweigerung aus Gewissensgründen kommt, insgesamt gesehen, sehr viel seltener in den Sozialkundebüchern zur Sprache als der Inhalt 'Wehrpflicht', im Durchschnitt nicht einmal in jedem analysierten Sozialkundebuch (vgl. Tabelle 31). Ähnlich wie bei der Behandlung der 'Wehrpflicht' kann festgestellt werden, daß 'Wehrdienstverweigerung' recht isoliert und ziemlich unverbunden mit anderen Inhalten, die dem Inhalt "Wehrdienstverweigerung" nahestehen, abgehandelt wird. Es fällt auch ins Gewicht, daß die Art und Weise, in welcher das Grundrecht 'Kriegsdienstverweigerung' dem mit dieser Problematik konfrontierten Schüler nahegebracht wird, kaum auf die Belange, Interessen und Informationsbedürfnisse des jungen Erwachsenen zugeschnitten ist. Die meistgebräuchliche Form der Darstellung erschöpft sich in der ausschließlichen Zitierung von Gesetzestexten; dies darf als unbefriedigend gewertet werden. "GG Art. 3: 'Niemand darf gegen sein Gewissen zum Kriegsdienst mit der Waffe gezwungen werden'. GG Art. 12 a: 'Wer aus Gewissensgründen den Kriegsdienst mit der Waffe verweigert, kann zu einem Ersatzdienst verpflichtet werden. Die Dauer des Ersatzdienstes darf die Dauer des Wehrdienstes nicht übersteigen...' Wehrpflichtgesetz § 26: 'Über die Berechtigung, den Kriegsdienst mit der Waffe zu verweigern, wird auf Antrag stattgegeben'" (Buch 81, S. 171). Darüber hinaus wird die Thematik der Wehrdienstverweigerung in der Regel innerhalb einer Auswahl von Grundrechten aufgelistet. Zweifellos können stichhaltige Begründungen für die Darstellung der Wehrdienstverweigerung im Rahmen eines Kataloges von Grundrechten gefunden werden, aber vom pädagogischen Standpunkt her muß dagegen eingewendet werden, daß die bloße Anführung eines Grundrechtes wenig geeignet ist, den Schüler mit der dem vermittelten Inhalt eigenen Problematik vertraut zu machen. Die historische Begründung, der Verweis auf die Einmaligkeit und Erstmaligkeit des in der Bundesrepublik Deutschland verfassungsmäßig verankerten Rechtes auf Kriegsdienstverweigerung fehlen weitgehend. Nur wenige Sozialkundebuchautoren entkleiden den Inhalt 'Wehrdienstverweigerung' aus seinner bürokratischen Gesetzesformulierung und bringen ihn didaktisch aufbereitet dem Schüler nahe. "In Art. 12 GG heißt es: 'Wer aus Gewissensgründen den

Kriegdienst mit der Waffe verweigert, kann zu einem Ersatzdienst verpflichtet werden. Die Dauer des Ersatzdienstes darf die Dauer des Wehrdienstes nicht übersteigen'. Die jungen Männer werden, je nach Wunsch und Eignung, vor allem in der Jugend- und Krankenpflege verwendet. Wer will, kann auch einen Antrag auf waffenlosen Dienst in der Bundeswehr (Sanitäter...) stellen. Niemand darf wegen seiner Gewissensentscheidung vom Staat benachteiligt werden - die Grundrechte stehen nicht nur auf dem Papier, wir müssen sie auch in der Wirklichkeit zur Geltung bringen.

Tabelle 31: Kriegsdienstverweigerung/Wehrdienstverweigerung

Inhalte (Kategorien)	insgesamt angesprochen	Häufigkeiten davon sachlich	positiv	negativ	problematisierend
Kriegsdienstverweigerung aus Gewissensgründen	76	68	3	-	5
Kriegsdienstverweigerung als Grundrecht	67	61	2	1	3
Kriegsdienstverweigerung in anderen (westlichen) Staatsverfassungen	8	8	-	-	-
Kriegsdienstverweigerung aus religiösen Gründen	11	11	-	-	-
Kriegsdienstverweigerung aus politischen Gründen	9	6	-	2	1
Kriegsdienstverweigerung aus anderen (vorgeschobenen) Gründen	9	6	-	3	-
Prüfungsverfahren für Kriegsdienstverweigerer	20	19	-	-	1
Quote der Kriegsdienstverweigerer	17	16	-	1	-
Ersatzdienst	65	62	-	1	2
Kriegsdienstverweigerung/Wehrdienstverweigerung, allgemein	40	34	-	3	3

Hans: 'Ich müßte im Oktober eigentlich zur Bundeswehr gehen. Aber ich bin doch nicht dumm. Ich verweigere einfach den Kriegsdienst'. Josef: 'Das kannst du machen, welche Gründe hast du denn? Warum möchtest du den Kriegsdienst mit der Waffe verweigern?' Hans: 'Warum? Welche Gründe ich habe? Ich will einfach nicht. Meinst du, ich laß mich von anderen herumkommandieren?' Josef: 'Dann wirst du mit der Kriegsdienstverweigerung wenig Glück haben!' Hans: 'Du täuschst dich. Mich schützt der Art.4 GG.' Was meinst du, wird Hans als Kriegsdienstverweigerer aus Gewissensgründen anerkannt? ... Zu allen Zeiten und bei allen Völkern sind Menschen wegen ihres Glaubens und wegen ihrer Gewissensentscheidungen verfolgt worden. Kennst du Beispiele aus Vergangenheit (Kirchengeschichte!) und Gegenwart (diktatorisch regierte Länder!)?" (Buch 37, S. 111).
Daß das Recht auf Kriegsdienstverweigerung kaum in bezug auf tragende gesellschaftliche Werte vermittelt wird, zeigt Tabelle 32, welche Kennzahlen zur

inhaltlichen Assoziation des Begriffs Kriegsdienstverweigerung mit ausgewählten gesellschaftlichen Werten präsentiert.
Die Daten der Tabelle machen deutlich, daß der Inhalt Kriegsdienstverweigerung - abgesehen vom Gewissen - erwartungsgemäß hochsignifikant gemeinsam mit den Begriffen 'Religion' oder 'Grundgesetz' auftritt. Bemerkenswerte Dissoziationen sind aber im Hinblick auf 'Friede' und 'Sicherheit' zu verzeichnen. Die Verbindung zum Sicherheitsbegriff fehlt völlig, sieht man von einer insgesamt zweimaligen gemeinsamen Belegung der Kategorien "Kriegsdienstverweigerung" und "Sicherheit" ab.

Tabelle 32: Kriegsdienstverweigerung und gesellschaftliche Merkmale/Werte

Variable x	- Variable y	Z-Wert	Häufigkeiten von X	und Y	X ∩ Y
Kriegsdienstverweigerung	- Gewissen	45,58	76	98	59
"	- Geschichte	1,07	76	289	7
"	- Religion	11,69	76	168	22
"	- Demokratie	0,63	76	618	12
"	- Grundgesetz	11,63	76	690	50
"	- Freiheit	2,41	76	911	24
"	- Friede	-1,93	76	1205	11
"	- Sicherheit	-2,71	76	676	2

Z-Werte, die außerhalb des Intervalls $-3{,}29 < Z < +3{,}29$ liegen, sind auf dem 0,1 %-Signifikanzniveau bedeutsam

Daß Kriegsdienstverweigerer der Pflicht unterliegen, einen Ersatzdienst abzuleisten, wird in über zwei Drittel der Bücher aufgegriffen; "er hat dann einen Ersatzdienst zu leisten, der meist in Krankenanstalten und Pflegeheimen durchgeführt wird. Seine Dauer darf die Dauer des Wehrdienstes nicht übersteigen" (Buch 11, S. 139). Auf das Prüfungsverfahren, dem sich Kriegsdienstverweigerer unterziehen müssen, wird dagegen nur in 20 Protokolleinheiten aufmerksam gemacht. Trotz - oder auch wegen - der Umstrittenheit des gebräuchlichen Prüfungsverfahrens für Kriegsdienstverweigerer wagt nur ein einziger Schulbuchautor eine Problematisierung von Gewissen. "Trotzdem hat man versucht, und tut das heute noch, Gewissen zu kontrollieren. Doch nur die Gewissen gewöhnlicher Kriegsdienstgegner werden überprüft. Parlamentarier werden anders behandelt. Verfassungstheoretisch zwar sind beide Gruppen 'gleich', doch vor Gerichten nicht" (Buch 45, S. 203). Eine Angabe von Kriegsdienstverweigerer-Quoten konnte in 17 Protokolleinheiten festgestellt werden. Anträge auf Wehrdienstverweigerung aus anderen als aus Gewissensgründen finden selten Erwähnung; wenn sich Schulbuchautoren auf eine Diskussion der Verweigerung des Wehrdienstes aus anderen als aus Gewissensgründen einlassen, dann scheuen sie meistens auch die Bewertung nicht, die eher negativ oder in Bezug auf das Beharren auf solche Gründe problematisierend ausfällt. "Einer pazifistischen Gesinnung aus politischen Motiven wird man aber wohl die Anerkennung verweigern müssen, da sie nicht unbedingt, d.h. nicht im Gewissen verwurzelt ist. Der Erforschung des Gewissens in dem erforderlichen Freistellungsverfahren werden sich manche Schwierigkeiten in den Weg stellen. Die Bedeutung der Bestimmung ist dadurch eingeengt, daß Befreiung nur vom Waffendienst gewährt wird"(Buch 26, S. 19). "Die politischen Gründe der Wehrdienstverweigerung sind nun zwar verfassungswidrig, jedoch respektabel..... Unredlich aber ist eine solche Verweigerung, wenn sie lediglich auf Bequemlichkeit und Egoismus beruht .... Die Unredlichkeit einer solchen Haltung wird noch verstärkt, wenn man Gewissensgründe vorschiebt, um egoistische Ziele zu erreichen. Man stempelt dann das Gewissen als höchster Instanz des menschlichen Handelns zu einer Farce und macht jenen Staat, der das Gewissen respektiert, verächtlich" (Buch 02, S. 189).

In Tabelle 33 sind "Kriegsdienstverweigerung aus Gewissensgründen" und "Kriegsdienstverweigerung als Grundrecht" als Inhalte von Kategorien ausgewiesen. Diese beiden Kategorien sind im Kategorienraster zwar getrennt aufgeführt, doch werden die in den Schulbüchern vermittelten Inhalte hierzu erwartungsgemäß so 'verknüpft' gebracht, daß eine analytische Trennung zwischen G e w i s s e n und G r u n d r e c h t sehr erschwert und eine eindeutige Zuordnung der vermittelten Inhalte zu nur einer der beiden zur Wahl stehenden Kategorien kaum ermöglicht wird: das Grundrecht, die Wehrpflicht nur aus Gewissensgründen zu verweigern, wird integrativ und untrennbar vorgestellt.

Tabelle 33: Zum Grundrecht der Kriegsdienstverweigerung aus Gewissensgründen

Variable x	- Variable y	Z-Wert	Häufigkeiten von X	und Y	X ∩ Y
Kriegsdienstverweigerung aus Gewissensgründen	- Kriegsdienstverweigerung als Grundrecht	14.43	76	67	39

Z-Werte, die außerhalb des Intervalls $-3{,}29 < Z < +3{,}29$ liegen, sind auf dem 0,1 %-Signifikanzniveau bedeutsam

2.3.2.5. Innere Führung und Ausbildung in der Bundeswehr

Tabelle 34: Innere Führung

Inhalte (Kategorien)	insgesamt angesprochen	Häufigkeiten davon sachlich	positiv	negativ	problematisierend
Grundlagen der Inneren Führung	8	8	–	–	–
Soldatengesetz	25	25	–	–	–
Wehrbeschwerdeordnung	14	14	–	–	–
Vertrauensmann	3	3	–	–	–
Militärgerichtsbarkeit	8	8	–	–	–
Wehrdisziplinarordnung	5	5	–	–	–
Grundsätze der Inneren Führung	13	12	–	–	1
Integration von Militär und Gesellschaft	29	23	3	–	3
Staatsbürger in Uniform	37	34	2	–	1
Personalführung/Menschenführung	15	12	2	1	–
Verwirklichung der Inneren Führung	10	9	–	1	–
Besonderheiten des militärischen Berufes	14	11	2	–	1
Vorrang militärischer Erfordernisse	8	5	3	–	–
Prinzip von Befehl und Gehorsam	30	25	2	–	1
Militärische Disziplin	13	10	2	–	1
Gelöbnis/Fahneneid	12	11	–	–	1
Beispiele aus dem Bereich der Inneren Führung	2	2	–	–	–
Innere Führung, allgemein	17	17	–	–	–

Das Konzept der Inneren Führung ist die demokratische Legitimation eines nach dem eigenen Anspruch von innen her neu geschaffenen Militärs in einem neuen deutschen Staat. "Keine Armee kann ohne Befehl und Gehorsam auskommen. Daher müssen wir von unseren Soldaten verlangen, in freier Entscheidung zu der Einsicht zu gelangen, daß in der Bundeswehr Gehorsam gefordert werden muß und damit der eigene Wille eingeschränkt wird. Das zu erreichen, ist die Aufgabe der 'Inneren Führung', die Formen der militärischen Führung zu entwickeln versucht, bei der freie Menschen ein Höchstmaß an militärischer Leistung erzielen" (Buch 18, S. 155). In der Öffentlichkeit bildete primär die Umsetzung dieses Anspruchs den Maßstab für die Glaubwürdigkeit der Bundeswehr. Die 'Innere Führung' ist inhaltlich eng mit der Verwirklichung ihrer individuum-bezogenen Komponente, dem Soldaten als 'Staatsbürger in Uniform', verbunden. Das Modell vom Staatsbürger in Uniform besitzt einen doppelten Integrationsaspekt. Auf der einen Seite sollen dem Soldaten als Staatsbürger alle Möglichkeiten der politischen Teilnahme und des politischen Engagements im zivilen Bereich offenstehen. Auf der anderen Seite geht es im Rahmen der Organisationsbedingungen für Streitkräfte um die Realisierung eines den demokratischen Erfordernissen entsprechenden, auch politisch-sensiblen Bewußtseins,um angemessene Verhaltenspositionen wie um ein angemessenes Verhalten besonders der Vorgesetzten im militärischen Bereich selbst. Der sicherheitspolitische Auftrag der Bundeswehr und dessen Erfüllung wird im Bereich der 'Inneren Führung', stellt man den Soldaten als Individuum und gleichzeitiges Mitglied der Bundeswehr in den Mittelpunkt der Betrachtungsweise, als eine vornehmliche Bürgerpflicht unter anderen Bürgerpflichten gesehen.
Von den Kategorien, die 'Innere Führung' insgesamt abdecken, ist "Staatsbürger in Uniform" zwar am häufigsten belegt - im Durchschnitt aber noch nicht einmal in jedem zweiten analysierten Buch angesprochen. "Heute ist der Bürger aufgerufen, die Innehaltung der Gebote der Menschenrechte durch den Staat zu überwachen .... Auch muß sich das neue deutsche Militärwesen immer vergegenwärtigen, daß der Soldat ein 'Bürger in Uniform' ist" (Buch 02, S. 72). Im gleichen Maße, aber schon deutlich niedriger als "Staatsbürger in Uniform", sind die Prinzipien "Befehl und Gehorsam" und "Integration von Militär und Gesellschaft" als Lehrstoffe ausgewiesen. Mit Ausnahme des eher formalen Inhalts "Soldatengesetze" fehlen weitgehend im Lehrangebot Inhalte zu allen übrigen beispielhaften Kategorien im Rahmen der 'Inneren Führung'. "Das Soldatengesetz (SG) legt die Rechtsstellung des "Bürgers in Uniform" fest. Beachten Sie dabei besonders §§ 6 - 36: Rechte und Pflichten des Soldaten!" (Buch 55, S. 158).
Für den künftigen Wehrpflichtigen möglicherweise so zentrale und meinungsändernde Informationen wie "Grundlagen, Grundsätze und Verwirklichung der Inneren Führung", "Wehrbeschwerdeordnung" und "Vertrauensmann" bei der Bundeswehr werden im Rahmen des Lehrstoffangebotes in Sozialkundebüchern weitgehend ausgespart. Auffallend ist darüber hinaus wiederum die Zurückhaltung der Schulbuchautoren, wenn es darum geht, Aspekte der 'Inneren Führung' zu bewerten; eine mögliche Diskussion solcher Sachinhalte wird auch von den Autoren selbst durch lediglich kurze Formalhinweise nicht angeregt; die Information bleibt als solche ohne erläuternden Kommentar im Raum stehen. "Die Wehrbeschwerdeordnung gibt ihm (dem Soldaten) die Möglichkeit, gegen das Verhalten von Vorgesetzten und

Kameraden Einspruch zu erheben" (Buch 18, S. 155).
Trotz solcher Schwächen, die mit der Darstellung ausgewählter Inhalte der 'Inneren Führung' im Sozialkundebuch einhergehen, kann man nicht sagen, daß "Innere Führung" eine ausschließlich isolierte Darstellung erfährt. Die Kontingenzanalyse zeigt, daß, falls die Autoren "Innere Führung" in Sozialkundebüchern ansprechen, sie überdurchschnittlich häufig "Innere Führung" im Zusammenhang mit dem Thema "Kriegsdienstverweigerung" abhandeln (10.68). In noch deutlicherer Verbindung steht die Vorstellung der "Inneren Führung" im Sozialkundebuch mit Inhalten, die die Ausbildung in der Bundeswehr betreffen (20.32). Der Ausbildung in der Bundeswehr wird offensichtlich aber nur ein geringer Stellenwert im Sozialkundebuch beigemessen, welches sich durch die Belegungszahlen der Inhalte, die der Subdimension "Ausbildung in der Bundeswehr" zugeordnet sind, dokumentiert (vgl. Tabelle 35). Die einzelnen Kategorien der Subdimension "Ausbildung in der Bundeswehr" tauchen im Durchschnitt nur in etwa jedem 13. (politische Bildung, zivil verwertbare Ausbildung, Ausbildung allgemein) bzw. in jedem 7. Sozialkundebuch (militärische Ausbildung) auf; geschieht solches aber doch, dann ist der Zusammenhang in der Darstellung mit Inhalten der "Inneren Führung" überdeutlich. "Der längerdienende Berufssoldat, Offizier und Unteroffizier, übt einen für die Gesellschaft notwendigen Ausbildungsberuf aus, einen Beruf wie jeder andere. Die Bezahlung muß angemessen sein, weil sich sonst niemand für diesen Beruf findet" (Buch 17, S. 123).

Tabelle 35: Ausbildung in der Bundeswehr

Inhalte (Kategorien)	insgesamt angesprochen	Häufigkeiten davon sachlich	positiv	negativ	problematisierend
Politische Bildung	6	5	-	-	1
Militärische Ausbildung	11	9	1	1	-
Zivil verwertbare Fachausbildung	7	6	-	-	1
Ausbildung, allgemein	6	6	-	-	-

Wie wenig es Schulbuchautoren daran gelegen ist, die Inhalte der 'Inneren Führung' zu verdeutlichen und verständlich herauszuarbeiten, ist daran abzulesen, daß lediglich zweimal Beispiele das Prinzip 'Innere Führung' erläutern (vgl. Tabelle 34).

2.3.2.6. Die Bundeswehr als Wirtschaftsfaktor

Die Bundeswehr in ihren mannigfaltigen Beziehungen zum Wirtschaftssektor der Bundesrepublik Deutschland findet in den analysierten Sozialkundebüchern eine so geringe Aufnahme, daß sich eine über die in der Tabelle 36 zusammengefaßten Auszählungsergebnisse hinausgehende Vorstellung erübrigt. Nur 29mal tauchen insgesamt Hinweise in den Sozialkundebüchern auf, die beim Leser den Gedanken aufkommen lassen könnten, daß die Bundeswehr auch unter wirtschaftlichen Aspekten zu betrachten sei.

Tabelle 36: Bundeswehr als Wirtschaftsfaktor

Inhalte (Kategorien)	insgesamt angesprochen	Häufigkeiten davon			
		sachlich	positiv	negativ	problematisierend
Bundeswehr als Arbeitsplatzgeber	3	3	-	-	-
Militärisch-industrieller Komplex	9	5	1	1	2
Infrastrukturelle Auswirkungen der Bundeswehr	3	3	-	-	-
Verhältnis: Bundeswehr und regionale Wirtschaft	9	9	-	-	-
Bundeswehr als Wirtschaftsfaktor, allgemein	5	5	-	-	-

2.3.2.7. <u>Bundesdeutsche Sicherheitsvorkehrungen und Notstandsgesetze</u>

Verzichten die Verfasser von Sozialkundebüchern weitgehend auf die Behandlung zeitlich länger zurückliegender Auseinandersetzungen in der Öffentlichkeit, z.B. anläßlich der Wiederbewaffnung Deutschlands, so sieht das bei nicht minder schwerwiegenden gesellschaftlichen/politischen Veränderungen jüngeren Datums gerade umgekehrt aus: Der Notstandsverfassung wird ein relativ breiter Raum in den Sozialkundebüchern gewidmet, z.T. auch mit ausführlicher Berichterstattung über die die parlamentarische Diskussion um die 'Notstandsverfassung' begleitenden außerparlamentarischen Unruhen. Vor allem im Hinblick auf die grundgesetzliche Einbindung, die Beschränkung der Grundrechte im Notstandsfall, den Einsatz der Bundeswehr im Inneren sowie die Dienstverpflichtung von Zivilpersonen werden punktuell in den Sozialkundebüchern Inhalte verdeutlicht, die von sicherheitspolitischem Interesse sind (vgl. Tabelle 37). Die grundgesetzliche Verankerung der Regelungen für den Inneren Notstand sowie die Beschränkung der Grundrechte im Notstandsfall werden von den Schulbuchautoren relativ häufig - aber nicht in jedem Sozialkundebuch - thematisch aufgegriffen.
Der geschichtliche Rückblick - bis zur Weimarer Republik - und insbesondere die Ablösung der Notstandsrechte der Alliierten und damit der Erhalt eines Stücks weiterer Souveränität für die Bundesrepublik Deutschland finden in über einem Viertel der Bücher Aufnahme. "Die Vorbehaltsrechte der in der Bundesrepublik stationierten Truppen der nichtdeutschen Vertragsstaaten der NATO wurden durch die Notstandsverfassung abgelöst. Aufgrund des Deutschland-Vertrags hatten sie das Recht, im Notfall außerordentliche Maßnahmen zu treffen" (Buch 01, S. 109).
Der hier sicherheitspolitisch besonders interessierende Fall des Einsatzes der Bundeswehr, wenn der Innere Notstand gegeben ist, wird etwas häufiger angesprochen; die Schulbuchautoren berichten hierüber sachlich. "Nimmt der Innere Notstand größere Ausmaße an, kann die Bundesregierung ... sogar Streitkräfte zum Schutz ziviler Objekte vor militärisch bewaffneten Aufständischen einsetzen" (Buch 36, S. 121). Etwa knapp ein Drittel der Bücher weist auf die mögliche Dienstverpflichtung von Zivilpersonen und auf die Gestellung von Materialien hin. Ein in der deutschen Geschichte einmaliges Recht, die grundgesetzliche Verankerung des Widerstandsrechtes, findet lediglich in 11 Protokolleinheiten Erwähnung. "Die Notstandsgesetze stärken die Staatsgewalt gegenüber denjenigen,

die versuchen sollten, die verfassungsmäßige Ordnung zu beseitigen. Es ist aber auch denkbar, daß die Inhaber der Staatsgewalt ihrerseits versuchen könnten, die verfassungsmäßige Ordnung (man spricht von freiheitlich-demokratischer Grundordnung) zu stören. Welche Möglichkeiten haben die Bürger, sich dagegen zu wehren? Die in Art. 20 GG unter Ziff. 4 mit der Notstandsverfassung eingefügte Formulierung hierzu lautet: 'Gegen jeden, der es unternimmt, diese Ordnung zu beseitigen, haben alle Deutschen das Recht zum Widerstand, wenn andere Abhilfe nicht möglich ist.' Dieser neue Artikel verankert grundsätzlich das Widerstandsrecht des Bürgers gegenüber dem Versuch, die Demokratie 'von oben her' zu beseitigen. Man wollte damit den Gegnern der Notstandsgesetzgebung entgegenkommen, die deren Mißbrauch befürchteten. Dennoch erregte dieser Artikel ihr Mißtrauen" (Buch 41, S. 168).

Tabelle 37: Notstandsgesetze/-verfassung

Inhalte (Kategorien)	insgesamt angesprochen	Häufigkeiten davon sachlich	positiv	negativ	problematisierend
Geschichtliche Rückblick	21	20	–	1	–
Ablösung der Notstandsrechte der Alliierten	25	25	–	–	–
Grundgesetzliche Verankerung der Regelung des Inneren Notstandes	54	51	–	–	3
Beschränkung der Grundrechte im Notstandsfall	49	44	–	2	3
Zusammenarbeit der Staatsorgane im Falle des Inneren Notstandes	26	26	–	–	–
Grundgesetzliche Verankerung des Einsatzes der Bundeswehr im Falle des Inneren Notstandes	31	31	–	–	–
Grundgesetzliche Verankerung des Widerstandsrechtes	11	10	–	–	1
Dienstverpflichtung von Zivilpersonen und Gestellung von Materialien	28	27	–	–	1
Ausrufung des Notstandes durch Bundesregierung und Parlament	29	29	–	–	–
Ausrufung des Notstandes durch internationales Organ mit Zustimmung der Bundesregierung	5	5	–	–	–
Notstandsgesetze, allgemein	85	80	1	1	3

Nur sehr wenige Beiträge in den Sozialkundebüchern diskutieren wenigstens ansatzweise - wie vorstehendes Zitat belegt - die mit der Aufnahme der Notstandsgesetze in das Grundgesetz verbundene Problematik als solche und gehen über das einfache Vorbringen der entsprechenden Gesetzestexte hinaus.

2.3.2.8. Zur Einlösung des Anspruchs, die Bundeswehr als sicherheitspolitisch notwendige Institution im Sozialkundebuch zu vermitteln

Zusammenfassend läßt sich zur Darstellung der auf die Dimension "Bundeswehr" entfallenden Inhalte im Sozialkundebuch sagen, daß die Bundeswehr nicht nur - wie bereits in den Überblicksabschnitten ausgewiesen - kaum vom Begriff her in den Inhalts- bzw. Sachwortverzeichnissen auftaucht, sondern auch einer ziemlich isolierten Beachtungsweise im Sozialkundebuch unterliegt. Z.T. werden die einzelnen der Landesverteidigung zuzuordnenden Themenkreise in sich inhaltlich unverbunden bzw. ziemlich jeweils über das gesamte Buch verstreut eingeblendet. Vergleicht man, welche inhaltlichen Elemente aus dem großen Komplex Bundeswehr in den Sozialkundebüchern überhaupt Ansprache finden, und wenn eine solche Ansprache stattfindet, in welcher Form und Ausprägung sie sich in den Sozialkundebüchern niederschlägt, dann kann im Gegensatz zur sonstigen Aufbereitung sozialkundlicher Stoffe noch nicht einmal von 'Institutionenkunde' gesprochen werden.
Der normative Hintergrund, auf dem die Bundeswehr ins Leben gerufen wurde, und vor allem die Wehrpflicht werden selten im historischen und kaum im zeitgeschichtlichen Kontext vermittelt. Daß sich die Bundeswehr grundsätzlich

sowohl in Aufgabenstellung als auch im Aufbau und in dem sie tragenden Geist wesentlich von der Wehrmacht des Deutschen Reiches unterscheiden soll, wird total verschwiegen; auch fehlen weitgehend sowohl Erklärungen als auch Beschreibungen, die die Phase zwischen Entmilitarisierung und Wiederbewaffnung der Bundesrepublik Deutschland hinreichend beleuchten. Gründe und Weg der deutschen Wiederbewaffnung, welche letztlich zur Institutionalisierung der Bundeswehr führten, werden kaum im Sozialkundebuch reflektiert, und wenn ja, dann beinahe ausschließlich durch auf die Legislative abhebende Hinweise. Der Vergleich zur bzw. eine normativ begründete Abhebung von der Nationalen Volksarmee (NVA) fehlt ebenso wie die Erläuterung der Funktion der Bundeswehr als Verteidigungsinstrument, d.h. die Besonderheit der Bundeswehr als integrativer Bestandteil des bundesdeutschen Staates wird allzu oft nur gestreift; es bleibt weitgehend unausgesprochen, wie der Auftrag der Bundeswehr lautet. Letzteres beweist sich durch die beinahe isolierte Darstellung der Inhalte, die zum Thema Bundeswehr angesprochen werden, und durch ihre fehlende Anbindung an tragende politische Werte sowie durch die fehlende kontextuelle Einbindung und Verknüpfung des Themenkreises Bundeswehr mit Inhalten der "Entnazifizierung" oder mit politischen Strömungen im allgemeinen. Als defizitär kann auch die übergreifende Einbindung des Sicherheitsinstrumentes 'Bundeswehr' in den sicherheitspolitisch gegebenen Rahmen unter internationaler Sichtweise bezeichnet werden. Auch der militärpolitische Gesamtzusammenhang, in welchem die Bundeswehr zumindest im westlichen Bündnissystem gesehen werden muß, bleibt in den Sozialkundebüchern meistens unterbelichtet: Die sich aufgrund der Kontingenzanalyse ergebenden statistischen Werte fußen auf so niedrigen Nennhäufigkeiten der in Frage kommenden Variablen, daß aus dieser Sicht heraus bereits ihr Aussagewert sehr fraglich ist.

Das Grundrecht auf Kriegsdienstverweigerung behandeln die Autoren entgegen vieler - unbegründeter - Mutmaßungen in der Öffentlichkeit zumindest vom Lehrangebot der Sozialkundebücher her nicht häufiger als die Wehrpflicht und ebenso verkürzt wie diese. Man kann im Gegenteil sogar nachweisen, daß von den Quantitäten her die in den Sozialkundebüchern auffindbaren Aussagen zur Wehrpflicht geringfügig überwiegen. Zur qualitativen Seite ist anzumerken, daß eine umfassende und zusammenhängende Ausarbeitung des Stellenwertes von Staatsbürgerpflicht - Wehrpflicht - und dem Recht auf Kriegsdienstverweigerung beiderseits in hohem Maße fehlt. Diese Ergebnisse stehen im krassen Gegensatz zum Anspruch, welchen generell die Bundesregierung formuliert und der auch inhaltlich allgemein an politische Bildung und Information - damit auch zum Thema Bundeswehr - zu stellen ist. Dies ist sogar in einem Sozialkundebuch explizit ausgewiesen. Durch die nachfolgende Wiedergabe dieser längeren Textstelle kann aber auch die Schwierigkeit der Umsetzung dieses Anspruchs deutlich vorgestellt werden: "Ein Streitgespräch zwischen zwei Schulbuchredakteuren und einem Autor über die Bundeswehr, über Schulbücher, Lehrpläne, Wehrdienstverweigerung und Schüler(innen), die nachdenken können. Schulbuchredakteur X: Ja, wissen Sie, Herr Y (das ist der Autor), ich finde Ihr Manuskript über Bundeswehr und Wehrdienst und Kriegsdienstverweigerer ja ganz gut. Die Texte sind natürlich ziemlich schwierig, z.B. der Auszug aus dem Weißbuch des Bundesverteidigungsministerium: Da wimmelt's ja nur so von Fremdwörtern ... Herr Y: Tja, mein Lieber, dafür kann ich doch nichts.

Aber im übrigen: Wir wollen ja doch, daß die Schüler auch schwierige Texte lesen und kapieren. Das schaffen die auch. Mit Lexikon und Geduld und Spucke ... Redakteur X: Entschuldigung, ich war noch nicht zu Ende. Sie haben recht, die Schüler sind bestimmt findig genug, durch die Texte durchzuschauen. Aber: Ich hab' den Eindruck, daß Ihr Manuskript vielleicht doch nicht ganz für ein Schulbuch paßt. Sie stellen die Aufgaben der Bundeswehr dar, und gleich danach kommt dann die Kritik, daß die Bundeswehr vielleicht doch nicht dazu nützen könne, den Frieden zu sichern und unser Land zu schützen ... Schulbuchredakteur Z: Stimmt, da hätte ich auch erhebliche Bedenken. Und zwar aus drei Gründen: Erstens bin ich - und übrigens auch alle maßgeblichen Politiker in der Bundesrepublik - der Meinung, daß die Bundeswehr durchaus unsere Sicherheit schützen kann. Und zweitens: Die Lehrpläne für den Politikunterricht und die Richtlinien für die Schulbücher verlangen schließlich, daß die Schüler zur Bereitschaft zum Wehrdienst erzogen werden. Wenn Sie es so darstellen, daß die Bundeswehr ohnehin nichts nützt: Wie sollen die Schüler dann ein paar Jahre später gern zur Bundeswehr gehen? Herr Y: Also, daß ein junger Mann richtig gern seinen Berufsweg unterbricht und freudestrahlend zur Ableistung des Wehrdienstes geht: Das verlangt ja nun keiner von uns, daß wir den Schülern das einimpfen. Und die Lehrpläne verlangen auch nicht, daß wir einfach nur stur zur Wehrdienstbereitschaft erziehen. Die Kriegsdienstverweigerung ist ein Grundrecht unserer jungen Mitbürger. Das dürfen wir doch nicht untern Tisch fallen lassen. Redakteur X: Aber wir sollten, so denke ich, bei den jungen Menschen Verständnis wecken für die Notwendigkeit der Landesverteidigung, als Voraussetzung von Friedens- und Entspannungspolitik! Herr Y: Selbstverständlich, dafür bin ich ja. Ich will mit meinem Manuskript auf folgendes hinaus: Die Schüler sollen Hilfen zum Nachdenken bekommen. Die Frage heißt: Kann die Bundeswehr unser Land schützen und den Frieden sichern? Natürlich muß ich den Schülern beide Positionen vorstellen. Erstens: Die meisten Politiker und viele Fachleute sagen, die Bundeswehr, allein dadurch, daß sie da ist, verhindert z.B., daß ein anderes Land sich über die Bundesrepublik hermachen kann, und mit militärischer Stärke erpressen könnte, unsere befreundeten Nachbarländer angreifen könnte usw., siehe den Text aus dem Weißbuch. Und - das können Sie nicht leugnen, Herr Z - ich muß den Schülern, wenn ich Schüler will, die selbst entscheiden können (und das setzt Nachdenken voraus) ... ich muß den Schülern auch sagen: Zweitens: Gibt es Fachleute, die die durchaus ernstzunehmende Auffassung vertreten, daß die Bundeswehr unsere Sicherheit und den Frieden nicht sehr wirkungsvoll schützen kann. Einfach deshalb nicht, weil,wenn es zum Krieg kommt, die Bundesrepublik an der Nahtstelle zwischen den Bündnissen in jedem Fall mindestens so verwüstet wird wie zuletzt Vietnam. Hier bei uns werden die feindlichen Truppen sich mit Panzern, Flugzeugen und Raketen bekriegen und unsere hochempfindliche Industrie verhältnismäßig leicht zerstören. Und wenn Atombomben eingesetzt werden - wer kann das ausschließen? -, dann bleibt hier bei uns sowieso nur ein Trümmerhaufen übrig. Redakteur X: Ich gebe Ihnen Recht, wir müssen die verschiedenen Positionen darstellen, den Schülern Entscheidungsmöglichkeiten zeigen. Aber: Können Schüler diese hochkomplizierten Fragen überhaupt entscheiden? Da streiten sich die Wissenschaftler in Militärakademien und Friedensforschungs-Instituten, die Politiker, die Militärs, wir klugen Schulbuchmacher. Aber die Schüler? Wissen

die denn genug, um sich entscheiden zu können? Da müßte unser ganzes geplantes Schulbuch nur Texte zu diesem Problem enthalten. Herr Y: Mein Lieber, die Schüler müssen sich in zwei, drei, vier Jahren entscheiden. Wenn sie zum Wehrdienst eingezogen werden sollen, müssen sie sich sagen: Ja, ich halte die Bundeswehr für vernünftig und sinnvoll (nebenbei: Ich übrigens auch, Herr Z!) und leiste meinen Wehrdienst, denn unsere Armee garantiert, daß das Gleichgewicht der Kräfte und damit der Frieden erhalten bleibt. Oder: Nein, ich kann aus Gewissensgründen den Wehrdienst nicht leisten, weil jede Armee auf Krieg vorbereitet und Krieg das größte Unglück der Menschheit ist, das mit allen Miteln verhindert werden muß. Also: Die Schüler stehen vor dieser Entscheidung, egal, ob sie viel oder wenig darüber wissen. Redakteur Z: Ich verstehe Ihr Ziel so: Sie wollen die Schüler dazu führen, sich klar darüber zu werden, daß diese Entscheidung auf sie zukommt. Sie wollen mit den möglichen Positionen vertraut machen, Informationen geben und ...!" (Buch 80, S. 216 ff.).
Die vorstehende Textstelle, die sich in einem Sozialkundebuch findet, und dort wohl auch als zu lehrender Inhalt eingebunden ist, stellt eine Einzelerscheinung im Gesamtbild der Sozialkundebücher dar. Sie verbindet die Explikation des Anspruchs an ein Sozialkundebuch und gibt Hinweise, wie all die vorstehend aufgeführten Mängel in der Darstellung des Themas 'Bundeswehr' in den Sozialkundebüchern beseitigt werden könnten. Daneben findet sich die Forderung, dem Schüler über das Sozialkundebuch auch ihn persönlich betreffende und für ihn persönlich erforderliche Informationen nahezubringen und trotzdem die Problematisierung der Institution 'Bundeswehr' sowohl im militärischen Kräfteverhältnis zwischen Ost und West als auch im westlichen Bündnissystem nicht hintanzustellen. Der Kontext bleibt gewahrt.

2.3.3. Die Nationale Volksarmee (NVA)

Als bewährtes methodisch-didaktisches Mittel bei jeglicher Wissensvermittlung gilt die vergleichende Behandlung eines Sachverhalts oder von Sachverhalten, die miteinander thematisch verbunden sind, aus unterschiedlicher Sicht, unter divergierenden Rahmenbedingungen oder in der Sichtweise sich verändernder historischer Gegebenheiten.
Diese Methode findet durchaus im Sozialkundeunterricht wie im Unterricht zu anderen Schulfächern Anwendung; dementsprechend ist auch das Angebot an Inhalten in den Fachbüchern, die für Unterrichtszwecke zugelassen sind, vielfach aufbereitet; z.B. wird die Bundesrepublik Deutschland im Vergleich zur Vergangenheit ihrer Vorgängerstaaten oder zu anderen Staaten und Ländern behandelt. Solches trifft insbesondere für die Behandlung von Lehrstoffen in den Kapiteln 'Verfassung' oder 'politischer Aufbau' zu. Als Bezugspunkt bietet sich als Vergleichsland zur Bundesrepublik Deutschland zweifelsohne vor allem die Deutsche Demokratische Republik (DDR) an, nicht zuletzt deshalb, weil beide Staaten auf die gemeinsame Wurzel des früheren Deutschen Reiches zurückgehen. U.a. wird auch aus unterschiedlichen (bildungs-)politischen Überlegungen grundsätzlich gefordert, daß zumindest in der Bundesrepublik Deutschland eine ausreichende Information über den zweiten deutschen Staat gewährleistet wird; nur so können Verständnisbereitschaft und Interesse geweckt werden, so daß zumindest keine gedankliche Isolierung eines der beiden deutschen Staaten vor sich gehen kann. Darüber hinaus werden durch solches Bemühen auch ein Systemvergleich und ein dezidierter eigener politischer

Standort und eine eigene fundierte Meinungsbildung in der Bevölkerung der Bundesrepublik Deutschland hinsichtlich der unterschiedlichen Entwicklung beider deutscher Staaten erreicht. "Durch einen Vergleich mit der Wehrverfassung der DDR sollen die wesentlichen Elemente der Wehrverfassung der Bundesrepublik Deutschland deutlich gemacht werden" (45). Anvisierte Lernziele sind auszugsweise, die Darstellung und Selbstdarstellung von Streitkräften in unterschiedlichen politischen Systemen kennenzulernen sowie Gruppen, Personen und Institutionen zu bestimmen, "welche in einem politischen System militärpolitische Bedürfnisse und Perspektiven verbindlich definieren oder Einflüsse auf die Definition ausüben" (46); andere Hinweise fordern dazu auf, anhand der Eidesformulierungen beider deutscher Staaten, die Unterschiede in den Verpflichtungsinhalten des Militärs zu bestimmen usw..

Hier sollten nur kurz beispielhaft jüngere Vorschläge zur Behandlung von Bundeswehr und Nationaler Volksarmee im Unterricht angerissen werden, um die tatsächlich vorgefundenen Inhalte in den Sozialkundebüchern besser einordnen zu können.

So zählen Inhalte wie die Entwicklung und Gründung der Deutschen Demokratischen Republik aus der sowjetisch besetzten Zone des ehemaligen Reichsgebietes sowie eklatante und spektakuläre Ereignisse, wie der Arbeiteraufstand 1953 in der DDR und der Mauerbau 1961, durchaus zum manchmal auch recht ausführlich behandelten Lehrangebot in den Sozialkundebüchern. Daneben finden sich Kapitel, die den Vergleich der beiden Staaten nicht scheuen, zu einigen Gebieten wie 'politischer Aufbau', 'wirtschaftliche Ordnung' oder, auch nur punktuell angesprochen, Kapitel, die sich mit dem Lebensstandard, dem Schulsystem oder dem Kommunalsystem auseinandersetzen.

Bezüglich des militärischen Bereichs unterbleibt aber größtenteils ein Vergleich von Bundeswehr und Nationaler Volksarmee; "Auch die DDR stellte 1956 die "Nationale Volksarmee" auf; die allgemeine Wehrpflicht besteht seit 1962" (Buch 20, S. 392). Selbst so geringe gegenseitige Bezüge, wie sie im obigen Zitat zum Ausdruck kommen, sind selten in den Schulbüchern zu finden. Wie bereits im Abschnitt 'sicherheitspolitische Hinweise in Inhalts- und Sachwortverzeichnissen' (47) ausgeführt wurde, gehört 'Nationale Volksarmee' nicht zu jenen Begriffen, die in Suchregistern aufgeführt sind. Daß sie auch als militärische Einrichtung oder daß die mit dieser Institution zusammenhängenden sicherheitspolitischen Wissensbereiche entsprechend zu den kaum oder bestenfalls nur marginal gestreiften Inhalten in Sozialkundebüchern zählen, verwundert im Grunde nicht, da ja auch die Inhalte, die die Bundeswehr betreffen, nicht selbstverständlicher Lehrstoff in diesen Büchern sind. Da die einzelnen Kategorien der Dimension "Nationale Volksarmee (NVA)" nur mit sehr geringen Nennhäufigkeiten vom Untersuchungsmaterial her besetzt sind, konnten keine Kontingenzberechnungen durchgeführt werden, um statistisch haltbare Aussagen zu machen, ob sie vornehmlich isoliert oder gemeinsam mit anderen Themenbereichen behandelt werden. Wesentliche und über die einfache tabellarische Aufbereitung hinausgehende Anmerkungen zum Thema NVA sind daher nicht möglich. Festgestellt werden können weitgehend lediglich Defizite, geht man davon aus, daß der Themenbereich "Nationale Volksarmee (NVA)" zumindest in den Sozialkundebüchern der Bundeswehr vergleichbar behandelt werden müßte.

2.3.3.1. Institutionalisierung der Nationalen Volksarmee

Eingeschränkt durch obige Feststellungen, findet der Themenbereich "Institutionalisierung der Nationalen Volksarmee" quantitativ gesehen noch die umfangreichste Berücksichtigung von seiten der Schulbuchverfasser im Rahmen der Auseinandersetzung mit den sicherheitspolitischen Einrichtungen der DDR (vgl. Tabelle 38). Die häufigste Erwähnung gilt den offiziellen Gremien der DDR-Regierung, die als Instrumente der politischen Führung auf militärische, verteidigungsorientierte und die Sicherheit des Landes betreffende Entscheidungen einwirken. "Aus dem 'Gesetz zur Verteidigung der Deutschen Demokratischen Republik' (Verteidigungsgesetz) vom 20.9.1969: '§ 4 Verteidigungszustand, (2) [gemeint ist Absatz 2; Anm. der Verfasser] der Verteidigungszustand wird durch den Vorsitzenden des Staatsrats der Republik verkündet. Die Verkündigung ist an keine Folgen gebunden.'" (Buch 41, S. 167). Solche Gesetzeszitate oder auch nur Graphiken und Schemata sind die Mittel, die Schulbuchautoren anwenden, um die sicherheitspolitische Führungsspitze und deren Entscheidungsbefugnisse dem Leser zu verdeutlichen.

Tabelle 38: Institutionalisierung der NVA

Inhalte/Kategorien	insgesamt angesprochen	Häufigkeiten davon sachlich	positiv	negativ
administrative Vorbereitungen	31	30	0	1
Wehrgesetzgebung	7	7	-	-
Politische Führung durch die SED	13	12	-	1
Politische Führung durch die Exekutive (Nationaler Verteidigungsrat)	41	40	-	1
Ministerium für nationale Verteidigung	7	6	1	-
Betriebskampfgruppen, territoriale Verteidigungseinrichtungen	28	28	-	-
Institutionalisierung der NVA, allgemein	23	23	-	-

In gut einem Drittel der untersuchten Sozialkundebücher finden sich darüber hinaus auch Hinweise auf Vorläufer der Nationalen Volksarmee wie auf die Kasernierte Volkspolizei oder wie auf die Einrichtung der Betriebskampfgruppen. "1956 erhielt die Kasernierte Volkspolizei den Namen Nationale Volksarmee (NVA), das Oberkommando die Bezeichnung Ministerium für Nationale Verteidigung" (Buch 64, S. 253). "Ergänzt wird die NVA durch etwa 300.000 Freizeitsoldaten (Betriebskampfgruppen) der Territorialverteidigung" (Buch 24, S. 226).

2.3.3.2 Organisation/Struktur der NVA sowie die gesetzliche Regelung der militärischen Dienstpflicht

Auf die Organisation des Militärs der Deutschen Demokratischen Republik wird - wenn überhaupt - nur mit kurzen, knappen Worten verwiesen, die sich darüber hinaus an der Begriffswelt einer militärischen Fachsprache, die vom uneingeweihten Leser bestimmt nicht voll verstanden wird, orientieren (vgl. Tabelle 39). "Die NVA gliedert sich in 6 Heeresdivisionen zuzüglich selbständiger Einheiten,

2 Fliegerdivisionen und einer Fla-Division der Luftstreitkräfte, sowie 320 Schiffe der Seestreitkräfte, die 3 Groß-Flottillen unterstellt sind. Die Zahl der ausgebildeten Reservisten beträgt mehr als eine halbe Million" (Buch 42, S. 295).
In der Art, wie obiges Zitat belegt, geben die Verfasser der Sozialkundebücher auch in 13 Protokolleinheiten Hinweise zum Umfang der Streitkräfte der NVA.

Tabelle 39: Organisation/Struktur der NVA

Inhalte/Kategorien	Häufigkeiten insgesamt
Verteidigungshaushalt	5
Untergliederung der Streitkräfte	4
Umfang der Streitkräfte	13
Rekrutierung der Soldaten	8
Hierarchie der Dienstgrade	1
Organisation der NVA, allgemein	59

Besprechungen der gesetzlichen Regelung der militärischen Dienstpflicht in der Deutschen Demokratischen Republik (vgl. Tabelle 40) erschöpfen sich weitgehend mit dem Inhalt "Wehrpflicht in der DDR". Auch hier wird wieder auf Nachweise, die in Gesetzestexten verankert sind, zurückgegriffen. "Wir zitieren eine Passage aus der DDR-Verfassung: ... Art. 23/Abs. 1 Der Schutz des Friedens und des sozialistischen Vaterlandes und seiner Errungenschaften ist Recht und Ehrenpflicht der Bürger ... Jeder Bürger ist zum Dienst und zu Leistungen für die Verteidigung entsprechend des Gesetzes verpflichtet ..." (Buch 21, S. 282). Im Hinblick auf die Möglichkeit, den Militärdienst auch in der DDR zu verweigern, wird ein paarmal auf die rechtliche Regelung sowie auf den - bei Gewährung - zu leistenden Ersatzdienst in den Baueinheiten verwiesen "DDR-Verf. Art. 23: 'Jeder Bürger ist zum Dienst und zu Leistungen für die Verteidigung der Deutschen Demokratischen Republik entsprechend des Gesetzes verpflichtet! ... Trotz dieser Bestimmungen gibt es seit 1964 einen auf dem Verordnungsweg eingerichteten und jederzeit aufhebbaren Ersatzdienst in Baueinheiten'" (Buch 81, S. 171).

Tabelle 40: Gesetzliche Regelung der militärischen Dienstpflicht in der DDR

Inhalte/Kategorien	Häufigkeiten insgesamt
Wehrpflicht	30
Berufssoldaten	5
Wehrdienstzeit	8
Einberufungsalter	2
Wehrpflicht für Berliner (Ost)	4
Gesetzliche Regelung der militärischen Dienstpflicht, allgemein	8

Wie die Tabelle 41 zeigt, nimmt in den Sozialkundebüchern das Thema "Kriegsdienstverweigerung in der Deutschen Demokratischen Republik" nicht jenen Platz in der Behandlung der militärischen Dienstpflicht ein, den die Autoren der Kriegsdienstverweigerung in der Bundesrepublik in den Sozialkundebüchern zugestehen. Nur je einmal finden sich bei 81 Sozialkundebüchern Hinweise auf Kriegsdienstverweigerung aus Gewissensgründen, aus religiösen Gründen oder aus anderen Gründen in der DDR.

Tabelle 41: Kriegsdienstverweigerung in der DDR

Inhalte/Kategorien	Häufigkeiten insgesamt
Rechtliche Regelung	10
Kriegsdienstverweigerung aus Gewissensgründen	1
Kriegsdienstverweigerung aus religiösen Gründen	1
Kriegsdienstverweigerung aus anderen Gründen	1
Ersatzdienst in den Baueinheiten	9
Kriegsdienstverweigerung, allgemein	4

2.3.3.3. Sonstige Aussagen zur NVA in Sozialkundebüchern

Die 'Innere Ordnung' der Nationalen Volksarmee (NVA) - so genannt um eine Vergleichsmöglichkeit zur 'Inneren Führung' der Bundeswehr zu schaffen - findet lediglich im Hinblick auf die Integration von Militär und Gesellschaft durch Ausbildung eine etwas größere Beachtung (vgl. Tabelle 42); "das gesamte Erziehungs- und Bildungswesen dient in den Volksdemokratien dazu, die jungen Menschen zu befähigen, beim Aufbau des Sozialismus tatkräftig mitzuarbeiten. Patriotische Erziehung und sozialistische Wehrerziehung gehören dazu genauso wie die Vermittlung von Fachwissen!" (Buch 78, S. 219).

Tabelle 42: Die Innere Ordnung der NVA

Inhalte/Kategorien	Häufigkeiten insgesamt
Grundlagen	2
Militärgerichtsbarkeit	5
Disziplinarordnung	1
Grundsätze	1
Integration von Militär und Gesellschaft	11
Vorrang militärischer Erfordernisse	1
Prinzip von Befehl und Gehorsam	3
Militärische Disziplin	3
Gelöbnis - Fahneneid	5
Beispiele der Menschenführung	1
Innere Ordnung, allgemein	1

"Ausbildung in der NVA" wird in 81 Sozialkundebüchern insgesamt nur 15mal angesprochen; wenn von Ausbildung die Rede ist, dann beziehen sich die Aussagen vornehmlich auf die Bereiche der militärischen und vormilitärischen Ausbildung (vgl. Tabelle 43). "Fahrten und Ferienlager dienen der Wehrertüchtigung und der politischen Beeinflussung" (Buch 11, S. 49). Die aufgefundenen Textstellen dokumentieren die bereits bei den Heranwachsenden sozialisierte Verknüpfung von Militär und Gesellschaft in der Deutschen Demokratischen Republik. "Zu den besonderen Aufgaben der FDJ gehört heute die Versorgung der 'Gesellschaft für Sport und Technik', einer Organisation, die der vormilitärischen Wehrertüchtigung dient, mit neuen Mitgliedern und Kadern" (Buch 35, S. 342).

Tabelle 43: Ausbildung in der NVA

Inhalte/Kategorien	Häufigkeiten insgesamt
Politische Bildung	1
Militärische Ausbildung	11
Ausbildung, allgemein	3

Ähnlich, aber in noch weit geringerem Maße als die Ausführungen zur "Bundeswehr als Wirtschaftsfaktor", findet die NVA nur verhältnismäßig geringe Beachtung in den Sozialkundebüchern; dieselbe Aussage ist für den ihr zukommenden Aufgabenbereich im Falle eines Notstandes zu treffen: Die NVA als Wirtschaftsfaktor wird insgesamt 3mal, der rechtlich abgesicherte Einsatz der NVA im inneren Bereich des Staatsgefüges der Deutschen Demokratischen Republik insgesamt 5mal angesprochen; die Notstandsgesetze der DDR finden insgesamt 4mal Erwähnung. "Eine Sicherung elementarster Grundrechte in einer Notstandsverfassung wie in der BRD gibt es in der DDR nicht" (Buch 25, S. 193).

2.3.4. Zur Behandlung der Militärbündnisse

Das weitverzweigte und oft undurchschaubare Netz der militärischen Bündnissysteme und bilateralen Abkommen in Ost und West zählt unbestritten zu den wesentlichen sicherheitspolitischen Vorkehrungen und Absicherungsmaßnahmen sowohl der einzelnen Staaten untereinander als auch der Machtblöcke gegeneinander. Daß die Schulbuchverfasser großes Augenmerk auf diese Sicherheits- und Verteidigungspakte legen, wurde bereits in den Überblickskapiteln dieses Berichts deutlich (48). Schließt man von den aufgefundenen Quantitäten angesprochener Inhalte zum Thema 'Militärbündnisse' in den Sozialkundebüchern auf den Stellenwert, der den einzelnen Bündnissen von den Sozialkundebuchautoren zugestanden wird, so nehmen sowohl die NATO als auch der Warschauer Pakt dominierende Positionen im Lehrstoffangebot ein. Dagegen finden die großen Bündnisse, in welche vor allen Dingen auch Staaten der 'Dritten Welt' eingebunden sind, weniger Beachtung.

2.3.4.1. Das Nordatlantische Verteidigungsbündnis (NATO)

Von jenen 1.470 Kodierungen, die sich auf die 37 Kategorien der Subdimension "NATO" verteilen (vgl. Tabelle 44), entfallen allein auf die Kategorie "NATO, allgemein" 363, d.h. 24,7 %. Dies macht deutlich, daß in den Sozialkundebüchern die NATO sehr oft im Zusammenhang mit anderen und z.T. sicherheitspolitischen Thematiken beispielhaft behandelt wird, wobei die NATO dann zur Verdeutlichung der Darstellung der besprochenen Sachverhalte angeführt ist, z.B. zur Typisierung übernationaler Organisationen. "Auf verschiedenen Gebieten sind vielfach Entscheidungen auf lange Sicht getroffen. Das ist z.B. im wirtschaftlichen Bereich durch die EWG geschehen, im militärischen durch Bündnisse (NATO)" (Buch 77, S. 37). Anzumerken bleibt weiterhin, daß aus dem Kategorienraster, welches die Subdimension "NATO" beschreibt, der strategische Aspekt ausgeklammert wurde. Er wird durch eine andere Subdimension (49) gesondert aufgegriffen und auch, soweit er die NATO-Strategien betrifft, dort abgehandelt.

Tabelle 44: Thematisierung von Inhalten zum Bündnissystem NATO

Inhalte (Kategorien)	insgesamt ange-sprochen	Häufigkeiten davon sachlich	positiv	negativ	problema-tisierend
Gründung	81	80	1	–	–
20jährige Laufzeit des NATO-Vertrages	22	22	–	–	–
Mitgliedstaaten der NATO	173	172	1	–	–
innenpolitische Entwicklung in den Mitgliedstaaten der NATO, allgemein	19	19	–	–	–
Frankreich entzieht seine Truppen dem NATO-Oberbefehl	62	62	–	–	–
„linke“ Regierungen in den Mitgliedstaaten der NATO	1	–	–	1	–
„rechte“ Regierungen in den Mitgliedstaaten der NATO	4	3	–	–	1
militärische Organisationen der NATO, allgemein	58	55	3	–	–
Militärausschuß der NATO in Washington	22	22	–	–	–
NATO-Kommandostellen	34	33	1	–	–
Stationierung von NATO-Truppen	23	23	–	–	–
Kosten für verbündete NATO-Truppen in der Bundesrepublik Deutschland	5	5	–	–	–
NATO-Manöver	6	6	–	–	–
Bundeswehrtruppen sind insgesamt der NATO unterstellt	39	39	–	–	–
Die Truppen anderer Mitgliedstaaten sind partiell der NATO unterstellt	7	7	–	–	–
regionale Begrenzung der NATO	10	10	–	–	–
Einfluß der USA auf die NATO	22	20	2	–	–
Vorbehaltsrecht der USA bei atomarem Einsatz	8	7	–	–	1
Nationale Atomwaffen in Engeland und Frankreich	7	7	–	–	–
Verfügung der Bundesrepublik Deutschland über Atomwaffen	28	24	–	1	3
Einfluß der Eurogroup auf die NATO	3	3	–	–	–
Einfluß der Bundeswehr auf die NATO	13	13	–	–	–
Politische Organisationen der NATO, allgemein	20	20	–	–	–
NATO-Rat	35	35	–	–	–
Generalsekretär der NATO	28	28	–	–	–
administrative Organisation der NATO	16	16	–	–	–
Ziele und Aufgaben der NATO, allgemein	52	52	–	–	–
Beistandsverpflichtungen im Falle eines Angriffs auf ein NATO-Land	51	51	–	–	–
Entscheidungsfreiheit der Bündnispartner der NATO über Art des Beistands	9	9	–	–	–
Sicherung und Schutz der Territorien aller Mitgliedstaaten der NATO	26	26	–	–	–
NATO: Verteidigungsbündnis	103	103	–	–	–
NATO: Bündnis gegen Aggressionen aus dem Osten/gegen Kommunismus	57	53	3	–	1
Förderung der wirtschaftlichen Zusamenarbeit in den NATO-Ländern	28	28	–	–	–
Förderung der kulturellen Zusammenarbeit in den NATO-Ländern	13	13	–	–	–
Förderung der politischen Zusammenarbeit in den NATO-Ländern	19	19	–	–	–
Förderung der technischen Zusammenarbeit in den NATO-Ländern	3	3	–	–	–
NATO, allgemein	363	354	7	1	1

Bezüglich der Darstellung der NATO in den Sozialkundebüchern kann gesagt werden, daß diese weitgehend mit 'Vermittlung von Institutionenkunde' zu umschreiben ist. Die hohe Zahl der Benennung der Mitgliedstaaten der NATO in den Protokolleinheiten macht dies u.a. deutlich: 11,8 % (173) der Kodierungen zu den Kategorien, die der Subdimension NATO zugeordnet sind, betreffen die Kategorie "Mitgliedstaaten der NATO". "NATO: North Atlantic Treaty Organization (Nordatlantik-Pakt) ... Mitglieder: Belgien, Bundesrepublik, Frankreich, Italien, Luxemburg, Niederlande, Griechenland, Türkei, Dänemark, Großbritannien, Norwegen, Portugal, Island, Kanada, USA" (Buch 21, S. 72). Der Vollständigkeit solcher Auflistungen entsprechend, wird auch die Bundesrepublik Deutschland als Mitgliedstaat der NATO ausgewiesen. Diese bloße Nennung der Bundesrepublik Deutschland ist aber auch häufig die einzige Bezugnahme auf die Integration der Streitkräfte der Bundesrepublik Deutschland in die NATO. Auf den besonderen Stellenwert, den die Bundeswehr im Unterschied zum Militär anderer NATO-Mitgliedstaaten im NATO-Bündnis einnimmt, wird durchschnittlich noch nicht einmal in der Hälfte der untersuchten Bücher hingewiesen. Die Tatsache, daß die Bundeswehr insgesamt der NATO unterstellt ist, findet in 13 Protokolleinheiten Beachtung. "Als einzige Streitmacht ist die Bundeswehr mit ihren 12 Divisionen fast völlig der NATO unterstellt und ihr Einsatz deutschem Verfügungsrecht entzogen" (Buch 25, S. 259). Nur wenige Beiträge thematisieren über eine solche Formalaussage hinaus den

damit für die Bundesrepublik Deutschland verbundenen Verzicht auf einen Teil ihrer Hoheitsrechte. "Die NATO-Mitglieder haben auf die Verteidigungsgewalt über einen Teil oder die Gesamtheit ihrer Kampftruppen - das letztere ist nur bei der BRD der Fall - und damit auf einen Teil Souveränität verzichtet" (Buch 62, S. 126). Daß durch die Eingliederung der Streitkräfte der Bundesrepublik Deutschland in das seit 1949 bestehende NATO-Gefüge auch militärische und strategische Unsicherheiten in Westeuropa aufgefangen und gelöst wurden, wird wenn, dann nur andeutungsweise thematisiert. "Der deutsche Verteidigungsbeitrag von rund 500.000 Mann bedeutet eine wesentliche Verstärkung der NATO, eine Schließung der Lücke im westlichen Verteidigungssystem und für die BRD eine größere Sicherheit" (Buch 25, S. 259).
Daß bei der Vermittlung von Lehrstoff über die NATO in den Sozialkundebüchern fast ausschließlich 'Institutionenkunde' betrieben wird, dokumentiert sich weiterhin in den zahlreichen Hinweisen auf überwiegend organisatorische Formalita wie

- ursprünglich geplante 20jährige Laufzeit,
- die Militär-Organisation allgemein,
- der Militärausschuß in Washington,
- NATO-Kommandostellen,
- Stationierung von NATO-Truppen,
- die politische Organisation der NATO allgemein,
- der NATO-Rat,
- der Generalsekretär der NATO,
- die administrative Organisation der NATO.

Um die Seiten dieses Berichts nicht unnötigerweise mit Zitaten zu belasten, die detailliert auf obige Strichaufzählung eingehen, sei das nachstehende Zitat als typisch zu verstehen. "Die Regierungsvertreter der Partnerstaaten bilden den Nordatlantikrat, der alle zivilen und militärischen Befugnisse ausübt. Ihm steht zur Vorbereitung und Durchführung der Beschlüsse ein Generalsekretär vor" (Buch 55, S. 62).
Betrachtet man die Reflexion der Ziele und der Aufgaben der NATO in den Sozialkundebüchern, so rangiert nach Nennhäufigkeiten erwartungsgemäß die Besprechung des Verteidigungsauftrags an erster Stelle. "Ziel dieses 'Atlantikpaktes' (NATO) sollte vor allem die gemeinsame Verteidigung und die Aufrechterhaltung des Friedens sein" (Buch 34, S. 198). Mit sehr viel weniger Nennhäufigkeiten belegt, treten dann schon Spezifikationen auf, die auf den Auftrag der NATO eingehen, westeuropäisches Gebiet gegen militärische Angriffe aus dem Osten zu schützen oder das weitere Vordringen des Kommunismus nach dem Westen zu vereiteln. "Die Mitgliedstaaten haben mit diesem Verteidigungspakt ein Abwehrbündnis gegen den Kommunismus geschaffen" (Buch 17, S. 161). Die Beistandsverpflichtung der Bündnispartner der NATO wird zwar in knapp einem Drittel der Bücher thematisiert, so wichtige Details aber wie die Entscheidungsfreiheit der NATO-Mitglieder über die Art des Beistandes allerdings nur in 9 Protokolleinheiten. Stellvertretend hierfür stehe das nachfolgende Zitat. "Eine automatische Beistandspflicht besteht nicht, jedoch soll der Angriff auf einen Partner als ein Angriff gegen alle angesehen werden. Jeder Mitgliedstaat soll dann den Beistand leisten, den er für erforderlich hält" (Buch 64, S. 49). Die Mehrheit der Aussagen zu diesem Themenkreis bleibt im allgemeinen verhaftet. "Jeder Angriff, der sich gegen einen Verbündeten richtet, verpflichtet die anderen zum Beistand" (Buch 33, S.100).

Beiträge in den Sozialkundebüchern, die die Förderung der wirtschaftlichen, kulturellen, politischen und technischen Zusammenarbeit innerhalb der Mitgliedstaaten der NATO ansprechen, sind zum größten Teil - wie viele andere Einzelheiten über die NATO auch - wörtlich aus der NATO-Gründungsakte entnommen. "Die Vertragspartner ... werden bestrebt sein, Gegensätze in ihrer internationalen Wirtschaftspolitik zu beseitigen und die wirtschaftliche Zusammenarbeit zwischen einzelnen oder allen Vertragspartnern fördern" (Buch 24, S. 207).
Zur Berichterstattung über die innenpolitischen Entwicklungen in den einzelnen Mitgliedstaaten der NATO und deren Auswirkungen auf das Bündnissystem ist festzustellen, daß lediglich die teilweise Loslösung und der 'Alleingang' Frankreichs ihren Niederschlag in den Büchern finden. "Der Austritt Frankreichs aus den militärischen Verpflichtungen der NATO (nicht aus dem Vertrag selbst!) hat das Bündnis noch nicht entscheidend geschwächt. Der Grund für den französischen Rückzug lag vor allem darin, daß Frankreich selbst über den Einsatz von Nuklearwaffen bestimmen wollte" (Buch 78, S. 117). Aber selbst die spektakuläre französische Entscheidung wird in den Sozialkundebüchern sehr häufig nur mit einem einzigen Satz abgetan; solche Verkürzungen führen dann auch meist zu Verfälschungen historischer Tatsachen. "1966 schied Frankreich aus dem Bündnis aus" (Buch 59, S. 205). Selbst wenn in Sozialkundebüchern der Hinweis enthalten ist, daß die NATO sich gegen den 'Kommunismus' richtet, so bedeutet dies noch lange nicht, daß die Schulbuchautoren auf so wesentliche Erscheinungen eingehen wie sie durch die Tatsache gegeben sind, daß 'linke Regierungen' bzw. politische Parteien, die der kommunistischen Ideologie und ihrer Lebenswelt sehr aufgeschlossen gegenüberstehen, die staatliche, politische Gewalt in manchem NATO-Mitgliedsland übernommen haben oder mittragen. In 81 Sozialkundebüchern konnte ein solcher Hinweis nur ein einziges Mal gefunden werden. "Die neue linksgerichtete Koalitionsregierung von Island fordert den schrittweisen Abzug der auf der Insel stationierten amerikanischen NATO-Truppen" (Buch 46, S.59). Als Erklärung für dieses Defizit mag angenommen werden, daß weder Auflagenerneuerung noch die Neuerscheinungen von Sozialkundebüchern mit den politischen Entwicklungen, die sich in den letzten Jahren abzeichneten, Schritt zu halten vermochten. Doch versucht man unter der gleichen Sichtweise die Tatsache zu begreifen, daß die Existenz 'rechter' Regierungen und deren Einflüsse auf das NATO-Bündnis lediglich in 4 Protokolleinheiten kurz angesprochen wird, so muß sich eine solche Erklärung als unzureichend erweisen. Von allen rechtsgerichteten Diktaturen in Mitgliedstaaten der NATO scheint die griechische Militär-Junta-Herrschaft noch am wenigsten tabuisiert, denn das zu jener Zeit bestehende Spannungsverhältnis an der Ostflanke der NATO wird noch am ehesten in Sozialkundebüchern durch kurze, eingeblendete Hinweise thematisiert. Es finden sich Verweise darauf, daß das NATO-Bündnis solchen Belastungen gewachsen ist, "..., wenn auch durch ... die Militärdiktatur in Griechenland das Bündnis starken Spannungen unterworfen ist" (Buch 20, S. 332).
Im Zentrum der Betrachtungen zum Macht- und Einflußpotential der NATO auf dem sicherheitspolitischen Sektor stehen erwartungsgemäß die Vereinigten Staaten von Amerika. An den USA orientieren sich die sicherheitspolitischen Maßnahmen der europäischen Mitgliedstaaten der NATO. "Es besteht ein Übergewicht der Amerikaner ... Die NATO ist keine ausschließlich europäische Einrichtung (...)." (Buch 75, S. 420).

Die Präsenz der NATO-Streitkräfte in den einzelnen Mitgliedstaaten, die Stationierung von NATO-Truppen und deren Kosten oder die alljährlich stattfindenden NATO-Manöver in den Mitgliedstaaten finden kaum die Aufmerksamkeit der Schulbuchautoren; dieses gilt auch für den Bereich der Bundesrepublik Deutschland. Die wenigen Hinweise, die diese NATO-Aktivitäten zum Gegenstand haben, überzeichnen eher solche den Staats- und Verteidigungshaushalt äußerst belastenden Übungen, als daß sie sie als sicherheitspolitische Notwendigkeit akzentuieren. "NATO-Manöver: Immer wieder taucht diese Überschrift in den Zeitungen auf. Manöver, das sind Übungen von Soldaten. Die Soldaten tun dann so als wäre Krieg. Sie kämpfen zum Schein gegen einen Feind wie die Buben beim Indianerspielen. Es gibt aber nur Scheintote und geschossen wird mit Platzpatronen..." (Buch 37, S. 171).
Wie bereits eingangs dieses Abschnitts erwähnt, findet die Strategiediskussion in den Sozialkundebüchern im engen Zusammenhang mit der NATO statt (11.69). Daß in den Mitgliedstaaten der NATO nicht unbedingt eine einhellige Meinung über den Besitz von Atomwaffen herrscht und daß das Vorbehaltsrecht der USA hinsichtlich des Einsatzes dieser Waffen zur Verteidigung der NATO-Mitgliedstaaten nicht unumstritten ist, sind nur selten als zu vermittelnde Inhalte in Sozialkundebüchern aufgenommen. Der Verzicht der Bundesrepublik Deutschland auf Herstellung und Benutzung atomarer Waffen findet in 28 Protokolleinheiten Berücksichtigung. "Die Bundesrepublik verpflichtet sich, alle Streitkräfte von vornherein dem NATO-Kommando zu unterstellen. Außerdem verzichtet sie auf die Herstellung von Atomwaffen"(Buch 34, S. 75).
Will man die Darstellung des Nordatlantischen Verteidigungsbündnisses in den Sozialkundebüchern abschließend und zusammenfassend charakterisieren, so muß gesagt werden, daß über einen hohen institutionenkundlichen Anteil hinaus die NATO unter dem primären Aspekt eines Verteidigungsbündnisses und im Hinblick auf die Aufrechterhaltung der westeuropäischen Sicherheit herausgestellt wird. In den Sozialkundebüchern dominiert die Aussage, daß die NATO ein Instrument zur Verteidigung des westeuropäischen Territoriums ist; daß sie gleichfalls dazu dient, Werte, auf die die westeuropäischen Gesellschaften aufbauen, wie Freiheit, Friede oder Demokratie zu bewahren und zu sichern, wird nicht hervorgehoben zum Ausdruck gebracht. Das Bündnissystem NATO findet sich ausschließlich sachlich-formal in den Sozialkundebüchern abgehandelt.

2.3.4.2. Die Westeuropäische Union (WEU)

Die Westeuropäische Union (WEU) wird von den Schulbuchverfassern nicht als wesentlicher sozialkundlicher oder sicherheitspolitischer Lehrstoff empfunden, geht man von Häufigkeit und Art der Berücksichtigung der Inhalte, die sich auf die WEU in Sozialkundebüchern beziehen, aus. Keine der die WEU charakterisierenden Kategorien findet im Durchschnitt einmal pro Buch Berücksichtigung.
Mit je 77 Nennungen wird die WEU am häufigsten entweder allgemein oder über ihre Mitgliedstaaten erwähnt. "Westeuropäische Union: Belgien, Bundesrepublik Deutschland, Frankreich, Großbritannien, Italien, Luxemburg, Niederlande" (Buch 36, S. 170). Um den politischen Hintergrund und die Entstehung der WEU zu skizzieren, wird meistens der Brüsseler Pakt fragmenthaft beschrieben. "Die Westeuropäische Union ging aus der 1948 gegründeten West-Union, dem 'Brüsseler Pakt', hervor" (Buch 71, S. 107). Gehen Schulbuchautoren über solch

lapidare Aussagen hinaus, dann beschreiben sie die Gründung dieses Bündnisses europäischer Staaten noch am ehesten im historischen Zusammenhang. Der ursprüngliche Zweck, dem dieses Bündnissystem diente, nämlich ein Instrument der Verteidigung gegen den deutschen Militarismus der Art, wie er im Dritten Reich auftrat, zu sein, wird weitgehend aus den Aussagen ausgeklammert. Insofern finden sich Aussagen wie die folgende sehr selten: "Ursprung dieses Verteidigungsbündnisses ist der Brüsseler Pakt aus dem Jahr 1948, der ... gegen Deutschland abgeschlossen wurde" (Buch 18, S. 203). In rund 30 Protokolleinheiten sind Inhalte auffindbar, die die jetzigen Ziele und Aufgaben der WEU ansprechen; dies geschieht aber eher unspezifisch. In der Regel wird lediglich darauf hingewiesen, daß dieses Bündnis den militärischen Beistand der Mitgliedstaaten der WEU zum Inhalt hat. "Im Falle eines Angriffs auf einen Vertragspartner besteht Beistandspflicht. Streitkräfte unterstehen der NATO (...)" (Buch 41, S. 240).

Tabelle 45: Nennhäufigkeiten von Inhalten zur WEU

Inhalte (Kategorien)	Nennhäufigkeiten
Gründung, Vorläufer	75
Verteidigungsbündnis gegen Deutschland	22
Mitgliedstaaten	77
Organisation, allgemein	20
WEU ist Organisation ohne eigenständiges Militär	20
Ziele und Aufgaben, allgemein	34
gemeinsame Sicherheit, automatischer Beistand der Mitgliedstaaten	32
Rüstungskontrolle der WEU gegenüber der Bundesrepublik Deutschland	15
Freiwillige Verpflichtung zur Rüstungsbegrenzung in der Bundesrepublik Deutschland	15
Alternativkonzept für ein europäisches Sicherheitsbündnis	2
WEU,allgemein	77

Die Aussage, daß eine vornehmliche Aufgabe der WEU die Kontrolle gegenüber der Bundesrepublik Deutschland in Rüstungsangelegenheiten ist, und u.a. der Einhaltung der freiwilligen Verpflichtung der Bundesrepublik zur Rüstungsbegrenzung dient, konnte 15mal in Sozialkundebüchern aufgefunden werden. "Organe: ... Rüstungskontrollamt (u.a. zur Überwachung der BRD; diese verzichtete auf ABC-Waffen; ...)" (Buch 9, S. 162). Im Gegensatz zur Darstellung der NATO in den Sozialkundebüchern werden weder der organisatorische Aufbau der WEU noch ihre sicherheitspolitischen Funktionen hinreichend thematisiert. "Organe: 'Rat der WEU' aus den Außenministern der Mitgliedstaaten; 'Versammlung der WEU' aus 135 Abgeordneten der Länderparlamente; 'Generalsekretariat' in London; 'Amt für Rüstungskontrolle' in Paris" (Buch 15, S. 174). Lehrfragmente wie sie durch das vorstehende Zitat angedeutet sind, bilden oft den einzigen Hinweis auf die organisatorische Gliederung der WEU und auf ihre politische Einbettung.

Die Abhandlung der WEU in den Sozialkundebüchern geschieht im Schatten der Abhandlung des Nordatlantischen Verteidigungsbündnisses (22.67). Die Darstellungen beschreiben die WEU in der Regel als nicht eigenständige Militärorganisation und messen ihr - wie dies auch der Realität entspricht - insgesamt keinen besonders hohen sicherheitspolitischen Stellenwert bei.

2.3.4.3. Der Warschauer Pakt

Ähnlich wie die NATO begegnet auch der Warschauer Pakt dem Schüler in den Sozialkundebüchern am häufigsten in allgemeiner Erwähnung. Darüber hinaus läßt sich die Darstellung der Inhalte zum Warschauer Pakt - ebenbürtig der NATO-Darstellung - weitgehend mit dem Schlagwort 'Institutionenkunde' umschreiben; allerdings sind gegenüber der NATO die Kategorien, die das Bündnis 'Warschauer Pakt' charakterisieren, durchgängig mit geringeren Nennhäufigkeiten besetzt (vgl. Tabelle 46); die Kategorien der Subdimension "NATO" werden rund doppelt so häufig wie die der Subdimension "Warschauer Pakt" in den Sozialkundebüchern angesprochen. Neben isolierten oder beispielhaften Hinweisen auf den Warschauer Pakt, welche rund ein Drittel der Nennhäufigkeiten zu Inhalten des Warschauer Pakts ausmachen, weist die Kategorie "Mitgliedstaaten des Warschauer Paktes" mit 71 die höchste Zahl von Protokollierungen aus. Informationen, welche den Gründungsakt oder das Gründungsjahr des Warschauer Paktes betreffen, sind in 46 Protokolleinheiten enthalten, davon in einigen Protokolleinheiten bzw. Sozialkundebüchern angereichert um Ausführungen, die auf die Begründung für die Institutionalisierung des Warschauer Paktes eingehen. Einerseits wird darauf abgehoben, daß die Gründung des Warschauer Paktes als Reaktion auf den Beitritt der Bundesrepublik Deutschland zur NATO gesehen werden muß: "die Einbeziehung der Bundesrepublik Deutschland in die NATO nahmen die 8 europäischen Ostblockstaaten einschließlich der sogen. DDR zum Anlaß, unter Führung der Sowjetunion 1955 in Warschau ebenfalls einen 'Beistands- und Freundschaftspakt' auf 20 Jahre abzuschließen" (Buch 26, S. 161). Andererseits wird betont, daß der Warschauer Pakt erst die Stationierung sowjetischer Truppen in den Satellitenstaaten der UdSSR ermöglicht: "der Warschauer Vertrag ... ist ein militärischer Beistandspakt ... Insbesondere gestattet er die Stationierung sowjetischer Truppen in den Ostblockländern" (Buch 66, S. 212).
Bezüglich der militärischen Organisation des Warschauer Paktes wird 33mal auf den Oberbefehl der Streitkräfte verwiesen. "Bedeutsam ist das 'Vereinte Oberkommando', an dessen Spitze bisher nur Sowjetmarschälle standen. Die Verteidigungsminister der Paktstaaten gelten als Stellvertreter des Oberkommandierenden" (Buch 42, S. 388). Dem militärischen Oberkommando nachrangig wird die sonstige militärische Organisation des Warschauer Paktes besprochen. Lediglich 7mal machen Schulbuchautoren deutlich, in welcher Art und Weise die Zuordnung nationaler Truppenkontingente zum Führungsstab des Warschauer Paktes geregelt ist.

Inhalte, die die politische Organisation und die politischen Leitungs- und Führungsgremien des östlichen Bündnissystems betreffen, werden höchst selten als Lehrstoff in den Sozialkundebüchern angeboten; Sozialkundebuchautoren gehen kaum über Aussagen wie "Er verpflichtete Mitglieder zur gegenseitigen Militärhilfe und untersteht einem Oberkommando in Moskau" (Buch 6, S. 340) hinaus. Ein eher ausführlicher Beitrag wird durch folgendes Zitat wiedergegeben: "Oberstes Organ ist der ... politische beratende Ausschuß ... Jeder Staat delegiert einen Minister in diesen Ausschuß, der jährlich 2 mal tagt. Er hat zwei Behörden eingerichtet ...:

Tabelle 46: Nennhäufigkeiten zu Inhalten des Warschauer Paktes

Inhalte (Kategorien)	insgesamt angesprochen	Häufigkeiten davon sachlich	positiv	negativ	problematisierend
Gründung des Warschauer Paktes, allgemein	46	46	–	–	–
Gründung des Warschauer Paktes als Reaktion auf den Beitritt der Bundesrepublik Deutschland zur NATO	29	27	–	2	–
Warschauer Pakt als Rechtsgrundlage für die Stationierung sowjetischer Truppen in Osteuropa	18	18	–	–	–
20-jährige Laufzeit des Vertrages zum Warschauer Pakt	18	18	–	–	–
Mitgliedstaaten des Warschauer Paktes	71	71	–	–	–
militärische Organisation des Warschauer Paktes	28	27	–	1	–
Kommando der Streitkräfte des Warschauer Paktes	33	33	–	–	–
Stationierung von Warschauer-Pakt-Truppen in den einzelnen Ländern	17	17	–	–	–
nationale Truppenkontingente sind insgesamt dem Warschauer Pakt unterstellt	7	7	–	–	–
keine regionale Begrenzung des Warschauer Paktes	4	4	–	–	–
Einfluß der UdSSR in dem Warschauer Pakt, allgemein	49	44	1	4	–
militärische Führung des Warschauer Paktes durch sowjetischen General	20	20	–	–	–
Einfluß der NVA im Warschauer Pakt	6	5	–	1	–
politische Organisation des Warschauer Paktes	11	11	–	–	–
Breschnew-Doktrin	52	48	–	2	2
politisch beratender Ausschuß (Warschauer Pakt)	15	15	–	–	–
administrative Organisation des Warschauer Paktes	4	4	–	–	–
Ziele und Aufgaben des Warschauer Paktes	38	38	–	–	–
gegenseitige automatische Beistandspflicht der Mitgliedstaaten des Warschauer Paktes	32	32	–	–	–
Warschauer Pakt – Bündnis gegen westlichen Imperialismus	3	3	–	–	–
Förderung der wirtschaftlichen Zusammenarbeit in den Mitgliedstaaten des Warschauer Paktes	6	5	–	–	1
Förderung der kulturellen Zusammenarbeit in den Mitgliedstaaten des Warschauer Paktes	2	2	–	–	–
Warschauer Pakt – Bündnis gegen China	–	–	–	–	–
Förderung der politischen Zusammenarbeit bei den Mitgliedstaaten des Warschauer Paktes	1	–	1	–	–
Förderung der technischen Zusammenarbeit in den Mitgliedstaaten des Warschauer Paktes	2	2	–	–	–
Warschauer Pakt, allgemein	248	244	1	3	–

die Ständige Kommission, ...und das Vereinigte Sekretariat... Als Generalsekretär arbeitet ein sowjetischer General" (Buch 38, S. 258). Ein besonderes Augenmerk richten Sozialkundebuchautoren darauf, die absolute Vorherrschaft der UdSSR im Warschauer Pakt hervorzuheben. "Die Tatsache, daß ... die Führung aller Organe des Paktes in sowjetischen Händen liegt, läßt den Schluß zu, daß die Aufgabe des Paktes weniger in der gemeinsamen Verteidigung liegt als darin, die führende Rolle der UdSSR herauszustellen" (Buch 52, S. 53). Stellt man den zahlreichen Hervorhebungen der Rolle der UdSSR im Warschauer Pakt (49 mal) die Notierung der Rolle der USA in der NATO (22 mal) gegenüber, so sieht man deutlich die ungleiche Gewichtsverteilung, welche Sozialkundebuchautoren in ihren Ausführungen vornehmen. Gleiches kann für die Behandlung der 'Breschnew-Doktrin' in den Sozialkundebüchern ausgesagt werden. In fast zwei Drittel aller untersuchten Sozialkundebücher wird auf diese Doktrin, die eigentlich auf eine ganze Reihe von sowjetischen Erklärungen zurück geht, "die im wesentlichen auf eine Beschränkung des Selbstbestimmungsrechts und der Souveränität kommunistischer Staaten hinausliefen (50) ausführlich eingegangen, während in nur einem Sozialkundebuch (vgl. Buch 43, S. 272 ff.) die entsprechende 'Johnson-Doktrin', welche in zwar wesentlich gemilderter Form die gleichen Ansprüche stellte, kurz vorgestellt wird. "Mit der

Breschnew-Doktrin von der 'begrenzten Souveränität' wird an die These Stalins von dem einen Reich der Sowjetrepubliken angeknüpft (Verschwinden der Grenzen im sozialistischen Lager). Die Breschnew-Doktrin lehrt, daß die unter der Herrschaft Moskaus stehenden sozialistischen Staaten kein Selbstbestimmungsrecht mehr besitzen, daß sie nur noch begrenzt außenpolitisch handeln können, daß über die sozialistische Ordnung im Innern eines Staates nur die 'sozialistische Staatengemeinschaft' befinden kann. Die Sowjetunion will mit der Breschnew-Doktrin den status quo für alle Zeiten zementieren" (Buch 81, S. 214).
Zu den Zielen und den Aufgaben des östlichen Militärbündnisses wird - im Gegensatz zur Vorstellung der NATO in den Sozialkundebüchern - nur selten eine kommentierende Aussage gewagt. Z.T. sind auch hier die Inhalte wiederum aus einschlägigen Schriften, wie etwa der 'Satzung' des Warschauer Paktes, entnommen. "Die Bündnisstaaten haben sich verpflichtet, im Falle eines bewaffneten Überfalls auf einen oder mehrere Partner, Beistand zu leisten" (Buch 79, Teil IX, S. 35). "Art. 8.: Die vertragschließenden Seiten erklären, daß sie im Geiste der Freundschaft und der Zusammenarbeit für die Weiterentwicklung und Festigung der wirtschaftlichen und kulturellen Beziehungen untereinander in Befolgung der Grundsätze der gegenseitigen Achtung ihrer Unabhängigkeit und Souveränität und der Nichteinmischung in ihre inneren Angelegenheiten handeln werden" (Buch 23, S. 295 f.). Die Schulbuchautoren heben vielmehr darauf ab, das Gewaltpotential und die militärischen Zugriffsmöglichkeiten, welche durch die Warschauer Verträge der UdSSR eingeräumt wurden, dem Schüler nahezubringen. Versuche von Bevölkerungsteilen in Osteuropa, ihrer Regierungen oder ihrer staatstragenden Parteien, sich aus der Vorherrschaft der UdSSR zu lösen und zurück zu mehr nationalstaatlicher Eigenständigkeit und Selbstbestimmung zu finden, werden aus den zu vermittelnden Lehrstoffen nicht ausgeklammert: etikettiert durch die Bezeichnung 'Bevölkerungsaufstand gegen Unterdrückung und sowjetischen Einfluß' bildet die ausführliche Schilderung der innerstaatlichen Auseinandersetzungen im Osten Europas einen mit zahlreichen Quellen angereicherten Lehrstoff in den Sozialkundebüchern. Den augenfälligsten Ereignissen dieser Art im Ostblock, die nur mit Waffengewalt durch die UdSSR bekämpft wurden, nämlich
- dem Arbeiteraufstand im Juni 1953 in Ost-Berlin,
- dem Ungarnaufstand im Jahre 1956 und
- der Niederschlagung freiheitlicher Bestrebungen in der Tschechoslowakei im August 1968

wird große Aufmerksamkeit von seiten der Autoren gezollt (vgl. Tabelle 47).

Festgemacht an z.T. detaillierten Erörterungen erfolgt über die sachliche Information hinaus, welche die Darstellung sonstiger sicherheitspolitischer Inhalte größtenteils kennzeichnet, eine vielfach politisch engagierte Stellungnahme des jeweiligen Autors. In zwölf Protokolleinheiten spiegelt sich ein großes Verständnis der Schulbuchautoren für den Arbeiteraufstand vom 17. Juni 1953 wider. "Als im Sommer 1953 Arbeitsnormen erhöht wurden, erhoben sich am 17. Juni 1953 die Arbeiter gegen diese Verschlechterung ihrer Lebensbedingungen. Sie verlangten jedoch nicht nur eine Herabsetzung der Normen, sie forderten auch freie und geheime Wahlen. Sie wußten, daß damit die Macht der SED gebrochen würde, und die SED wußte es auch. Der mutige Aufstand blieb erfolglos; russische Panzer wurden gegen die Demonstranten eingesetzt. Viele büßten ihr Freiheitsstreben mit

dem Tode, tausende mit langen Freiheitsstrafen. Der 17. Juni soll uns daran erinnern, welch hohes Gut die Freiheit ist, die uns zuteil wurde" (Buch 61, S. 96). In sieben Protokolleinheiten tritt eine Befürwortung des ungarischen Volksaufstandes im Jahre 1956 zutage, während die Niederwerfung auf deutliche Ablehnung stößt. "In Ungarn verliefen die Ereignisse wesentlich dramatischer. Dort hatten sich, zuerst in Budapest, dann auch in anderen Industriestädten, Arbeiter, Studenten und Teile der Armee gegen das stalinistische Regime und vor allem gegen die Willkür der verhaßten Geheimpolizei erhoben. Der Ministerpräsident Imre Nagy, ursprünglich Kommunist, versuchte, der Revolution die antisowjetische Spitze zu nehmen und sie in eine tiefgreifende Reform einmünden zu lassen. Die Sowjets gingen auf Scheinverhandlungen ein, während sie gleichzeitig ihre Divisionen in Marsch setzten. ... Der ungarische Regierungschef wurde mit einer List in die Gewalt der Sowjets gebracht und ein Jahr darauf erschossen, ebenso der Führer der ungarischen Truppen, General Maleter. Die Aufständischen hatten, kurz bevor sie ihren Widerstand einstellen mußten, einen erschütternden Hilferuf an die freie Welt gerichtet" (Buch 13, S. 44). In noch stärkerem Maße als auf die Vorgänge während des Ungarnaufstandes und des Arbeiteraufstandes vom 17. Juni 1953 in Ost-Berlin, welche in einhundertfünfundzwanzig bzw. einhundertdreiunddreißig Protokolleinheiten besprochen sind, thematisieren Sozialkundebuchautoren den 'Einmarsch von Truppen des Warschauer Pakts in die Tschechoslowakei im Jahre 1968'; diesen Lehrstoff vermitteln 143 Protokolleinheiten. "Auch die Tschechoslowakei versuchte 1968 einen eigenen, von der Sowjetunion unabhängigen Weg zu einem freiheitlichen, demokratischen Sozialismus zu beschreiten. Die moskauhörigen Kommunistenführer mußten fortschrittlich gesinnten Männern weichen, die dem tschechoslowakischen Volk demokratische Freiheiten gaben, wie man sie bisher in keinem kommunistischen Land gekannt hat. Aber die Hoffnung der Menschen in der Tschechoslowakei auf ein freieres, menschenwürdigeres Leben wurde grausam zerschlagen. In der Nacht vom 20. zum 21. August 1968 rollten sowjetische Panzer, drangen sowjetische Flugzeuge mit Fallschirmjägern und marschierte die Rote Armee mit über einer Viertel Million Soldaten in das Land ein, um den Funken der Freiheit auszutreten, der im sowjetischen Machtbereich zu glühen begonnen hatte" (Buch 73, S. 91). Nach ausführlichen Einzelbesprechungen dieser drei spektakulären Vorkommnisse werten die meisten Schulbuchautoren diese auch. "Wie 1953 in der sowjetisch besetzten Zone Deutschlands, wie 1965 in Ungarn, so wurden 1968 in der Tschechoslowakei Freiheit und Selbstbestimmungsrecht der Menschen niedergewalzt. Voller Entsetzen, Empörung und Verachtung verurteilte fast die gesamte Welt diese erneute Vergewaltigung eines Volkes durch die Sowjetunion" (Buch 73, S. 92).
Obwohl die Loslösung des Balkanstaats Albanien aus dem Bündnissystem des Warschauer Pakts ebenfalls in die historische Periode fiel, in welcher die UdSSR ihre durch Militäreinsatz unterstützten Bemühungen zur Verhinderung einer Zersplitterung ihres politischen Einflußbereiches in die Nähe des Ausbruchs eines dritten Weltkrieges trieb, findet dieses Ereignis nur in etwa einem Viertel der Sozialkundebücher Berücksichtigung. "Warschauer Pakt: ... zu den Gründungsmitgliedern gehörte auch Albanien" (Buch 20, S. 495). "Albanien wurde 1965 aus dem Bündnis ausgeschlossen, weil es sich bei den Auseinandersetzungen zwischen China und der UdSSR auf die Seite Chinas gestellt hatte" (Buch 60, S. 154).

Tabelle 47: Innenpolitische Entwicklung in den Ostblockstaaten

Inhalte (Kategorien)	insgesamt ange-sprochen	Häufigkeiten davon sach-lich	posi-tiv	nega-tiv	problema-tisierend
- Innenpolitische Entwicklungen in den Staaten des Warschauer Pakts und deren Rückwirkungen, allgemein	31	28	3	-	-
- Austritt Albaniens aus dem Warschauer Pakt 1965	24	24	-	-	-
- 17. Juni 1953 Ost-Berlin; (Arbeiteraufstand)	133	111	12	6	4
- Ungarn-Aufstand 1956	125	112	7	4	2
- Einmarsch in die CSSR 1968	143	128	-	11	4

Der Austritt Albaniens aus dem Warschauer Pakt, der im vorstehenden Zitat als 'Ausschluß' apostrophiert ist, wird im Gegensatz zu den Besprechungen der Versuche national-staatlicher Bevölkerungen, sich aus dem sowjetischen Politikverbund zu lösen, als sachliche Information angeboten. Es werden weder Verbindungen zu politischen Strömungen, noch zu Menschenrechten oder zu Gewaltmaßnahmen hergestellt. Dagegen sind die Vorkommnisse des 17. Juni 1953 in Ost-Berlin eindeutig und hochsignifikant als Konsequenz einer Unterdrückungspolitik (13.89) ausgewiesen. Die Aufstände in Ungarn und in der Tschechoslowakei werden vielfach mit Kriegssituationen in Europa in Zusammenhang gebracht (19.25). Auch verzichten die wenigsten Schulbuchautoren darauf, diese Aufstände aus ihrem historischen Kontext zu lösen oder sie auf dem Hintergrund der damaligen weltpolitischen Situation zu diskutieren. "Das verhängnisvolle Suez-Unternehmen aber gab dem damaligen sowjetischen Ministerpräsident Chruschtschow die Möglichkeit, den Aufstand in Ungarn unbehelligt niederzuwerfen"(Buch 13, S. 44).
Viele Bücher behandeln die innenpolitischen Entwicklungen in der DDR, in Ungarn und in der CSSR in unmittelbar aufeinanderfolgenden Absätzen. Manchmal findet der Arbeiteraufstand in Ost-Berlin allerdings auch innerhalb von gesonderten umfangreichen DDR-Kapiteln Aufnahme; dann steht er in überzufälligem Zusammenhang mit dem Mauerbau, der im Jahre 1961 durch die DDR begonnen wurde (12.17).

Das Lehrstoffangebot zum Warschauer Pakt in Sozialkundebüchern darf abschliessend und im Vergleich zur Besprechung der NATO damit charakterisiert werden, daß die besprochenen Inhalte zum Warschauer Pakt einerseits geringeren Umfang aufweisen und andererseits bis auf die Darstellung der innenpolititschen Entwicklungen in den Satellitenstaaten der UdSSR weitgehend in der Präsentation der Institutionen des Warschauer Paktes verharren.
Der sicherheitspolitische Stellenwert, den die Sozialkundebuchautoren dem Warschauer Pakt zuweisen, ist durch die Rolle, welche er im Verhältnis zur NATO im europäischen Raum spielt, zu umschreiben; daß die Sowjetunion im Warschauer Pakt auch ein wichtiges und sicherheitspolitisch bedeutsames Bollwerk gegen Übergriffe Rot-Chinas sieht, bleibt in allen Sozialkundebüchern noch unerwähnt. Auffallend ist weiterhin, daß der Warschauer Pakt nicht - wie erwartet -

in überzufälliger Weise im Zusammenhang mit den ihn tragenden Ideologien 'Sozialismus' und 'Kommunismus' zur Darstellung gelangt (51). Die sachlich-formale Erörterung des Warschauer Pakts herrscht in den Schulbüchern vor; die Schulbuchautoren sind lediglich in den Ausnahmefällen, welche die Bürgeraufstände in Ost-Berlin, Ungarn und in der CSSR betreffen, zu politisch engagierten Weiterungen und Stellungnahmen bereit.

2.3.4.4. Zur Behandlung außereuropäischer Bündnissysteme: SEATO, OAS, Bagdad-/CENTO-Pakt

Andere Bündnisse, die, der NATO gleich, primär weltweit der Eindämmung des Kommunismus dienen sollen, finden nur in wenigen Büchern und dort auch lediglich schlagwortartig Beachtung (vgl. Tabelle 48). Über die bloße Vermittlung des Namens des jeweiligen Militärpaktes hinaus, werden in der Regel nur die Mitgliedstaaten aufgelistet oder der Zweck des Bündnisses mitgeteilt. "Auf westlicher Seite führte diese Entwicklung zur Bildung der NATO .... Es folgten Sicherheitsvereinbarungen, die im vorderen Orient (Bagdad- oder CENTO-Pakt) und im fernen Osten (SEATO-Pakt) mit Hilfe amerikanischer Militärstützpunkte die Ausbreitung des Kommunismus verhindern sollten" (Buch 35, S. 414).

Tabelle 48: SEATO, OAS, CENTO-Pakt

Inhalte (Kategorien)	Häufigkeiten insgesamt angesprochen
SEATO, allgemein	35
Mitgliedstaaten der SEATO	28
SEATO: gegen kommunistische Angriffspolitik gerichtet	19
OAS, allgemein	19
Mitgliedstaaten der OAS	7
OAS: gegen kommunistische Angriffspolitik gerichtet	6
Bagdad-/CENTO-Pakt, allgemein	17
Mitgliedstaaten des Bagdad-/CENTO-Pakts	12
Bagdad-/CENTO-Pakt: gegen kommunistische Angriffspolitik gerichtet	10

2.3.4.5 Bilaterale Abkommen

Bilaterale Abkommen zwischen den Staaten werden in den Sozialkundebüchern nicht sehr häufig behandelt (vgl. Tabelle 49). Die Stützpunktabkommen der USA finden in etwa einem Drittel aller Sozialkundebücher, welche analysiert wurden, Erwähnung. Bezüglich der Sowjetunion und der DDR werden die zusätzlich zum Warschauer Pakt abgeschlossenen Freundschaftsverträge im sozialistischen Lager benannt. "Am 20. September 1955 unterzeichneten die Ministerpräsidenten Bulganin und Grothewohl in Moskau den 'Vertrag über die Beziehungen zwischen der DDR und der UdSSR' ... Weitere zweiseitige Beistandspakte verbinden die DDR seit 1967 mit Polen (15. März), der Tschechoslowakei (17. März), Ungarn (18. Mai) und Bulgarien (7. Sept.)" (Buch 29, S. 113). In etwa der Hälfte der Sozialkundebücher gehen Schulbuchautoren auf den Deutsch-Französischen-Freundschaftsvertrag ein, welcher als formeller Versöhnungsakt zwischen diesen beiden

Nachbarstaaten gewertet wird. "Der Freundschaftsvertrag zwischen der Bundesrepublik Deutschland und der Französischen Republik vom 21.1.1963 ist ein sichtbarer Ausdruck der Versöhnung zwischen beiden Völkern. Er soll die früheren Feindseligkeiten endgültig überwinden und die Einigung Europas vorantreiben" (Buch 56, S. 214). Ergänzt werden solche oder ähnliche Ausführungen in der Regel durch Quellenmaterial, welches dem Vertragswerk selbst entnommen ist oder dem Gesetzestext, welchen der Bundestag beschlossen hat, entlehnt ist. Nur äußerst selten wird in Sozialkundebüchern auf bilaterale Abkommen verwiesen, welche im lateinamerikanischen, im chinesisch-vietnamesischen, im afrikanischen oder im malaysischen Raum für sicherheitspolitische Stabilität sorgen sollen.

Tabelle 49: Bilaterale Abkommen

Inhalte (Kategorien)	Häufigkeiten insgesamt angesprochen
- der USA mit einem anderen Staat (Stützpunktabkommen)	30
- der UdSSR mit einem anderen Staat	62
- Chinas mit einem anderen Staat	11
- der Bundesrepublik Deutschland mit einem anderen Staat	47
- der DDR mit einem anderen Staat	34
- bilaterale Abkommen, allgemein	65

2.3.5. Machtfaktoren und internationales Kräfteverhältnis

Wie bereits eingangs dieses Ergebnisberichtes angeführt, erweist sich die Dimension "Machtfaktoren und internationales Kräfteverhältnis"als die umfangreichste

- sowohl was die Zahl der Kategorien, die unter dieser Dimension subsumiert sind, betrifft
- als auch im Hinblick auf die Nennhäufigkeiten, mit welchen diese zahlreichen Kategorien belegt sind.

Diese Dimension trägt der Tatsache Rechnung, daß sich Inhalte und Aufgaben von Sicherheitspolitik nicht nur ausschließlich auf militärische Verhältnisse und Institutionen beschränken, sondern auch starke Beziehungen zu den gesellschaftlichen und gesellschaftlich-politischen Bereichen haben. Die Dimension "Machtfaktoren und internationales Kräfteverhältnis" ist vielschichtig und sehr komplex angelegt. In ihr finden sich Themenkreise, die auf das Rüstungspotential, welches die einzelnen Staaten und Machtblöcke aufgebaut haben, oder auf nationale und internationale Machtpolitiken genau so eingehen wie auf die weltpolitischen Konstellationen der politischen und militärischen Kräfte und ihrer Entwicklungen; Berücksichtigung finden ebenfalls Ursachen und Anlässe von Konflikten wie Vorstellungen zur Friedenssicherung, soweit diese in die sicherheitspolitische Diskussion Eingang gefunden haben. Im Rahmen der Beschreibung und Bewertung sicherheitspolitischer Inhalte in Sozialkundebüchern muß deshalb der Dimension "Machtfaktoren und internationales Kräfteverhältnis" mindestens der gleiche Stellenwert zugeschrieben werden, wie der vorstehend besprochenen Dimension, welche durch den Begriff "Bündnispolitik" umschrieben ist.

2.3.5.1. Strukturen der internationalen Beziehungen auf sicherheitspolitischer Ebene

Es war kein Sozialkundebuch auffindbar, welches nicht in irgendeiner Art und Weise mehrfach auf die Beschreibung der Strukturen internationaler Beziehungen einging.

Tabelle 50: Strukturen internationaler Beziehungen

Inhalte (Kategorien)	insgesamt angesprochen	Häufigkeiten davon sachlich	positiv	negativ	problematisierend
Weltmacht	347	339	1	3	4
Großmacht	92	90	-	-	2
Blockfreie Staaten	59	59	-	-	-
neutrale Staaten	51	51	-	-	-
Beziehungen der Weltmächte untereinander	304	285	1	5	13
Beziehungen der Weltmächte zu den Großmächten	28	27	-	-	1
Beziehungen der Großmächte untereinander	48	39	-	4	5
Struktur, allgemein	867	856	1	7	3

"Solange es eine Vielzahl von Staaten gibt, sieht sich ein jeder von ihnen, unbeschadet seiner inneren Verhältnisse, der Konkurrenz der anderen ausgesetzt und muß deshalb versuchen, im internationalen Machtkampf seine Interessen zu wahren" (Buch 12, S. 64). Über solch allgemein gehaltene Informationen hinaus, die als Hintergrund zur Beschreibung weltpolitischer Situationen im geschichtlichen Verlauf dienen, finden die 'Welt- und Supermächte' USA und UdSSR - und als ernstzunehmende dritte Macht, die Volksrepublik China - die umfangreichste Erwähnung in den Sozialkundebüchern. In der Regel setzen sich die Verfasser sehr ausführlich mit der Sowjetunion auseinander; der Staat UdSSR wird in den Sozialkundebüchern überdurchschnittlich häufig in Verbindung mit der ihn fundierenden kommunistischen Ideologie vorgestellt (UdSSR - Kommunismus: 13.06) "Stalin hielt an der kommunistischen Überzeugung fest, daß die ganze Welt einmal unter Rußlands Führung kommunistisch sein würde ... So entstanden in Mittel- und Osteuropa und in China mit Rußlands Hilfe kommunistische Regierungen" (Buch 02, S. 162).

Abb. 4 : Strukturen internationaler Beziehungen

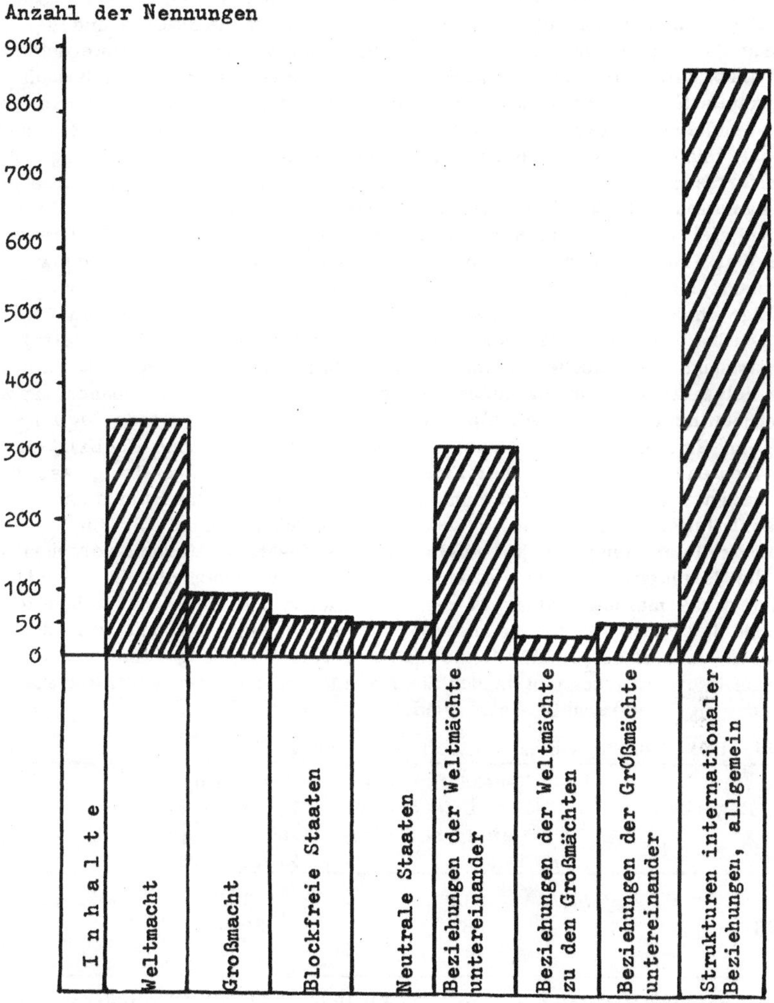

Häufig spannen die Ausführungen einen Bogen, ausgehend von Marx und seiner ökonomischen Theorie über die Versuche zu deren Verwirklichung durch Lenin und Stalin zu den gegenwärtigen Machthabern in der Sowjetunion und ihren Bemühungen, den weltpolitischen Einfluß Rußlands zu verstärken; diese Erörterungen verzichten nicht darauf, das Konzept der 'friedlichen Koexistenz' und dessen Verständnis und Auslegung durch die Machtblöcke zu diskutieren und die sowjetische Haltung hervorgehoben darzubieten. "Der wesentlichste Unterschied zwischen Marx einerseits, Lenin und Stalin andererseits liegt darin, daß nach Marx die kapitalistische Entwicklung von selbst an den Punkt gelangt ist, wo sie sich selbst aufhebe ... Der 'Umschlag' von kapitalistischer zu kommunistischer Gesellschaft müsse daher dort eintreten, wo die kapitalistische Entwicklung am weitesten fortgeschritten sei.... Lenin ... erbrachte durch die bolschewistische Oktoberrevolution in Rußland den 'Beweis', daß es möglich ist ..., den Umsturz zu vollziehen .... Stalin entwickelte daraus die Lehre ..., die Weltrevolution ins Werk zu setzen, notfalls mit kriegerischer Gewalt. Chruschtschow vertrat dann ... den Standpunkt, daß angesichts der atomaren Waffen revolutionäre Erfolge ohne das Risiko von Kriegen errungen werden müßten" (Buch 29, S. 128). Darüber hinaus verdeutlichen Schulbuchautoren vorwiegend am Beispiel des Einmarsches sowjetischer Truppen in die CSSR im August 1968 oder am Beispiel des Volksaufstands in Ungarn den Stellenwert sowjetischer Entspannungspolitik. "Nach Stalins Tod leitete vor allem Chruschtschow eine Periode der Entspannung ein. Er zeigte so etwas wie einen Willen zur friedlichen Ko-Existenz auch mit Staaten anderer politischer Einstellung. Doch so blutige Ereignisse wie in Ungarn zeigten aller Welt, daß es nicht weit her ist mit dem Humanismus, von dem im sozialistischen Lager soviel gesprochen wird" (Buch 16, S. 90).
In 267 Protokolleinheiten wird die UdSSR mit dem Zusatz Weltmacht versehen vorgestellt; die Vereinigten Staaten von Amerika (USA) erscheinen als "Weltmacht" apostrophiert 239 mal und China 137 mal. Verglichen mit den Nennhäufigkeiten, mit welchen diese drei Staaten in anderen Zusammenhängen benannt werden, zeigt sich aber, daß der Staat "UdSSR" in weitaus höherem Maße insgesamt in das sicherheitspolitische Lehrangebot in den Sozialkundebüchern eingebunden ist als es die USA oder die Volksrepublik China sind.

Tabelle 51: USA, UdSSR, China als Weltmächte ausgewiesen

Inhalte (Kategorien)	Nennhäufigkeiten: Kategorie als Weltmacht thematisiert	Nennhäufigkeiten: Kategorie in anderweitigem Zusammenhang
- USA	239	1367
- UdSSR	267	2049
- China	137	484

Demgegenüber wird Rot-China überdurchschnittlich häufig als 'im Werden' begriffene Weltmacht ausgewiesen. "Zwischen den beiden Weltmächten USA und UdSSR trennt ein eiserner Vorhang nicht nur Einflußsphären, sondern auch Weltanschauungen ... Daneben erhebt sich seit den 60er Jahren selbstbewußt und fordernd die Volksrepublik China - eine Bedrohung vor allem für die im kommunistischen Lager führende Sowjetunion" (Buch 55, S. 60 f.). Die Volksrepublik

China ist vornehmlich von den Schulbuchautoren anhand einer Art Personifizierung dieses Staates mit seinem Staats- und Parteichef Mao-Tse-Tung (23.57) behandelt; auch stellt sich die Etikettierung der 'VR China' mit einer im Vergleich zur Sowjetunion 'radikaleren' Form des Kommunismus (17.17) als überzufällig häufig heraus. Sowohl die Sowjetunion wie auch die VR China "beanspruchen die Führung im Weltkommunismus, vertreten jedoch verschiedene Ansichten über den einzuschlagenden Weg. Dabei werfen die Chinesen den Sowjets zu große Nachgiebigkeit gegenüber den Vereinigten Staaten von Amerika vor und sehen darin einen politischen Verrat" (Buch 57, S. 189). Um die Gefährlichkeit der maoistisch-kommunistischen Lehre hervorzuheben, fehlt in kaum einem der Sozialkundebücher der Hinweis auf die in Rot-China vertretene Ansicht, welche den Krieg als durchaus mögliches Mittel der Politik legitimiert, "... denn die chinesischen Kommunisten sehen auch in einem Atomkrieg ein Mittel, die Weltrevolution voranzutreiben" (Buch 07, S. 160). Der Gesamteindruck, welcher sich aus den Inhalten in den Sozialkundebüchern ableiten läßt, ist mit der Befürchtung zu umschreiben, daß die Handlungsweisen der rot-chinesischen Machthaber eher eine neue Weltkriegsgefahr heraufbeschwören als das langsam vorgetragene Unterfangen anderer kommunistischer Staaten, auf Kosten kapitalistischer Staaten mehr Einfluß zu gewinnen. "Die Ablehnung der Politik der Koexistenz (durch China) hat im Westen, aber auch in der UdSSR Besorgnisse hervorgerufen" (Buch 40, S. 158).
Im Gegensatz zur Charakterisierung der beiden kommunistischen Weltmächte UdSSR und China in den Sozialkundebüchern werden die Vereinigten Staaten von Amerika nicht bedeutsam über die politische Strömung "Kapitalismus" oder über Werthaltungen, welche die sicherheitspolitischen Grundzüge definieren, identifiziert (vgl. Tabelle 52); ein überdurchschnittlicher Zusammenhang der Nennungen von Werthaltungen oder von Merkmalen, welche das nordamerikanische politische Verständnis tragen, wie Demokratie, Freiheit, Friede, Menschenrechte, Gleichheit u.a., mit dem Staat "USA", kristallisierte sich im Rahmen der durchgeführten statistischen Berechnungen nicht heraus.
Festzustellen ist also, daß die UdSSR und die VR China zwar als dominierende Wegbereiter zweier hervorragender Formen des Kommunismus ausgewiesen werden, die Vereinigten Staaten von Amerika aber nicht bedeutsam als Garant und Bewahrer der freiheitlich-demokratischen Grundordnung hervorgehoben sind. Nur am Rande der Ausführungen eingestreut finden sich in manchen Sozialkundebüchern Hinweise wie "Die Vereinigten Staaten bekennen sich zur Demokratie. Sie setzen sich für eine freie demokratische Weltordnung ein" (Buch 34, S. 77).
Angesichts der fortwährenden Menschenrechts-Debatte erstaunt, daß die statistische Beziehung im inhaltsanalytischen Sinne zwischen dem Staat "USA" und dem Wert "Menschenrechte" in den Sozialkundebüchern durch eine bedeutsame Dissoziativität gekennzeichnet ist. Obwohl der Wert "Menschenrechte" in 350 Protokolleinheiten namentlich ausgewiesen ist, wird er mit den USA lediglich in 64 Protokolleinheiten in Zusammenhang gebracht. Eine günstigere Beziehung weist das allgemeine Etikett "Sicherheit" zu Staat "USA" auf; jede 2,6te Protokolleinheit, die auf "Sicherheit" Bezug nimmt, verknüpft diese Aussage mit dem Staat "USA".

Tabelle 52: USA und ausgewählte politische Merkmale und gesellschaftliche Werte

Variable x		Variable y	Z-Wert	Häufigkeiten		
				X	Y	X∩Y
USA	-	Demokratie	- 0.99	1367	618	167
USA	-	Freiheit	- 2.05	1367	911	233
USA	-	Gleichheit	- 0.49	1367	91	24
USA	-	Menschenrechte	- 3.08	1367	350	64
USA	-	Friede	1.11	1367	1205	371
USA	-	Sicherheit	4.38	1367	676	257

Anmerkung: Z-Werte, die außerhalb des Intervalls $-3,29 < Z < +3,29$ liegen, sind auf dem 0,1%-Signifikanzniveau bedeutsam.

Über diese aufgefundenen und beispielhaft benannten Eigentümlichkeiten der Behandlung der Weltmächte USA, UdSSR und VR China in den Sozialkundebüchern hinaus ist darauf hinzuweisen, daß die Autoren dem Beziehungsgeflecht der Weltmächte untereinander erhöhte Aufmerksamkeit zuwenden. Dies drückt sich bereits sehr oft schon in den Kapitelüberschriften unmittelbar aus: "Das weltpolitische Dreieck - ... aus der Sicht der Sowjetunion ... aus der Sicht Rot-Chinas ... aus der Sicht der Vereinigten Staaten von Amerika" (Buch 01, S. 230 f). Diese Abschnitte beschreiben in der Regel die geschichtliche Entwicklung und den Werdegang der jeweiligen Beziehung; die auf eine derartige Beziehung Einfluß nehmenden staatstheoretischen Doktrinen, die dann u.a. als 'Konfliktpotential' ausgewiesen sind (12.40), finden besondere Hervorhebung. Akzentuiert gehen Schulbuchautoren auch auf den Kommunismus ein, wenn diese Ideologie Stellenwert und Reichweite einer solchen internationalen Beziehung beeinflußt oder beeinflussen kann (10.28), wie es z.T. im Rahmen der Fortentwicklung zur 'friedlichen Koexistenz' häufig geschehen ist (12.44). "Der sowjetisch-chinesische Meinungsstreit über das Verhältnis des kommunistischen Blocks zu den 'kapitalistischen' Ländern und über die Frage, wer den Weltkommunismus künftig führen soll - die UdSSR mit ihrer Politik der Koexistenz oder die VR China, die die Ideen des revolutionären Kommunismus (Weltrevolution) vertritt - verschärfte sich 1969 zu bewaffneten Auseinandersetzungen ..." (Buch 06, S. 347).

Neben der Darstellung sicherheitspolitischer Beziehungen zwischen den Weltmächten auf dem Hintergrund politisch-ideologischer Verflechtungen und Machtansprüche kommen aber auch militärische Aspekte zur Beschreibung solcher Beziehungen zum Zuge. Vielfach heben die Beschreibungen ab

- auf den Besitz von Atomwaffen (13.83) und
- der daraus resultierenden militärischen Strategie des "Gleichgewichts des Schreckens" (8.26),
- die aufgrund der Bedrohung, die von einer alles vernichtenden atomaren Auseinandersetzung ausgeht, funktioniert (10.51).

"Das atomare Patt (Gleichgewicht des Schreckens) macht einen großen Krieg zwischen den USA und der Sowjetunion zu einem selbstmörderischen Unternehmen und zwingt die Supermächte dazu, den großen Krieg als Mittel einer konstruktiven Politik auszuschließen" (Buch 62, S. 127).

Das Aufeinanderprallen der Mächte nach dem Zweiten Weltkrieg, welches vielfach mit der Austragung militärischer Konflikte verbunden war, wird weniger im Hinblick auf die von den Weltmächten vertretenen Interessensphären als vielmehr durch die ausführliche Beschreibung der damit einhergehenden Kriegssituation als solcher vermittelt. "Ägypten verstaatlichte 1956 den Suez-Kanal, ... Israel griff kurz darauf Ägypten an ... Die ablehnende Haltung der Vereinigten Staaten, Drohungen der Sowjetunion und das Eingreifen der Vereinten Nationen bewirkten nach wenigen Tagen die Feuereinstellung und die Aufgabe der Kriegsziele" (Buch 54, S. 204). Dieser Darstellungsform folgt die Beschreibung des Engagements der USA in Südost-Asien in den meisten Sozialkundebüchern weniger; bei der Behandlung dieses Gegenstands versuchen die Sozialkundebuchautoren teilweise, sowohl auf das ökonomische als auch auf das ideologische und militärische Interesse der Amerikaner hinzuweisen, dessen Aufrechterhaltung und Erweiterung zu den südost-asiatischen Kriegen mit beigetragen hat.
Im Unterschied zu den Weltmächten werden die Großmächte (z.B. Großbritannien, Frankreich, Japan) und deren Beziehungen recht wenig im sicherheitspolitischen Rahmen abgehandelt.
Um Hinweise auf und Beispiele für blockfreie Staaten oder auf als neutral geltende Staaten zu geben, wird entweder darauf abgehoben, daß diese keiner der großen politischen Strömungen zuneigen oder der Autor begnügt sich damit, diese Staaten zu benennen. "Die neutralen und die neu gebildeten Staaten in den Entwicklungsgebieten suchen ihren eigenen Weg" (Buch 13, S. 121). Eine ausführliche Besprechung der Auswirkungen, welche die Tatsache, daß es solche neutralen Staaten überhaupt gibt, nach sich zieht, findet nicht statt; auch auf eine Bewertung des außenpolitischen Verhaltens dieser neutralen Staaten wird weitgehend verzichtet.

2.3.5.2. Phasen des Ost-West-Verhältnisses

In engem thematischen Zusammenhang mit den weltpolitischen Strukturen auf aussen- und sicherheitspolitischer Ebene werden Entwicklung und Werdegang des Ost-West-Verhältnisses beschrieben. Im Vordergrund steht hierbei die Wechselbeziehung zwischen der USA und UdSSR. Mit ihr korrespondierend gehen die Schulbuchautoren auf die Blockbildung im allgemeinen und auf das Gegen- und Miteinander von Ost und West ein. Der Hinweis erübrigt sich nahezu, daß die Phasen des Ost-West-Verhältnisses vorrangig an der Situation Deutschlands nach dem Zweiten Weltkrieg festgemacht und damit in enger Verbindung zur Entwicklung der beiden deutschen Staaten stehen. "Eine zweite Tatsache ließ die Arbeit im Kontrollrat immer unfruchtbarer werden: die weltweite Entfremdung zwischen den USA und Großbritannien auf der einen und der Sowjetunion auf der anderen Seite....Angesichts dieser Verschlechterung des weltpolitischen Klimas erwies sich bald auch die deutsche Frage als unlösbar" (Buch 64, S. 9 ff).
Wie aus der Gegenüberstellung der Nennhäufigkeiten der Kategorien, die ausgewählte Phasen des Ost-West-Verhältnisses erfassen, ersichtlich ist (vgl. Tabelle 53), werden die Ost-West-Beziehungen am häufigsten ohne genauere begriffliche Präzisierung vermittelt. Über die am häufigsten anzutreffenden 'Allgemeinaussagen' hinaus enthält aber jedes Sozialkundebuch mindestens eine 'schlagwortartige Ereignistafel' zur Ost-West-Entwicklung.
Sich zumeist auf spektakuläre Ereignisse beschränkend oder solche stilisierend, geben die meisten Schulbuchautoren einen Abriß des historischen Geschehens aus

westlicher Sicht, welches bis zum Erscheinungsjahr des Schulbuches das Gegen- und Miteinander von Ost und West prägte:

- Beginnend mit dem Marshall-Plan, dessen Ablehnung durch die Sowjetunion die Beziehungen der 'Gewinner des Zweiten Weltkrieges' - der Alliierten - untereinander abrupt verhärtete,
- gefolgt von einer Beschreibung der jahrelangen Phase des 'Kalten Krieges' zwischen den beiden Blöcken, welche oftmals mit Illustrationen, Quellen und Tabellen angereichert ist,
- gipfeln die Beiträge in den Schulbüchern sehr häufig in breiten Ausführungen zum 'Eisernen Vorhang' oder
- zum Bau der Mauer quer durch Berlin.

Tabelle 53: Indikatoren der Phasen des Ost-West-Verhältnisses

Inhalte (Kategorien)	insgesamt angesprochen	Häufigkeiten davon sachlich	positiv	negativ	problematisierend
Truman-Doktrin	36	34	1	-	1
Marshall-Plan	91	80	9	-	2
Eiserner Vorhang	98	89	-	9	-
Kalter Krieg	144	139	-	3	2
Berliner Mauer	224	182	1	37	4
DDR-Grenzbefestigungen	103	83	-	19	1
Koexistenz	158	146	6	4	2
Tauwetterperiode	19	17	1	1	-
Entspannung	209	187	20	1	1
Heißer Draht	20	19	-	1	-
KSZE/Helsinki-Gipfel	26	24	2	-	-
Ost-West-Verhältnis, allgemein	489	471	1	16	1

In engem Zusammenhang mit letztgenannter Ostberliner Maßnahme wird über die gesamte Grenzbefestigung der DDR, die diese an der deutsch-deutschen Grenze errichtet und mit Stacheldraht, Minenfeldern und Selbstschußanlagen ausgerüstet hat, berichtet (23.5). Sowohl 'Mauerbau' als auch 'Grenzbefestigungen der DDR' werden von den Schulbuchautoren zum großen Teil scharf verurteilt und - häufig veranschaulicht durch Fotos oder persifliert durch Zeichnungen - engagiert als feindliche und spalterische Maßnahme der DDR geschildert. "Die widersinnige, barbarische Grenze mit Stacheldraht, mit Wachtürmen und bewaffneten Streifen feindlich gesinnter Männer unseres Volkes, führt mitten durch unser Land" (Buch 04, S. 183). Der Bau der Berliner Mauer ist zudem eng mit dem Namen "Ulbricht" verknüpft (10.25).

Einen weiteren Schwerpunkt zum angesprochenen Themenkreis setzen die Schulbuchautoren in der Beschreibung der 'entkrampfteren Phasen des Ost-West-Verhältnisses', insbesondere dann, wenn sie auf die Frage der 'Koexistenz' zu sprechen kommen. "Dieser schier unüberbrückbare Konflikt wurde seit den 50er Jahren gemildert, als von sowjetischer Seite die 'Koexistenztheorie' ins Spiel gebracht wurde und Ende der 60er Jahre auch vom Westen her 'Entspannungspolitik' einsetzte" (Buch 78, S. 116). Das vorstehende Zitat bringt auch zum

Ausdruck, was die statistischen Berechnungen zeigten: 'Koexistenz' wird bedeutsam in Verbindung mit 'Entspannungsbemühungen' abgehandelt (10.17). Das Bemühen um 'Entspannung' ist in durchschnittlich jedem vierten Sozialkundebuch positiv bewertet. Auffallend hierbei ist aber, daß die Schulbuchautoren bei der Behandlung des Themas 'Entspannung' überdurchschnittlich häufig auf Quellenmaterial und auf Zitate zurückgreifen.
Die Konferenz für Sicherheit und Zusammenarbeit in Europa (KSZE) ist erwartungsgemäß vor allem in den Sozialkundebüchern neueren Erscheinungsdatums und dort vor allem mit ausführlichem Quellenmaterial angereichert angesprochen (vgl. z.B. Buch 75, S. 425 ff.: "Auszug aus der Schlußakte der Konferenz über Sicherheit und Zusammenarbeit in Europa und Erklärung des Europäischen Rates über die KSZE").

2.3.5.3. Die Ostpolitik/Deutschlandpolitik der Bundesregierungen

Tabelle 54: Ostpolitik/Deutschlandpolitik der Bundesregierungen

Inhalte (Kategorien)	insgesamt angesprochen	Häufigkeiten davon sachlich	positiv	negativ	problematisierend
- Aufnahme diplomatischer Beziehungen zur UdSSR	33	31	1	-	1
- Hallsteindoktrin/Alleinvertretungsanspruch	69	57	3	4	5
- Ostpolitik 1961 - 68	57	54	2	-	1
- Ostpolitik ab 1969	124	108	9	-	7
- Treffen in Erfurt/Kassel	49	45	2	-	2
- Ostverträge Moskau/Warschau	186	172	8	-	6
- Verkehrsvertrag	44	41	2	-	1
- Berlin-Vereinbarungen (Transitabkommen u.a.)	68	68	-	-	-
- Viermächteabkommen Berlin	83	77	5	-	1
- Grundlagenvertrag Bundesrepublik Deutschland/DDR	143	127	5	1	10
- Ostpolitik/Deutschlandpolitik, allgemein	112	106	3	-	3

Der Begriff 'Entspannung' wird in den Sozialkundebüchern - wie vorstehend ausgeführt - in hohem Maße gemeinsam mit dem Konzept der 'Koexistenz' abgehandelt. Wenn Sozialkundebuchautoren die Vorgänge um die deutsche Ostpolitik seit 1969 beschreiben, wird der Begriff 'Entspannung' auch inhaltlich gefüllt: Entspannungs- und Ostpolitik der sozialliberalen Bundesregierungen seit 1969 treten in den einzelnen Protokolleinheiten signifikant gemeinsam auf; dies erhärtet die Aussage, daß das Bemühen bundesdeutscher Regierungen um 'Entspannung' des Ost-West-Verhältnisses beispielhaft über die neuere Deutschland- und Außenpolitik verdeutlicht wird oder daß Schulbuchautoren die wesentlichen Inhalte dieser neueren Deutschland- und Außenpolitik der Bundesregierungen seit 1969 im Hinblick auf 'Entspannung' beurteilen. "In der Bundesrepublik Deutschland kam es zu erbitterten

Auseinandersetzungen über den Moskauer und Warschauer Vertrag. Fördern diese Verträge die Entspannung zwischen Ost und West, dienen sie dem Frieden und nützen sie deshalb allen, wie ihre Befürworter behaupten?" (Buch 61, S. 176).

Tabelle 55: Deutschlandpolitik/Ostpolitik im Zeichen der Entspannung

Variable x	Variable y	Z-Wert
Entspannung	Ostpolitik ab 1969 allgemein	14.68
Entspannung	Ostverträge Moskau/Warschau	16.25
Entspannung	Grundlagenvertrag Bundesrepublik Deutschland-DDR	10.16

Anmerkung: Z-Werte, die außerhalb des Intervalls $-3,29 < Z < +3,29$ liegen, sind auf dem 0,1 %-Signifikanzniveau bedeutsam.

Insbesondere die Verträge der Bundesrepublik Deutschland mit Moskau und Warschau nehmen weiten Raum in manchen Sozialkundebüchern ein. Auffallend ist, daß sich die Autoren wieder weitgehend einer eigenen Wertung dieser Verträge enthalten, aber quasi durch das zur Unterstreichung dieser Thematik häufig gewählte Quellenmaterial - insbesondere der Auswahl aus Stellungnahmen der Politiker Brandt und Barzel - die damalige Umstrittenheit im Parlament und in der Öffentlichkeit dokumentieren und dadurch bewerten. Ein Sechstel aller Inhalte, die sich mit den Ostverträgen auseinandersetzen, werden durch Quellenmaterial vermittelt. ($\chi^2_6 = 38,8 >_{0,001} \chi^2_6 = 22,5$) (52). "In einer Stellungnahme zum 'Moskauer Vertrag' vor dem Bundestag am 18.9.1970 erklärte Dr. R. Barzel für die CDU/CSU-Fraktion: '... Aus allen diesen Gründen erklären wir erneut wie am 10. August: Der deutsch-sowjetische Vertragsentwurf erfüllt zwar einige Erwartungen der CDU/CSU-Bundestagsfraktion, ... läßt aber entscheidende Bedenken fortbestehen. ... Die CDU/CSU-Bundestagsfraktion vermag - so der Text - ein ausgewogenes Verhältnis von Leistung der BRD und Gegenleistung der Sowjetunion nicht zu erkennen ...'. Der Vorsitzende der FDP-Fraktion W. Mischnick sagte bei der gleichen Gelegenheit im Bundestag: 'So wie der Deutschland-Vertrag von 1955 den Grundstein zur Aussöhnung zwischen Deutschland und seinen westlichen Nachbarn bildete, kann der Vertrag zwischen der BRD und der Sowjetunion die Aussöhnung zwischen Deutschland und den östlichen Nachbarn bringen...'. Bundeskanzler W. Brandt sagte in einer Fernsehansprache am 12.8.1970 nach der Vertragsunterzeichnung in Moskau: '... Mit diesem Vertrag geht nichts verloren, was nicht längst verspielt worden war. Wir haben den Mut, ein neues Blatt in der Geschichte aufzuschlagen'....
18. November 1970: Der deutsch-polnische Vertrag wird unterzeichnet" (Buch 23, S. 239). Als besonders hoch stellt sich die Assoziativität heraus, welche der Behandlung der Ost-Verträge in Verbindung mit dem Namen des Politikers Brandt zukommt (21.62). "Mit der Präambel zu den Ost-Verträgen erreichte der damalige Bundeskanzler Brandt, daß die Opposition die Verträge im Bundestag durch Stimmenthaltung passieren ließ" (Buch 74, S. 164). Bemerkenswert ist, daß die Namen der politischen Unterzeichner, wie z.B. Breschnew für die Sowjetunion, nicht besonders hohe Nennhäufigkeiten im Zusammenhang mit den Ost-Verträgen in den Sozialkundebüchern erfahren. Auch sind über die Etiketten 'Entspannung' und (mit Einschränkung) 'Friede' hinaus keine weiteren bedeutsamen

Verknüpfungen zu jenen Wertinhalten auffindbar, welche durch die Ost-Verträge abgestützt und abgesichert werden sollten. In erster Linie sollte hierbei neben der Erhaltung des Friedens der beiderseitigen Gewährung von Sicherheit und der Beachtung der Menschenrechte in den Vertragsstaaten gedacht werden. Immerhin kann das Vorkommen einer Verbindung zwischen Ost-Verträgen mit dem Wertinhalt 'Friede' noch in 75 Protokolleinheiten aufgefunden werden; dagegen bringen die Sozialkundebuchautoren nur in 11 Protokolleinheiten die Vertragswerke zwischen der Bundesrepublik Deutschland und Polen sowie zwischen der Bundesrepublik Deutschland und der UdSSR in Verbindung mit Aussagen zu 'Menschenrechten' (vgl. Tabelle 56).

Tabelle 56: Zur Assoziativität zwischen "Ostverträgen" und ausgewählten gesellschaftlichen Werten

Variable x		Variable y	Z-Wert	Häufigkeiten		
				X	Y	$X \cap Y$
Ost-Verträge	-	Sicherheit	0,43	186	676	29
Ost-Verträge	-	Menschenrechte	0,77	186	350	11
Ost-Verträge	-	Friede	3,96	186	1205	75

Anmerkung: Z-Werte, die außerhalb des Intervalls $-3{,}29 < Z < +3{,}29$ liegen, sind auf dem 0,1 %-Signifikanzniveau bedeutsam.

Vorstehend ausgewiesene Kontingenzen treffen in ähnlichem Ausmaß auf die Art der Darstellung der Inhalte des Grundlagenvertrags zwischen der Bundesrepublik Deutschland und der Deutschen Demokratischen Republik zu. Auch hierzu bringt die statistische Analyse an den Tag, daß die Schulbuchautoren nicht darauf abheben, den Grundlagenvertrag in seinen Bezügen zu Sicherheit, Friede und Menschenrechten bedeutsam herauszustellen. Sie legen vielmehr häufig das Schwergewicht der Erörterung des Grundlagenvertrags auf seinen Bezug zur Teilung Deutschlands (11.73). "Wir merken uns: Die Überwindung der Teilung Deutschlands ist nicht nur Aufgabe der Deutschen in der Bundesrepublik und in der DDR, sondern auch der vier Mächte USA, Großbritannien, Frankreich und Rußland. Im Grundvertrag vom 21. Dezember 1972 verpflichten sich beide Staaten, gut nachbarschaftliche Beziehungen herzustellen und die Grenzen des anderen Staates zu achten" (Buch 17, S. 138). Auffallend ist wieder die Art der didaktischen Aufbereitung, welche die Behandlung des "Grundlagenvertrages" erfährt. Die Autoren formulieren hier in äußerst bescheidenem Maße eigene Textpassagen; sie bedienen sich bemerkenswert häufig des Abdrucks von Zeitungsmeldungen oder sie greifen auf veröffentlichte Stellungnahmen der politischen Parteien, ihrer Repräsentanten oder von Persönlichkeiten des öffentlichen Lebens zurück. Über die häufige Behandlung des Grundlagenvertrags vermittels Quellenmaterial hinaus muß festgestellt werden, daß in den Sozialkundebüchern überdurchschnittlich häufig - im Vergleich zu anderen Lehrinhalten - die Fakten des Grundlagenvertrags in Frageblöcken rekapituliert bzw. über Quellen nachgewiesen werden ($\chi^2_6 = 49{,}2 >_{0,001} \chi^2_6 = 22{,}5$) (53).

"Der Grundlagenvertrag wurde am 21. Dezember 1972 in Ost-Berlin durch die Staatssekretäre Bahr und Kohl unterzeichnet. Welche Stellung nehmen die Parteien im neuen Bundestag dazu ein? Wie reagierte die in- und ausländische

Presse" (Buch 50, S. 53)? Die Untermalung der Textstellen, die in den Sozialkundebüchern Inhalte zur Verbesserung der Beziehungen zwischen beiden deutschen Staaten betreffen, geschieht fast ausschließlich durch die Wiedergabe fotografischer Aufnahmen, welche die Politiker Brandt und Stoph bei ihren Treffen in Erfurt und Kassel diskutierend am Konferenztisch zeigen (vgl. z.B. Buch 45, S.269).

Abkommen und Vereinbarungen, welche die geteilte Stadt Berlin betreffen, blenden zum großen Teil ausführlich auf die politische Entwicklung, welcher diese Stadt insgesamt bislang unterworfen war, zurück; z.B. kann eine hohe Assoziativität der Inhalte "Berliner-Mauer" - "Vier-Mächte-Abkommen Berlin" (10.25) festgestellt werden. "1961 : Am 13. August wurden die drei West-Sektoren Berlins im Wortsinn 'eingemauert' .... Das Abkommen der 'Vier Mächte' über Berlin vom 3. September 1971 schaffte die Voraussetzungen für bessere Beziehungen zwischen den beiden deutschen Staaten BRD und DDR" (Buch 22, S. 108).
Die Deutschland- und Ost-Politik der Bundesrepublik Deutschland vor Bestehen der sozial-liberalen Koalition und deren Eintritt in die Regierungsverantwortlichkeit der Bundesrepublik Deutschland wird in manchem Sozialkundebuch genauso wie die Darstellung der Bemühungen christlich-demokratischer und -sozialer Regierungen deutlich ausgespart. Lediglich der 'Alleinvertretungsanspruch' der Bundesrepublik Deutschland bzw. die 'Hallstein-Doktrin', in den 50er und 60er Jahren Richtwerte bundesdeutscher Ost- und Innenpolitik setzend, werden in gerafften Worten vielfach der seit 1969 betriebenen Ost-Politik entgegengehalten. Hier verzichten die Autoren dann auch nicht auf die Präsentation von Eigenmeinungen, die vielfach dahin tendieren, daß als Folge des 'Alleinvertretungsanspruchs' der Bundesrepublik Deutschland und aufgrund der Beachtung der 'Hallstein-Doktrin' die Vertiefung der Spaltung Deutschlands und das Auseinanderleben der beiden Bevölkerungsteile unausweichlich gewesen seien; die Umstrittenheit des politischen Aktionsrahmens, welcher sich aus 'Alleinvertretungsanspruch' bzw. 'Hallstein-Doktrin' ableitet, wird besonders deutlich hervorgehoben. "Die Grundlage der nach dem ehemaligen Staatssekretär im Auswärtigen Amt benannten Doktrin war der Alleinvertretungsanspruch der Bundesrepublik. Ziel dieser angeblich auf die Wiedervereinigung angelegten Politik war die Isolierung der DDR ..."(Buch 20, S. 214).
Zusammenfassend läßt sich zur Behandlung der "Ost- und Deutschlandpolitik" in den Sozialkundebüchern dieselbe Feststellung machen wie zur Behandlung des Themenkomplexes "Westintegration der Bundesrepublik Deutschland": die zeitgeschichtlichen Bezüge, die das Verhältnis zwischen Bundesrepublik Deutschland und Deutscher Demokratischer Republik betreffen, werden von den Schulbuchautoren ausführlich beschrieben, vor eigenen Wertungen scheuen die Schulbuchautoren aber weitgehend zurück. Darüber hinaus sind die Beiträge häufig durch die Verwendung von Quellenmaterial und fotografischen Abbildungen aufgelockert.

Die programmatischen Aussagen der politischen Parteien der Bundesrepublik Deutschland zur Sicherheitspolitik, die mit den Grundzügen der von der Bundesrepublik Deutschland betriebenen Außenpolitik in engem Zusammenhang stehen, finden nicht in allen Sozialkundebüchern Berücksichtigung (vgl. Tabelle 57). Festgestellt werden kann aber, daß die staatstragenden Parteien der Bundesrepublik Deutschland in jedem Sozialkundebuch in irgendeiner Form vorgestellt werden, während die Passagen aus Parteiprogrammen zur Sicherheits- und Außenpolitik lediglich in etwa der Hälfte der Sozialkundebücher eingeblendet und mehr oder minder ausführlich erörtert werden. Häufig geschieht die Besprechung sicherheitspolitischer Parteiaussagen in Form einer Synopse, welche nach Kultur-, Innen-, Außen-, Verteidigungs- oder Sicherheitspolitik, Deutschlandpolitik usw. gegliedert ist (vgl. z.B. Buch 10, S. 121).

Tabelle 57: Programme der Parteien zur Sicherheitspolitik

Inhalte (Kategorien)	Häufigkeiten, insgesamt angesprochen
Haltung der SPD	45
Haltung der FDP	36
Haltung der CDU/CSU	56
Haltung der NPD	6
Haltung der DKP	4
Parteiprogramme, allgemein	22

2.3.5.4. Rüstung, Waffen, Truppen

Die Dimension "Machtfaktoren und internationales Kräfteverhältnis" beinhaltet auch Kategorien, welche eine Analyse des Gebrauchs militärischer Begriffe, soweit solche in den Sozialkundebüchern Verwendung finden, erlauben. Über die Beschreibung des rein politisch definierten Kräfteverhältnisses - auch auf sicherheitspolitischer Ebene - hinaus, gehen die für den Unterricht an Schulen zugelassenen Sozialkundebücher auch auf die Steigerung des militärischen Rüstungspotentials, der Bereitstellung von Waffen jeglicher Art und auf das Soldatenkontingent, sei es national gebunden oder in den großen Militärblöcken integriert, ein.
Legt man die ausgezählten Nennhäufigkeiten (vgl. Tabelle 58) dieser Inhalte einer Bewertung zugrunde, so muß festgestellt werden, daß den nationalen und internationalen Rüstungsbestrebungen ein beachtliches Gewicht beigemessen wird; bei der Vermittlung von Wissensinhalten, die sich auf 'Rüstung' beziehen, stellen die Sozialkundebuchautoren wiederum die 'atomare Rüstung' in den Vordergrund ihrer Erörterungen. "Die Entwicklung der modernen Waffentechnik - Atombomben, Raketen, Antiraketen-Raketen - hat bewirkt, daß jede Gruppierung die physische Macht besitzt, jederzeit den Gegner zu vernichten und daß keiner von beiden, seine nahezu totale Vernichtung verhindern kann" (Buch 35, S. 426). Rüstung und Rüstungsmaterial werden als Vernichtungspotential charakterisiert. Davon ausgehend, auf die verheerenden Folgen des Einsatzes dieser Massenvernichtungsmittel hinweisend und die Schutzlosigkeit des einzelnen betonend beziehen einige der Sozialkundebuchautoren eine Position, welche der atomaren Rüstung ablehnend gegenübersteht. Vermittlungen solcher Art versuchen einerseits durch die Schilderung der grauenhaften Auswirkungen, welche Atombombenexplosionen nach sich ziehen (Assoziation "Atomwaffen" und "atomare Auseinandersetzung" = 21,35) und andererseits über den Einbezug von Pressefotos, welche die bei Atombombenexplosionen erzielten Zerstörungen dokumentieren, den dargebotenen Negativ-Eindruck zu verstärken (vgl. z.B. die Grafik zur Überschrift "Wirkung einer 20-Megatonnen-Atombombe" in Buch 19, S. 253).

Tabelle 58: Rüstung, Waffen, Truppen

Inhalte (Kategorien)	insgesamt angesprochen	Häufigkeiten davon sachlich	positiv	negativ	problematisierend
- Rüstungsvergleich	72	71	-	-	1
- Truppenstärke	39	37	1	-	1
- Truppenvergleich	38	36	1	1	-
- Wettrüsten	76	66	-	9	1
- konventionelle Waffen	234	219	3	8	4
- atomare Rüstung	453	413	2	29	9
- biologisch-chemische Rüstung	59	54	-	4	1
- Rüstungskosten	85	80	-	5	-
- Rüstungskosten im Vergleich zu anderen Ausgaben	49	45	-	2	2
- Waffenembargo	5	4	-	-	1
- Rüstungshandel	24	23	-	1	-
- Rüstung, Waffen, Truppen, allgemein	449	433	-	10	6

Solchen Beiträgen, welche die 'Atomwaffe' allein als grausames Vernichtungsmittel abtun, stehen aber auch solche gegenüber, die anhand der Atomwaffenproblematik die Strategie des 'Gleichgewichts des Schreckens' erläutern (15.26). "Nur das atomare Gleichgewicht zwischen den Supermächten USA und Sowjetunion verhinderte bisher die immer wieder in der Luft liegende Katastrophe: den Ausbruch eines dritten Weltkrieges, der die gesamte Welt zerstören würde" (Buch 74, S. 297). In engem Zusammenhang mit der Erläuterung des Gewaltpotentials 'Atomwaffe' nehmen die Sozialkundebuchautoren auch Bezug zur Weiterentwicklung der 'konventionellen Rüstung' und zu ihrem Stellenwert im Rahmen sicherheitspolitischer Gewalt- und Machtpolitik. Die Nennhäufigkeit von Inhalten, welche sich auf "konventionelle Waffen" bezieht und die mit 234 etwa die Hälfte jener Nennhäufigkeiten ausmacht, welche Inhalte der "atomaren Rüstung" ansprechen, zeigt, daß im Rahmen von Rüstungsbesprechungen die konventionelle Rüstung zwar nicht vernachlässigt wird, aber doch nicht dominiert (vgl. z.B. Buch 17, S. 164, Tabelle). Auf ethisch, moralisch und unter dem Aspekt der Menschlichkeit umstrittene Waffensysteme, wie sie im Bereich der biologischen und chemischen Rüstung entwickelt wurden, wird nur in 59 Protokolleinheiten verwiesen, d.h. noch nicht in jedem Sozialkundebuch einmal.
Daß atomare Rüstung, konventionelle Rüstung oder auch die Herstellung biologischer und chemischer Waffen und deren Bereithaltung für den Ernstfall mit hohen Kosten verbunden sind, wird durchschnittlich in jedem Sozialkundebuch in einer Protokolleinheit angesprochen. Die Rüstungskosten werden weltweit, für einzelne Militärblöcke oder für Nationalstaaten aufgeführt. "Die Rüstungsausgaben betrugen im Jahre 1968: Sowjetrußland ca. 56 Milliarden Dollar, Vereinigte Staaten ca. 63 Milliarden Dollar, Bundesrepublik ca. 4,5 Milliarden Dollar" (Buch 04, S. 193). Gleichfalls durchschnittlich einmal in jedem Sozialkundebuch werden Rüstungsvergleiche angestellt; auch das Phänomen des "Wettrüstens"

wird in etwa dem gleichen Umfang angesprochen. "Das Wettrüsten der beiden Giganten (USA und UdSSR) verändert nicht das nukleare Patt - jenes 'Gleichgewicht des Schreckens', auf dem der Friede der Welt seit einem Vierteljahrhundert ruht. Das neue Gleichgewicht liegt nur auf einer höheren und dafür unendlich viel teureren Ebene als das alte. Theo Sommer in Die Zeit Nr. 6/72" (Buch 57, S. 208). Wie vorstehendes Zitat bereits dokumentiert, ist als Besonderheit festzuhalten, daß Inhalte, die sich auf "Wettrüsten" beziehen, bemerkenswert häufig über Quellenmaterial ($\chi^2_6 = 14,8 > {}_{0,05}\chi^2_6 = 12,6$) (54) angeboten werden.
Gehen Sozialkundebuchautoren auf eine Darstellung der Rüstungskosten ein oder versuchen sie einen Eindruck über das sich in Ost und West gegenüberstehende Kriegspotential in Form von Vergleichen der Truppenstärken oder des zur Verfügung stehenden Kriegsmaterials insgesamt zu geben, dann geschieht dies am häufigsten über einen für die beiden Blöcke stellvertretenden Vergleich der beiden Weltmächte USA und UdSSR: "beide Weltmächte, USA und UdSSR, wissen besser als irgend jemand sonst, daß sie ihren bisherigen Rüstungswettlauf nur auf Kosten des sozialen Fortschritts fortsetzen konnten" (Buch 57, S. 208). Dieses Zitat verweist auch darauf, daß Sozialkundebuchautoren durchaus Rüstungskosten und Rüstungsfinanzierung nicht ausschließlich isoliert sehen, sondern diese im Rahmen gesamtvolkswirtschaftlicher Überlegungen bewerten und dem Leser nahebringen. Wesentlich seltener als die beiden Weltmächte werden in diesen Zusammenhängen andere Großmächte oder die beiden deutschen Staaten einander gegenübergestellt.

Tabelle 59: Rüstung, Truppen und ausgewählte Staaten

Inhalte (Kategorien)	UdSSR	USA	BRD	DDR	Frankreich	England	China
Rüstungskosten	41	48	31	10	21	13	14
Rüstungskosten im Vergleich zu anderen Ausgaben	18	27	18	5	8	7	8
Rüstungsvergleich	40	42	23	13	16	17	11
Truppenstärke	25	21	13	9	7	9	6
Truppenvergleich	22	23	23	15	11	12	5

Lesebeispiel: In 48 Protokolleinheiten tritt der Inhalt "Rüstungskosten" gleichzeitig in Verbindung mit USA oder 41 mal zusammen mit UdSSR usw. auf.

Eine wesentlich geringere Beachtung als "Rüstungskosten" oder als "Rüstungsvergleiche" finden Inhalte wie "Rüstungs- und Waffenhandel". Auch konnten keine Inhalte aufgefunden werden, welche militärpolitische oder rüstungsdispositive Maßnahmen, wie z.B. Waffenembargo, behandeln oder solche, welche auf das internationale 'Rüstungsgeschäft' eingingen.
Zusammenfassend läßt sich sagen, daß die Schulbuchautoren durchaus die Aufmerksamkeit auf das weltsicherheitspolitische Rüstungsproblem richten. Obwohl vielfach in den Darstellungen darauf abgehoben wird, 'Rüstung' nicht nur eindimensional, sondern auch in Querbezügen zu erörtern, wird häufig vermieden, auf die gesellschaftspolitische oder auf die volkswirtschaftliche Bedeutung, welche der Rüstungsindustrie zukommt, einzugehen, etwa derart: "Rüstung: Viele

Entwicklungsländer geben hohe Summen dafür aus, Industriestaaten liefern ihnen Waffen. So werden, entgegen einer Kabinettsentscheidung '... Radpanzer an Peru und U-Boote an Kolumbien abgegeben, die Benutzung bundesdeutschen Kriegsmaterials durch den NATO-Partner Portugal in seinen Kolonien wird fortgesetzt' (evangelischer Pressedienst 'Entwicklungspolitik' Nr. 11-12/71)" (Buch 45, S.298). Beispielsweise unterbleiben auch sich offensichtlich anbietende Querverbindungen, die auf den Stellenwert von Militär, den sicherheitspolitischen Anforderungen an Rüstung oder auf die Auswirkungen des bereitgestellten Rüstungspotentials im Hinblick auf die psychologische Kriegsführung der beiden großen Machtblöcke oder der Großmächte untereinander Bezug nehmen. Auch kommt in den Sozialkundebuchbeiträgen wenig zum Ausdruck, daß Militär der Sicherung des Friedens insgesamt zu dienen hat.

Tabelle 60: Militär in Verbindung mit Sicherheit und Frieden (Erklärungskategorien)

Inhalte Variable x	Variable y	Z-Wert	X	Y	X∩Y
Militär	Sicherheit	3.46	1552	676	274
Militär	Friede	-0.45	1522	1205	390
Soldaten	Sicherheit	-1.93	352	676	37
Soldaten	Friede	-2.06	352	1205	71

Anmerkung: Z-Werte, die außerhalb des Intervalls $-3,29 < Z < +3,29$ liegen, sind auf dem 0,1 %-Signifikanzniveau bedeutsam.

2.3.5.5. Militärpolitische und strategische Zielrichtungen

Der Militär- und Rüstungskomplex, der die sicherheitspolitische Bühne dieses Zeitalters u.a. beherrscht, ist sicherlich nicht als 'Selbstzweck' geschaffen. Im Rahmen des gesamtpolitischen Dialogs hat er einen bedeutenden Platz inne, insbesondere, bedenkt man die ihm übertragene Aufgabe, durch Präsenz militärischen Potentials Schutz- und Sicherheitsfunktionen auszuüben sowie die Unantastbarkeit gewisser Territorien zu garantieren. In dieser Hinsicht stützt er militärpolitische Strategien durch sein personelles oder materielles Vorhandensein. Über allgemein gehaltene militärpolitische Hinweise hinaus, findet jedoch nur die Strategie des 'Gleichgewichts des Schreckens' hinreichend Berücksichtigung in durchschnittlich jedem analysierten Sozialkundebuch (vgl. Tabelle 61). "Wir leben in Europa seit 1945, seit einem Vierteljahrhundert, in einem Zustand ohne Krieg, aber gleichzeitig immer am Rande einer Katastrophe. Die Menschheit scheint sich jedoch mit der Tatsache abgefunden zu haben, daß in Sekunden der Sturz in die Steinzeit stattfinden kann. Das Gleichgewicht des Schreckens, das ein ständiges Wettrüsten erfordert, um die Abschreckung aufrecht zu erhalten, ist keine zuverlässige, keine positive Sicherung des Friedens" (Buch 19, S. 253). Daß die Aufrechterhaltung des 'Gleichgewichts des Schreckens' in Sozialkundebüchern - wie vorstehend - eine problematisierende Darstellung erfährt oder Folgen, die im Zusammenhang der Aufrechterhaltung der nuklearen Abschreckung einhergehen können, aufgezeigt werden, geschieht lediglich in 5 Protokolleinheiten.

Tabelle 61: Militärpolitische und strategische Zielrichtungen

Inhalte (Kategorien)	insgesamt ange-sprochen	Häufigkeiten davon sach-lich	posi-tiv	nega-tiv	problema-tisierend
Strategien der NATO (allgemein)	42	42	-	-	-
Massive Vergeltung	15	15	-	-	-
Flexible response	36	30	-	3	3
Vorne-Verteidigung	14	14	-	-	-
globale Präsenz der USA auf den Weltmeeren	9	9	-	-	-
Strategien des Warschauer Paktes (allgemein)	30	30	-	-	-
Strategisches Ziel der Sowjetunion: Mitteleuropa	27	27	-	-	-
Weltweite Ausbreitung durch maritime Rüstung der Sowjetunion	15	15	-	-	-
Gleichgewicht des Schreckens	103	94	1	3	5
Fähigkeit zum 2. atomaren Schlag	25	22	-	2	1
Strategie, allgemein	108	105	1	1	1

In nur sehr wenigen Sozialkundebüchern wird auf die derzeit gültigen Militärstrategien für den NATO-Bereich eingegangen oder auf sicherheitspolitische Ziele wie 'flexible response', 'Vorne-Verteidigung', 'die Fähigkeit zum 2. atomaren Schlag' oder auf die 'globale Präsenz der USA auf den Weltmeeren' und auf das 'strategische Ziel der Sowjetunion, welches erst durch die Einverleibung Mitteleuropas in den sowjetischen Machtblock als erreicht gelten kann', verwiesen.

2.3.5.6. Abrüstung, Rüstungskontrolle, Rüstungsbegrenzung

Im Vergleich zur Behandlung des Rüstungspotentials, der konventionellen und atomaren Waffen, der Rüstungskosten und des Wettrüstens ist den Abrüstungsbemühungen in den Sozialkundebüchern nur ein bescheidener Raum gewidmet (vgl. Tabelle 62). Dieser wird allerdings vielfach genutzt, um im Zusammenhang mit der weltweiten Aufrüstung auch auf die gleichermaßen weltweiten Bemühungen um Rüstungsverminderung einzugehen. Weniger deutlich ist die Verbindung zu sicherheitspolitischen Strukturen auf internationaler Ebene oder zu Friedensbemühungen, welche von nationaler Seite oder von internationalen Gremien vorgetragen werden, ausgeprägt. Sozialkundebücher streifen den Gegenstand 'Abrüstung'vereinzelt schlagwortartig im Zusammenhang mit gesellschaftspolitischen Maßnahmen, die im Einflußbereich nationaler Entscheidungsträger liegen.

"Hier liegen Umfrageergebnisse vor, die jeweils nur wenige Monate vor einem Wahltermin ermittelt worden waren. Die Frage lautet: 'Welcher dieser Punkte wäre Ihnen besonders wichtig?'

	Mai 1961	Mai 1969
Kostenlose ärztliche Untersuchung für jeden einmal im Jahr	39 %	58 %
Eine Altersrente, die 75 % des Arbeitsverdienstes beträgt	47 %	66 %
Verbesserung der Verkehrs- und Strassenverhältnisse	35 %	52 %
Bau von Sportplätzen, Turnhallen und Schwimmbädern	28 %	50 %
Eintreten für die Wiedervereinigung Deutschlands	56 %	44 %
Eintreten für eine allgemein kontrollierte Abrüstung einschließlich aller Atomwaffen	41 %	40 %

(Nach 'Die Zeit', 12.9.69)" (Buch 08, S. 31).

Abrüstungs- und Rüstungskontrollbemühungen bilden in den Sozialkundebüchern eher 'allgemeinen' Lehrstoff, als daß sie differenziert den Lesern vorgestellt werden. "Eine gegenseitige kontrollierte Abrüstung wäre ein erster Schritt, dieses System von Rüstung und Gegenrüstung zu durchbrechen" (Buch 79, Teil IX, S. 8).
Als sichtbares Beispiel, daß Abrüstungsverhandlungen und daß das Bemühen um Rüstungskontrolle zumindest partiell von Erfolg begleitet sind, wird häufig der Atomwaffensperrvertrag gewählt; "Der Atomwaffensperrvertrag, der die Zahl der Atommächte auf die heutigen 5 begrenzt halten möchte, ist ein Schritt vorwärts ... Es wird befürchtet, daß die Atommächte auch die Forschung für friedliche Zwecke begrenzen und daß sie auch ihre Überlegenheit dazu benutzen könnten, andere Mächte zu erpressen. Andererseits: Wichtiger ist, daß das Zustandekommen dieses Abkommens zwischen den USA und der UdSSR dem Weltfrieden dient" (Buch 41, S. 237).
Über eine manchmal von seiten der Autoren als begrüßenswert betonte Darstellung der Abrüstungsbemühungen hinaus ist ein problematisierender Zusammenhang des gesamten Themenkreises mit positiven politischen Werten ersichtlich. "'Es sollte klar sein,daß eine Abrüstung nicht automatisch den Frieden garantiert. Die Gleichsetzung von Rüstung mit Krieg und von Abrüstung mit Frieden ist naiv'. Wie beurteilen Sie diese Aussage?" (Buch 81, S. 242). Die statistische Überprüfung von Nennassoziativitäten oder -dissoziativitäten der in den Sozialkundebüchern kommunizierten Inhalte der einzelnen Verträge zu sonstigen kommunizierten Inhalten, die durch das Kategorienraster erfaßt werden, erwies sich wegen zu geringer Belegungszahlen dieser Kategorien als nicht durchführbar (55).

Tabelle 62: Abrüstung

Inhalte (Kategorien)	insgesamt angesprochen	Häufigkeiten davon sachlich	positiv	negativ	problematisierend
Rüstungsstop	16	11	4	-	1
Abrüstungsverhandlungen (allgemein)	71	62	5	-	4
Meeresbodenvertrag	10	10	-	-	-
Südamerikaabkommen	5	5	-	-	-
Teststopabkommen	38	37	-	-	1
Atomwaffensperrvertrag	67	59	3	1	4
Weltraumabkommen	15	14	-	1	-
MBFR	8	7	-	1	-
SALT	28	28	-	-	-
Ächtung biologischer und chemischer Waffen	9	9	-	-	-
Kellog-Pakt	26	24	2	-	-
Abrüstung, allgemein	226	205	9	-	12

2.3.5.7. Kriegsarten, Kriegsbilder

Wie bereits bei der Besprechung der Global- bzw. Überblicksdaten angemerkt wurde, hat die Kategorie "Krieg" die höchste Zahl von Kodierungen (1326 = 4,7 % der Kodierungen, welche auf Inhaltskategorien entfallen) erhalten. Wie sich aber auch zeigen läßt, findet nur eine begrenzte Ausdifferenzierung von 'Krieg' nach Art, Zweck oder Vorgehensweise statt (vgl. Tabelle 63). 'Krieg' hat seinen Platz in den Sozialkundebüchern zur Verdeutlichung von etwas Schrecklichem, von etwas Unkontrollierbarem, von etwas, welches den herrschenden Wohlstand bedroht, von etwas, welches Zerstörung, Vernichtung, Elend und Tod bedeutet. "Kriege bringen Elend und Armut über die Menschen. Es gibt deshalb kein größeres Verbrechen, als einen Krieg zu beginnen" (Buch 59, S. 214). Diese Aufzählung verdeutlicht auch, daß 'Krieg' in den heutigen Sozialkundebüchern nicht jenen Stellenwert einnimmt, welchen er in den Geschichtsbüchern der ersten Hälfte des 20. Jahrhunderts noch inne hatte. Er erfährt keine Verherrlichung; auf ihn konzentrieren sich die meisten Negativwertungen, welche Schulbuchautoren abgeben.

Insbesondere bestimmt die Vision atomar geführter Kriege das gezeichnete Bild. "Eine einzige Atombombe genügt, um Millionen Menschen zu vernichten. Neue Waffen in den Händen von Feinden der Menschheit können alles Leben auf diesem Planeten in wenigen Augenblicken zum Erlöschen bringen" (Buch 11, S. 264). Drastisch wird veranschaulicht, welche entsetzlichen Folgen solche atomar geführten Auseinandersetzungen haben könnten. Die Warnung vor Kriegen durchzieht beinahe jede Textpassage, welche sich in irgendeiner Art und Weise mit der Beschreibung militärischer Konflikte befaßt. Um diese Warnung zu unterstreichen, dienen vielfach veröffentlichte Pressefotos, welche die Verheerungen nach den historischen Atombombenabwürfen von Hiroshima und Nagasaki zeigen (vgl. z.B. 'Bedrohliche Waffenentwicklung' in Buch 27, S. 196). Daß Kriege sowohl dem einzelnen als auch der Gesamtheit unserer Gesellschaft nur Schaden in jeglicher Hinsicht zufügen, wird darüber hinaus auch durch die Schilderung menschlichen

Tabelle 63: Kriegsarten und Kriegsbilder

Inhalte (Kategorien)	insgesamt angesprochen	Häufigkeiten davon sachlich	positiv	negativ	problematisierend
Bürgerkrieg	103	97	1	3	2
Präventivkrieg	10	9	–	–	1
Angriffskrieg	136	114	–	20	2
Verteidigungskrieg	45	40	3	–	2
Revolutionskrieg	70	66	1	2	1
Partisanenkampf	50	47	–	–	3
konventionell geführte Auseinandersetzung	54	49	–	4	1
atomare Auseinandersetzung	165	138	–	23	4
Hiroshima/Nagasaki	54	49	–	5	–
Atomkrieg in Mitteleuropa (Selbstvernichtung)	17	16	–	–	1
zivile Schutzmaßnahmen vor ABC-Waffen	7	4	–	3	–
materielle Kosten bei militärischen Auseinandersetzungen	50	49	–	1	–
menschliches Leid bei militärischen Auseinandersetzungen	187	172	–	14	1
Verluste im 1. und 2. Weltkrieg	148	130	–	18	–
Krieg, allgemein	1 326	1 221	1	86	18

Leides oder durch ausgedehnte Hinweise auf die Kriegsverlustziffern des 1. und/ oder 2. Weltkrieges verdeutlicht. "Zu den Millionen Ermordeten in Gefängnissen, Zuchthäusern und Konzentrationslagern, ... kamen weitere Millionen Kriegstote sowie Millionen Menschen, die als Angehörige des Volks, das den Krieg 1939 - 1945 begonnen und verloren hatte, ihre Heimat verlassen mußten" (Buch 22, S.97). Jedes Sozialkundebuch geht mindestens einmal auf die besonderen Konfliktkonstellationen ein, welche mit Bürgerkriegen zusammenhängen. Um solche Bürgerkriegssituationen zu demonstrieren, wird beinahe ausschließlich auf den langjährigen Kriegsschauplatz Irland zurückgegriffen." 'Glaubenskriege' gibt es auch in unserer Zeit (Nordirland, Libanon). Oft wird aber der unterschiedliche Glaube als Ursache des Konfliktes nur vorgetäuscht und die wirklichen Gründe sind ganz anderer Art (z.B. Macht ... usw.) ... Bürgerkrieg in Nordirland" (Buch 70, S. 58 f.). Insbesondere stoßen die Anzettelung und die Durchführung jeglichen Angriffskrieges bei den Schulbuchautoren auf Ablehnung, während Kriege, welche der eigenen Landesverteidigung dienen, entweder ausschließlich sachlich begründet oder zum geringen Teil sogar positiv gewertet vorgestellt werden.

Einige Sozialkundebuchautoren greifen, wenn sie sich mit der Thematik 'Krieg' auseinandersetzen, auch Entwicklung und Stand des 'internationalen Kriegsrechts' auf (vgl. Tabelle 64). Der Schwerpunkt in der Erörterung des 'internationalen Kriegsrechts' wird dann meistens auf Aussagen gelegt, welche die historische Entwicklung der Rechtskonventionen und ihre Ausgestaltung beschreiben. "Die erste Genfer Konvention wurde durch eine zweite (1906), dritte (1929) und vierte (1949) ergänzt. In der ersten Konvention wurde festgesetzt: 1. die völkerrechtlichen Bestimmungen für die Rotkreuz-Einrichtungen; 2. ... 3. ... Die drei jüngeren Abkommen befassen sich mit der Seekriegsführung, mit der Behandlung der Kriegsgefangenen und mit dem Schutz der Zivilbevölkerung in Kriegszeiten" (Buch 71, S. 123).

Über solche Formalaussagen hinaus bringen Sozialkundebücher nur recht vereinzelt Sinn, Ziel und Besonderheiten dieser Vertragswerke, welche in erster Linie doch der Humanisierung von militärischen Auseinandersetzungen dienen sollen; daß diese Konventionen, vor allem in ihrer letztgültigen Fassung von 1949 z.B. detaillierte Kriterien dafür liefern, welche Entscheidungsgrundlagen zur Feststellung von Kriegsverbrechen heranzuziehen sind, sprechen nur elf Protokolleinheiten an. Daß sich die Vertragspartner darauf geeinigt haben, einen internationalen

Tabelle 64: Internationales Kriegsrecht

Inhalte (Kategorien)	Häufigkeiten, insgesamt angesprochen
Konventionen (Genf, Den Hag)	201
Status von Hilfsorganisationen	24
Status bewaffneter Streitkräfte	22
Status der Zivilbevölkerung	32
Behandlung von Kriegsverbrechen	11
Behandlung neutraler Staaten	6
Schiedsgerichtsbarkeit	22
Internationales Kriegsrecht, allgemein	40

'Kriegsgerichtshof', also ein supranationales Schiedsgericht, anzuerkennen und daß dieses auch mit verbindlichem Rechtsauftrag und Rechtsmitteln ausgestattet ist, wird in 22 Protokolleinheiten für mitteilenswert gehalten. Auch gehen nur sehr wenig Sozialkundebücher im Rahmen sicherheitspolitischer Darstellungen darauf ein, aus welchen jeweiligen historischen aktuellen Anlässen heraus sich die Nationen zur Schaffung dieser Konventionen entschlossen oder Novellierungen einbrachten. Bedeutend ausführlicher als diese Sachverhalte, welche auf militärische Konflikte vor 1945 zurückgehen, erörtern die Sozialkundebuchautoren Kriege und kriegsähnliche Ereignisse nach 1945.

2.3.5.8. Zwischenstaatliche militärische Konflikte seit 1945

Insbesondere weisen die Sozialkundebuchautoren verstärkt darauf hin, daß sich mit den militärischen Auseinandersetzungen auf den regional begrenzten Kriegsschauplätzen nach 1945 jeweils die Gefahr eines weltweiten Krieges verband. "Andere Ereignisse im Schwebezustand zwischen echtem Frieden und dem totalen modernen Krieg waren z.B. die Annexion Tibets, die Blockade Kubas 1962, der Bürgerkrieg auf Zypern und auch die Kriegsführung in Vietnam ..." (Buch 31, S. 97). Mit der Benennung dieser Kriegsschauplätze geht auch jeweils eine kurze Beschreibung der auf ihnen ausgetragenen Kriegsform bzw. Kriegsart einher (11.71).
In beinahe keinem Sozialkundebuch fehlt der mehrmalige Hinweis auf den südostasiatischen Kriegsschauplatz Vietnam. "Seit vielen Jahren tobt in Vietnam ein grausamer Krieg, dessen Ende immer noch nicht abzusehen ist, obwohl seit Januar 1973 die Waffen offiziell schweigen" (Buch 21, S. 250). Zwar wesentlich seltener, aber immerhin im Durchschnitt noch etwa zweimal pro Buch werden die militärischen Konflikte, welche nach 1945 im Nahen Osten ausgetragen wurden, angesprochen. "Am längsten dauert bisher der Konflikt im Nahen Osten zwischen Israel und seinen arabischen Nachbarn" (Buch 78, S. 140). Die Vorfälle in Zypern und Kuba finden durchschnittlich einmal pro Buch inhaltliche Berücksichtigung. "Als im Oktober 1962 bekannt wurde, daß die Sowjetunion auf Kuba Raketenstützpunkte gegen die USA errichtet hatte, stand die Welt plötzlich vor dem Abgrund eines Atomkrieges" (Buch 73, S. 101). "Beim Zypern-Problem geht es um die Frage, ob die Angehörigen der beiden Völker friedlich nebeneinander wohnen können ... Da die griechischen Bewohner die Türken unterdrücken, kommt es immer wieder zu Spannungen" (Buch 16, S. 188). Im wesentlichen werden all diese mit militärischen Mitteln ausgetragenen Konfliktsituationen emotionsfrei - sieht man von

veranschaulichenden Adjektiven ab - und sachlich dargestellt. Zum Teil beinhalten die Beschreibungen Hinweise auf die Rollen, welche die Welt- und Großmächte bei diesen mit Waffengewalt ausgetragenen Spannungszuständen in vielen Teilen der Welt spielen. "In all diese Auseinandersetzungen sind die beiden Großmächte fast immer verwickelt, entweder weil ihre militärischen, politischen oder wirtschaftlichen Interessen auf dem Spiel stehen, oder weil sie um Hilfe gebeten werden" (Buch 67, S. 283).

Tabelle 65: Zwischenstaatliche militärische Konflikte seit 1945

Inhalte (Kategorien)	insgesamt angesprochen	Häufigkeiten davon sachlich	positiv	negativ	problematisierend
Kriegssituation in Europa (einschließlich Zypern)	89	84	1	3	1
Kriegssituation in Fernost	320	313	-	4	3
Kriegssituation in Nahost	169	164	-	1	4
Kriegssituation in Afrika	87	87	-	-	-
Kriegssituation in Mittel- und Südamerika (Kuba)	80	79	-	1	-
Auflösung der Kolonialstaaten	68	66	1	1	-
militärische Auseinandersetzungen, allgemein	26	24	-	1	1

Die Kriegssituationen, die sich nach 1945 auf der Welt ergeben hatten, werden häufig in engem Zusammenhang innerhalb eines Kapitels 'Krisenherde der Welt' abgehandelt. Darüber hinaus verdeutlichen Sozialkundebuchautoren anhand solcher ausgewählter Konfliktbeispiele Möglichkeiten und Formen des Einschreitens der supranationalen Organisation "United Nations Organisation" (UNO); wird dieser Querbezug hergestellt, so sind die Beschreibung und die Diskussion dieser Krisenherde vornehmlich in Abschnitte verwiesen, welche mit Titeln wie "Einschreiten der UNO" (vgl. z.B. Buch 07, S. 187) versehen sind.
Letztlich bleibt noch anzumerken, daß mit der Beschreibung von militärischen Auseinandersetzungen, die sich nach 1945 ereignet haben, vielfach auch eine Besprechung von Konfliktanlässen und Konfliktursachen gepaart ist.

2.3.5.9. Konflikt- und Spannungspotentiale

Tabelle 66: Konflikt-/Spannungspotentiale

Inhalte (Kategorien)	insgesamt angesprochen	Häufigkeiten davon sachlich	positiv	negativ	problematisierend
Bodenschätze/Rohstoffe	32	32	–	–	–
Grad der Industrialisierung	59	58	–	–	1
Abhängigkeiten durch Entwicklungshilfe	70	64	2	–	4
Hunger, Existenzerhaltung	129	123	–	4	2
soziale Ungleichheit	76	70	–	4	2
Rassen- und ethnische Fragen	82	74	–	7	1
religiöser Fanatismus	52	45	–	6	1
staatstheoretische, ideologische Doktrinen	394	359	–	28	7
Aggressionspolitik	380	355	–	23	2
Unterdrückungspolitik	151	129	–	22	–
geteilte Staaten, Nationen	271	257	–	11	3
militärische Ungleichheit	62	59	–	1	2
Konfliktpotential, allgemein	430	420	–	10	–

In keinem der Sozialkundebücher fehlen allgemeingehaltene Hinweise zur Problematik von Konfliktanlässen; Ursachen finden die Autoren verstärkt in politischen Bereichen. Als Gründe für aufgetretene Spannungen, welche letztlich zu einem Kriegszustand führten, werden überdeutlich staatstheoretische und ideologische Doktrinen sowie der Hang zur Aggressionspolitik einiger Nationen gegenüber ihren Nachbarstaaten herausgestellt. "Die Sowjetrussen rechtfertigen (oder tarnen manchmal) ihre imperialistischen Interessen mithilfe der kommunistischen Ideologie. Zudem liegt es im Wesen der kommunistischen wie auch der demokratischen Ideologie, die Welt nach ihren Grundsätzen zu ordnen" (Buch 38, S. 233).

Tabelle 67: Ideologien als Konfliktpotential

Variable x	-	Variable y	Z-Wert	Häufigkeiten		
				X	Y	X∩Y
Ideologien als Konfliktpotential	-	Sozialismus	13.23	394	400	110
Ideologien als Konfliktpotential	-	Kommunismus	18.90	394	897	238
Ideologien als Konfliktpotential	-	Kapitalismus	16.38	394	166	75
Ideologien als Konfliktpotential	-	Imperialismus	11.04	394	156	53

Anmerkung: Z-Werte, die außerhalb des Intervalls $-3{,}29 < Z < +3{,}29$ liegen, sind auf dem 0,1 %-Signifikanzniveau bedeutsam

Politisch-ideologische Strömungen - so bringen Schulbuchautoren zum Ausdruck - sind die Haupttriebkräfte, auf welche militärische Konfliktaustragungen zurückgehen. Diese politisch-ideologischen Strömungen sind vornehmlich an sogenannten '-Ismen' festgemacht: Tabelle 67 weist diesen engen Zusammenhang in der Darstellung zwischen "Ideologien als Konfliktpotential" und verschiedenen '-Ismen' aus.

Darüber hinaus ist ein Tenor in der Besprechung dieser '-Ismen' durchgängig feststellbar, welcher vor allem 'links' ausgerichtete '-Ismen' zum Motor von Revolution und Umsturz stempelt (vgl. Tabelle 68). "Umsturz ist und bleibt das wirkliche Ziel aller kommunistischer Parteien" (Buch 52, S. 42). Die Fortführung der Aussage zu dieser Thematik durch "Daran ändert auch nichts, daß sich die KP außerhalb des demokratischen Bereichs manchmal demokratisch gebärdet und daß die kommunistischen Staaten der westlichen und der 'dritten Welt' durch eine Politik der 'friedlichen Koexistenz zwischen Staaten verschiedener sozialer Struktur' weiszumachen versuchen, es könnte wirklich ein friedliches Nebeneinanderbestehen der beiden Gesellschaftsformen geben" (Buch 52, S. 42), soll beispielhaft verdeutlichen, daß das Spannungsverhältnis, das die gegenwärtige politische Weltsphäre kennzeichnet, beinahe ausschließlich auf dem Hintergrund ideologischer Gegensätze gesehen und vorwiegend über die Gesellschaftsordnungen der Weltmächte vermittelt wird (56).

Tabelle 68: Verbindung von ausgewählten '-Ismen' und "Revolution"

Variable x	-	Variable y	Z-Wert	Häufigkeiten		
				X	Y	X∩Y
Kommunismus	-	Revolution	10.51	897	203	104
Sozialismus	-	Revolution	10.28	400	203	60
Marxismus	-	Revolution	10.91	100	203	27

Anmerkung: Z-Werte, die außerhalb des Intervalls $-3,29 < Z < +3,29$ liegen, sind auf dem 0,1 %-Signifikanzniveau bedeutsam

Relativierend läßt sich aber auch anmerken, daß eine hohe Nennassoziation zwischen den Inhalten "staatstheoretische, ideologische Doktrinen als Konfliktpotential" und "friedliche Koexistenz" (14.22) zu verzeichnen ist.
Daß sich geteilte Staaten in einem permanenten Krisenzustand befinden, wird insbesondere anhand des Verhältnisses der Bundesrepublik Deutschland zur Deutschen Demokratischen Republik, z.T. auch am Beispiel Korea, erläutert. "Zugleich entwickelten sich die Länder, die durch den Ausgang des Krieges in eine kommunistische und eine nichtkommunistische Zone geteilt waren, Deutschland und Korea, zu weltpolitischen Gefahrenpunkten" (Buch 02, S. 162). Unterdrückungspolitik, die vornehmlich mit dem Einsatz militärischen Gewalt- und Machtpotentials gekoppelt ist, wird weitgehend durch Hinweise auf die Situation in den Ostblockstaaten vermittelt. "Die Sowjetunion hat nun schon zum drittenmal freiheitliche Bestrebungen innerhalb des Ostblocks mit militärischer Gewalt brutal unterdrückt, ..." (Buch 67, S. 279).
Von den Schulbuchautoren mitgeteilte Begründungen militärischer Auseinandersetzungen, welche auf die jeweilige ökonomische Lage und der davon abhängigen sicherheitspolitischen Situation abheben, können als durchgängiges Lehrmuster meistens innerhalb der Besprechungen, die Entwicklungsländer oder Entwicklungshilfe betreffen, gefunden werden. Wenn die ökonomische Lage des jeweiligen Landes als Begründung für dessen Krisenzustand herangezogen ist, dann beschränkt sich die Beschreibung meistens auf die mangelnde Technisierung im agrikulturellen Bereich oder auf die unterentwickelte Industrie in Bezug auf die Herstellung von Halbfertigprodukten. Die in neuerer Zeit vielfach lokalisierte Ursache, die zum Ausbruch militärischer Konflikte führte, nämlich divergierende Ansprüche verschiedener Staaten auf den Zugang zu Rohstofflagern, wird in den Büchern noch wenig thematisiert.

Eine Sichtweise von Entwicklungshilfe nicht rein als Selbstzweck, sondern hinsichtlich der Eigeninteressen der mächtigen Industriestaaten, kommt allerdings durchaus zum Zuge. "Politik mit der Entwicklungshilfe: Seit nach dem Ende des Zweiten Weltkriegs fast alle Kolonien ihre nationale Selbständigkeit erlangten, wurden die wirtschaftlichen Unterschiede zwischen den hochentwickelten Industrienationen und den jungen Nationen zu einem wichtigen internationalen Problem. ...: die USA z.B. versuchte, mittels ihrer wirtschaftlichen und militärischen Hilfe Entwicklungsländer gegen den Sozialismus immun zu machen; die sozialistischen Länder versuchten, Entwicklungsländer als Bundesgenossen zu gewinnen. Viele Jahre hindurch nutzte die Bundesrepublik ihre starke wirtschaftliche Stellung gegenüber Entwicklungsländern auch dazu, diese Länder davon abzuhalten, die DDR als selbständigen Staat anzuerkennen ..." (Buch 80, S. 197).

Insgesamt läßt sich noch feststellen, daß die in Tabelle 66 erfaßten Inhalte, wenn sie in Bezug zu militärischen Auseinandersetzungen abgehandelt oder wenn sie als Konflikt- und Spannungspotentiale in Sozialkundebüchern ausgewiesen werden, selten in eigenständigen Abschnitten zusammenfassend Behandlung finden; meistens tauchen sie punktuell in der Gesamtheit der analysierten Protokolleinheiten verstreut auf.

2.3.5.10. Konzepte zur und Vorstellungen von Friedenssicherung

Sowohl von den beiden Weltkriegen vor 1945 als auch von den mit militärischen Mitteln ausgetragenen Konflikten in der zweiten Hälfte des 19. Jahrhunderts ausgehend, greifen die Schulbuchautoren im beschränkten Maße das Thema 'Friedenssicherung' auf. "Die zweite große Aufgabe unserer Tage ist die Erhaltung des Friedens, denn der Friede schützt die Menschheitsgüter, der Krieg zerstört sie" (Buch 25, S. 249).

Das Thema 'Friede' konnte, soweit es in sicherheitspolitischen Protokolleinheiten enthalten war, über die Subdimension "friedliche Ordnungen" oder als Begriff über die Erklärungskategorie "Friede, friedlich" erfaßt werden. Obwohl die Erklärungskategorie "Friede, friedlich" mit 1.205 Nennungen stark belegt ist, verwenden Schulbuchautoren kaum Raum darauf, Überlegungen zur Friedenssicherung dem Schüler nahezubringen, die losgelöst von 'militärisch/strategischen' Konzeptionen sind; es überwiegen allgemein gehaltene Friedensbeschwörungen.

Tabelle 69: Friedenssicherung

Inhalte (Kategorien)	insgesamt angesprochen	Häufigkeiten davon			
		sachlich	positiv	negativ	problematisierend
Neutralität Gesamtdeutschlands	33	26	3	2	2
politisch vereintes Westeuropa	71	55	13	-	3
politisch vereintes Gesamteuropa	68	52	11	-	5
gesamteuropäisches Sicherheitssystem	21	19	2	-	-
Weltregierung, Weltparlament	37	24	9	-	4
soziale Verteidigung	10	8	2	-	-
Friedens-/Konfliktforschung	36	20	15	-	1
gewaltlose Bereinigung von Konflikten	177	151	22	2	2
grundsätzliche Ächtung von Kriegen	19	18	-	-	1
friedliche Ordnung, allgemein	456	426	22	2	6

Die am häufigsten auftretenden Inhalte zur 'Friedenssicherung' zeigen keinen prophylaktischen Anspruch; sie heben nicht auf die Vermeidung der Entstehung von Konflikten ab, sondern sie erweisen sich als Aussagen zur Vermittlung in bereits ausgebrochenen Konflikten, also zu einem 'Bargaining', welches bereits militant geführte Auseinandersetzungen wieder auf eine gewaltlose Konfliktaustragung zurückführen soll. In der Rückbindung von Konflikten auf ihre gewaltlose Bereinigung wird die größte Chance beim Bemühen um die Aufrechterhaltung des Friedens gesehen. "Konflikte sind in einer offenen Welt so wenig zu vermeiden wie in einer

offenen Gesellschaft. Sie müssen jedoch ohne Gewalt oder Androhung von Gewalt gelöst werden" (Buch 55, S. 69). Die Darstellungen in den Sozialkundebüchern, die diesbezügliche Maßnahmen aufgreifen, stehen in engem inhaltlichen Zusammenhang mit den UNO-Prinzipien (vgl. Abschnitt 2.3.6.). Darüber hinaus wird in beinahe jedem Buch auf die Notwendigkeit eines politisch vereinten Europas hingewiesen; dieses gilt als unerläßliche Voraussetzung einer vom Frieden geprägten politischen Ordnung; oft ist aber nicht ersichtlich, ob dabei an ein vereinigtes West- oder Gesamteuropa gedacht ist. "Nur einem vereinten Europa kann es gelingen, europäische Bürgerkriege zu verhindern, ..., Freiheit, Menschenrechte und Menschenwürde vor Unterdrückung durch jede Art von Totalitarismus zu schützen, ..." (Buch 06, S. 331). Den Schulbuchautoren gelingt es kaum, sich von territorialen Vorstellungen zu lösen, gehen sie auf Konzepte der Friedenssicherung ein; der durch die Friedens- und Konfliktforschung gewiesene Weg, ' Frieden an sich ' als normativ hochstehenden Wert in allen Gesellschaften zu verankern, findet einen nur äußerst bescheidenen Niederschlag. "Friedensforschung: Neuer Zweig der Wissenschaft (...). Er befaßt sich mit den Ursachen für kriegerische Auseinandersetzungen, die im Verhältnis der Staaten zueinander, im Aufbau der Gesellschaft, ... und in der Neigung des Menschen zu Aggressionen gesucht werden" (Buch 20, S. 175).
Wie zu erwarten, ist die zum Ausdruck kommende Grundhaltung der Schulbuchautoren eine den 'Frieden' begünstigende oder befürwortende. "Die friedliche und menschenwürdige Gesellschaft aller denkenden Wesen, die nun einmal auf diesem Stern miteinander leben müssen, ist der letzte Sinn der Sozialkunde" (Buch 30, S. 60). Auf der Werteebene tritt "Friede" bedeutsam häufig zusammen mit "Sicherheit" auf (12.10). "Der Gedanke einer Weltregierung ist einfach und vielleicht langfristig der einzige Weg, den Frieden zu sichern. Der Gedanke einer Weltregierung mit Waffenmonopol ließ sich bisher nicht verwirklichen. Kein Großstaat war und ist bereit, auf das Recht der Selbstverteidigung zu verzichten" (Buch 24, S. 216). Dieses Zitat soll dokumentieren, daß manche Sozialkundebuchautoren die Garantie des Friedens durchaus in einer utopischen Neugestaltung der politischen Organisation erblicken. Die Aufrechterhaltung der 'friedlichen Ordnung' auf dieser Welt ist aber auch des öfteren im Zusammenhang mit dem sicherheitspolitischen Bemühen um Abrüstung erörtert (vgl. hierzu Teil III, Abschnitte 2.2.2. und 2.3.5.6.). "Das Ziel der Abrüstung ist eine bessere Sicherung des Friedens und seit 1945 ein Hauptproblem der internationalen Politik" (Buch 18, S. 223).

2.3.6. Die Vereinten Nationen (UNO)

Es konnte kein Sozialkundebuch gefunden werden, welches nicht auf die Vereinten Nationen (UNO) eingeht. Zum Teil werden Einrichtungen, Aufgaben und bisherige Aktivitäten der Vereinten Nationen außerordentlich umfangreich beschrieben.

2.3.6.1. Institutionalisierung und Organisation der UNO

Die Art der Darstellung folgt beinahe ausschließlich der sachlichen Berichterstattung (vgl. Tabelle 70). Den gegenwärtigen Stellenwert der Vereinten Nationen im internationalen politischen Rahmen leiten die Schulbuchautoren vornehmlich über den Vorläufer der UNO, den in seiner Funktion und in der Bewältigung der ihm zugewiesenen Aufgabe gescheiterten Völkerbund, ab. "Aus dieser Überzeugung wurde von den Siegermächten des 1. Weltkrieges 1920 der Völkerbund gegründet.

Er sollte künftige Kriege verhüten und den Frieden für alle Zeiten sichern. Diese Aufgabe hat er nicht erfüllt" (Buch 33, S. 95).

Tabelle 70: Institutionalisierung der UNO

Inhalte (Kategorien)	insgesamt angesprochen	Häufigkeiten davon sachlich	positiv	negativ	problematisierend
Vorläufer/Vorgeschichte	113	102	-	7	4
Gründungsphase der UNO	93	92	1	-	-
Mitgliedstaaten der UNO	120	120	-	-	-
Aufnahme von Bundesrepublik Deutschland und DDR in die UNO	57	48	3	1	5
Institutionalisierung der UNO, allgemein	30	30	-	-	-

Über die Reflexion der Gründe, welche den Völkerbund zum Scheitern verurteilten und der Beschreibung der Gründung einer neuen Weltorganisation, der UNO, hinaus fehlt in kaum einem der analysierten Schulbücher die namentliche oder zahlenmäßige Benennung der UNO-Mitgliedstaaten. In einigen wenigen Büchern, die vor 1974 erschienen sind, wird auch bereits auf das besondere Verhältnis, welches sowohl die Bundesrepublik Deutschland als auch die Deutsche Demokratische Republik zur UNO in den 50er, 60er und anfangs der 70er Jahre kennzeichnet, eingegangen. "Die BRD und die DDR sind noch nicht Mitglieder der UNO. Die Bundesrepublik ist jedoch bei der UNO durch einen Beobachter vertreten und auch Mitglied aller ihrer Sonderorganisationen" (Buch 60, S. 158). Zahlreiche neuere Bücher beschäftigen sich mit der Problematik der Aufnahme der Bundesrepublik Deutschland und der DDR in dieses Forum. "Nachdem der Weltsicherheitsrat am 22. Juni 1973 der UNO-Vollversammlung die Aufnahme beider deutscher Staaten in die Weltorganisation empfohlen hatte, wurde die Bundesrepublik Deutschland zusammen mit der Deutschen Demokratischen Republik am 18. September 1973 in die Vereinten Nationen aufgenommen. Die Aufnahme beider deutscher Staaten in die Weltorganisation markiert einen wichtigen Abschnitt in der Geschichte der Nachkriegszeit und ist ein Zeichen der Entspannung zwischen den Machtblöcken" (Buch 79, Teil IX, S. 40).
Neben der Besprechung des Vorläufers der UNO, dem Völkerbund, und der Auflistung der UNO-Mitgliedstaaten werden Gliederung und Organe der UNO ausführlich, sowohl durch Benennung der entsprechenden Institutionen als auch durch Kurzbeschreibungen ihrer Aufgaben, ausgewiesen (vgl. Tabelle 71). Zur Besprechung der UNO-Organisation läßt sich sagen, daß diese z.T. ausführlich und in Bezug auf die Vorstellung der einzelnen UNO-Organe und ihrer Untergliederungen mehrfach pro Buch und an unterschiedlichen Stellen erfolgt.
Häufig wird die Formalgliederung der Vereinten Nationen zusätzlich graphisch mittels eines Organigramms vorgestellt (vgl. hierzu z.B. das Kapitel 9.8.2.: Die wichtigsten Organe, in Buch 01, S. 261 ff.).

Tabelle 71: Organisation/Struktur der UNO

Inhalte (Kategorien)	insgesamt ange-sprochen	Häufigkeiten davon sachlich	positiv	negativ	problema-tisierend
Sitz der UNO	44	43	1	–	–
Hauptorgane der UNO, allgemein	23	23	–	–	–
Vollversammlung der UNO	227	224	3	–	–
Weltsicherheitsrat, allgemein	189	183	4	–	2
ständige Mitglieder des Weltsicherheitsrates	82	82	–	–	–
Wirtschafts- und Sozialrat	74	73	1	–	–
Treuhandschaftsrat	53	53	–	–	–
Internationaler Gerichtshof	93	91	–	1	1
Sekretariat/Generalsektetär der UNO	114	111	1	1	1
gewählte Mitglieder des Weltsicherheitsrates	69	69	–	–	–
Sonderorganisationen der UNO	125	116	9	–	–
UNO-Finanzierung	16	16	–	–	–
UNO-Truppen	79	77	1	–	1
VETO-Recht	88	69	–	11	8
Organisation der UNO, allgemein	250	242	5	2	1

2.3.6.2. Aufgaben, Tätigkeit und Stellenwert der UNO

In den untersuchten Büchern werden die UNO-Ziele den Schülern in der Regel unmittelbar über abgedrucktes Quellenmaterial nahegebracht. Der genaue Wortlaut der UNO-Charta in Auszügen fehlt in kaum einem Sozialkundebuch (vgl. z.B. Buch 23, S. 310), ebenso die Präambel zur UNO-Gründungsakte (vgl. z.B. Buch 40, S. 175). Sowohl in der UNO-Charta als auch in der Präambel sind Zielsetzung und Aufgabenbereich der UNO in expliziter Form ausgewiesen. Aus diesem Grund verzichtet wohl die Mehrheit der Sozialkundebuchautoren darauf, Zielsetzung und Aufgabenbereich der UNO mit eigenen Worten zu umschreiben. Bewertungen oder Problematisierungen finden sich nur in geringem Umfang. Daß diese Ziele für die Weltorganisation nicht bloß philosophischen oder theoretischen Wert haben, sondern auch durchaus ihre Umsetzung durch die UNO betrieben wird, verdeutlichen die Schulbuchautoren häufig in Verbindung mit Hinweisen auf Ursachen, Verlauf und Ausgang militärischer Konflikte, bei welchen die UNO Schlichterfunktion übernommen hatte.

Tabelle 72: Ziele, Aufgaben, Grundsätze der UNO

Inhalte (Kategorien)	insgesamt ange-sprochen	Häufigkeiten davon sachlich	positiv	negativ	problema-tisierend
Deklaration der Menschenrechte	83	81	2	–	–
Präambel	29	28	–	–	1
UNO-Charta	199	195	4	–	–
Internationale Sicherheit (Ziel der UNO)	171	167	3	–	1
Gleichberechtigung und Selbstbestimmung der Völker (Ziel der UNO)	58	56	1	–	1
internationale Zusammenarbeit der Staaten, allgemein (Ziel der UNO)	56	55	1	–	–
soziale, wirtschaftliche, kulturelle, humanitäre Zusammenarbeit in der Welt (Ziel der UNO)	85	80	5	–	–
gegen Rassenhaß, Unfreiheit (Ziel der UNO)	30	30	–	–	–
Gewaltverzicht (Ziel der UNO)	42	38	2	–	2
Beilegung von Konflikten (Ziel der UNO)	99	95	2	–	2
souveräne Gleichheit aller Mitgliedstaaten (Ziel der UNO)	23	22	–	–	1
Eingreifen der UNO nur bei internationalen Konflikten	30	26	–	2	2
Resolutionen	45	39	1	3	2
Feindstaatenklausel	19	16	2	–	1
Ziele der UNO, allgemein	89	89	–	–	–

Am Beispiel dieses UNO-Inhalts "bisherige Aktivitäten der UNO bei militärischen Auseinandersetzungen" fällt auf: die tabellarische (chronologische Übersichten) oder fotographische (UN-Soldaten bei ihrer Tätigkeit) Form der Darstellung dieses

Inhalts wird überdurchschnittlich oft gewählt ($\chi^2_6 = 34{,}1 > {}_{0,001}\chi^2_6 = 22{,}5$) (57).

Tabelle 73: Bisherige UNO-Aktivitäten

Inhalte (Kategorien)	insgesamt angesprochen	Häufigkeiten davon			
		sachlich	positiv	negativ	problematisierend
Aktivitäten bei militärischen Auseinandersetzungen	139	110	10	3	16
humanitäre Hilfsaktionen	20	16	4	-	-
bisherige UNO-Aktivitäten, allgemein	38	30	4	1	3

Daß die UNO als Bewahrer des regionalen oder auch des Weltfriedens an sich gilt, wird in den Sozialkundebüchern in der Regel zudem beispielhaft unterstrichen. "Die UNO als Friedensstifter: Betrachten wir am Beispiel der Kongo-Aktion von 1960 - 1963 das Wirken der Vereinten Nationen bei ihrer Hauptaufgabe, der Sicherung des Friedens: ..." (Buch 19, S. 249).

Tabelle 74: Militärische Auseinandersetzungen in Verbindung mit "Eingreifen der UNO"

Inhalt x	-	Inhalt y	Z-Wert	Häufigkeiten		
				X	Y	X∩Y
Eingreifen der UNO	-	Kriege in Fernost	20.00	139	320	71
Eingreifen der UNO	-	Kriege in Nahost	27.28	139	169	66
Eingreifen der UNO	-	Kriege in Europa	16.86	139	89	30
Eingreifen der UNO	-	Kriege in Afrika	29.55	139	87	50

Anmerkung: Alle Z-Werte, die außerhalb des Intervalls $-3{,}29 < Z < +3{,}29$ liegen, sind auf dem 0,1 %-Signifikanzniveau bedeutsam

Der Stellenwert der Vereinten Nationen wird weniger an einzelnen Merkmalen festgemacht, sondern eher 'allgemein' erörtert (vgl. Tabelle 75). Dabei erfolgt in 15 Protokolleinheiten eine kritische Erörterung nach dem Tenor, daß grundsätzlich die Vereinten Nationen als Weltorganisation zur Sicherung des Friedens zu begrüßen seien, daß die äußeren Gegebenheiten und das zur Verfügung stehende Instrumentarium die UNO weitgehend aber zu echten und langfristigen Konfliktlösungen nicht befähigen. "Erfolge und Mißerfolge der UN: Die UN sind ein Schritt auf dem Wege zum Weltparlament. Schon heute sind sie eine moralische Macht, mit der auch Großmächte rechnen. ... Auch Mißerfolge konnten nicht ausbleiben. So gelang es nicht, das Wettrüsten zu verhindern. Die Niederwerfung des Volksaufstandes in Ungarn, der Krieg in Vietnam, die Teilung Deutschlands, diese Weltprobleme haben die UN nicht zu lösen vermocht. Der Krieg gegen den Hunger ist noch nicht gewonnen, das Hauptziel, kommende Generationen vor der Geisel des Krieges zu bewahren, noch nicht erreicht" (Buch 44, S. 220).
Zusammenfassend läßt sich sagen, daß der UNO sehr große Aufmerksamkeit in den analysierten Sozialkundebüchern widerfährt. Insgesamt findet die Behandlung eher isoliert sowie primär auf der Organisations- und Satzungsebene statt.

Tabelle 75: Stellenwert der UNO

Inhalte (Kategorien)	insgesamt ange- sprochen	Häufigkeiten davon sach- lich	posi- tiv	nega- tiv	problema- tisierend
UNO: Stätte der Begegnung von Politikern	6	6	-	-	-
UNO: Austragungsort politischer Konflikte	23	15	5	-	3
UNO: Weltregierung	7	6	-	1	-
UNO: moralische Instanz	24	19	4	-	1
UNO: Instrument der Weltmächte	9	9	-	-	-
UNO: Instrument der USA	6	6	-	-	-
UNO: Instrument der UdSSR	7	6	-	1	-
UNO: Instrument der Entwicklungsländer	32	31	1	-	-
UNO: Stellenwert, allgemein	62	46	-	1	15

Aktivitäten bei militärischen Auseinandersetzungen werden unter aktuellem Bezug zu den jeweiligen Weltkrisenherden vermittelt und beleuchtet.

3. Zum sicherheitspolitischen Lehrstoffangebot nach Bundesländern

Wie bereits in Teil II, Abschnitt 2.1. beschrieben wurde, basierte das Auswahlverfahren für die zur Inhaltsanalyse verwendeten Sozialkundebücher auf den entsprechenden Zulassungslisten der Kultusministerien der Bundesländer.
Aus dem Verlagsangebot von für den Sozialkundeunterricht bestimmten Büchern genehmigt ein Bundesland dann die Zulassung für die Schulen, wenn ein Gremium die Inhalte als geeignet für den Unterricht beurteilt.
Tabelle 76 zeigt, wie unterschiedlich die Kultusministerien der einzelnen Bundesländer die Zulassungspraktiken handhaben. Kein einziges Sozialkundebuch ist zu finden, das in allen elf Bundesländern für den Unterricht in den Schulen zugelassen ist. Die Bücher Nr. 40/Nr. 41 entsprechen noch am ehesten den Zulassungskriterien der meisten Bundesländer; beide sind in zehn Bundesländern zugelassen, nur Schleswig-Holstein hat (bisher) vom Gebrauch dieser Sozialkundebücher im Unterricht seiner Schulen Abstand genommen. Im Gegensatz hierzu findet man auch Sozialkundebücher, die nur in einem Bundesland zugelassen sind, z.B.
- in Bayern die Bücher Nr. 70, 72 und 81,
- in Berlin das Buch Nr. 42,
- in Hamburg das Buch Nr. 47
  und
- in Hessen das Buch Nr. 43.

Die Summenverteilung der zugelassenen Sozialkundebücher nach Bundesländern macht zusätzlich deutlich, welche Auswahlmöglichkeiten den Schulen der einzelnen Bundesländer offenstehen, das Lehrangebot durch die Übernahme von Lehrbüchern in den Sozialkundeunterricht abzudecken. Die größte Auswahlmöglichkeit bietet das Saarland mit 50 zugelassenen Sozialkundebüchern (58), gefolgt von Schleswig-Holstein, welches 33, Bayern, welches 32 und Berlin, welches 31 Sozialkundebücher

Tabelle 76: Zulassung von Sozialkundebüchern nach Bundesländern

Buch-Nr.	Protok. Einheit.	Schl.-Holst.	Bayern	Berlin	Bremen	Hamburg	Hessen	Nieder-sachsen	Baden-Württ.	NRW	Rheinld.-Pfalz	Saarland
1	87					x					x	x
2	64			x								
3	17			x								
4	37					x						
5	65	x		x		x					x	x
6	76	x									x	x
7	47							x	x		x	x
8	3			x				x	x		x	x
9	68	x	x	x		x						
10	9		x									
11	98	x	x			x						
12	12					x						
13	28								x			x
14	14	x	x									
15	50									x		x
16	104		x									
17	63	x									x	x
18	79	x		x		x	x	x	x	x	x	x
19	50			x		x		x		x		x
20	255					x						
21	96	x			x		x	x		x		x
22	23							x		x		x
23	84	x		x			x		x	x		x
24	67	x	x			x						
25	91	x	x		x	x		x	x			x
26	39			x					x	x		x
27	40	x	x	x	x	x		x	x		x	x
28	3			x	x			x		x		x
29	119	x	x	x	x	x			x	x	x	x
30	11		x						x			x
31	127	x						x	x			x
32	10							x		x	x	x
33	28		x									
34	95		x									
35	119	x	x	x	x	x			x	x		x
36	46		x									
37	41		x						x			x
38	156	x										
39	12								x			x
40	50		x	x	x	x	x	x	x	x	x	x
41	72		x	x	x	x	x	x	x	x	x	x
42	204			x								
43	97						x					
44	62	x		x		x					x	x
45	58	x		x				x			x	x
46	29								x			x
47	17	x				x						
48	28	x		x					x			x
49	160	x		x	x	x		x	x	x		x
50	61	x		x		x	x		x	x		x
51	5								x			x
52	100								x			x
53	15	x	x	x	x	x			x	x		x
54	110	x	x	x	x	x			x			x
55	76		x									
56	26								x			x
57	59	x	x								x	x
58	7	x		x								
59	29	x	x									
60	37			x				x			x	x
61	25	x	x					x		x		x
62	35	x	x	x					x	x	x	x
63	29			x					x	x		x
64	120	x		x		x		x	x			x
65	30					x						
66	64	x		x		x		x				
67	118		x					x			x	x
68	8					x						
69	5	x	x	x	x	x		x		x	x	x
70	3		x									
71	55										x	x
72	3		x									
73	63										x	x
74	57	x						x				
75	111									x		x
76	16		x									
77	7		x									
78	111		x									
79	86			x				x		x		x
80	52							x		x		x
81	76		x									
Bücher zusamm.		32	32	31	12	27	7	24	27	22	21	50

zur Auswahl durch die Schulen offenhält. Den geringsten Zugriff auf Sozialkundebücher durch die Lehrerschaft gewährt das Land Hessen mit nur 7 zugelassenen Sozialkundebüchern.

Das Land Hessen verzichtet weitgehend auf die Zulassung übergreifender, umfassender Werke zum Sozialkundeunterricht und hebt insbesondere in der Sekundarstufe II auch im Rahmen der Lehrmittelfreiheit auf Quellen- und Themenhefte ab: "Diese zählen zu den sogenannten ergänzenden Schriften, über deren Auswahl die Fachlehrer in eigener Verantwortung entscheiden. Eine Auflistung ist daher nicht möglich" (59).

Unter dem Durchschnitt der pro Land zugelassenen Sozialkundebücher liegt mit 12 Büchern auch Bremen.

Daß die Zulassung von Sozialkundebüchern in einem Bundesland recht unabhängig von den Zulassungspraktiken der Kultusministerien anderer Bundesländer gehandhabt wird, zeigt Tabelle 77, die der Frage nachgeht, wie hoch die Anteile derjenigen Sozialkundebücher sind, die in zwei Bundesländern gleichzeitig zum Gebrauch freigegeben sind. Es erstaunt, daß die Verteilung der nach Bundesländern zugelassenen Sozialkundebücher keinen Hinweis erbringt

- auf ein Zulassungsgefälle von Nord nach Süd
  oder auf
- ein Zulassungsgefälle, welches sich an parteiideologischen Grundsätzen der in den jeweiligen Bundesländern regierenden politischen Parteien orientiert.

Es fällt auf, daß z.B. 75 % der in Bremen zugelassenen Sozialkundebücher auch von Schleswig-Holstein oder von Bayern zum Gebrauch und zur Fundierung des jeweiligen Sozialkundeunterrichts freigegeben sind. 83 % der in Bremen zugelassenen Sozialkundebücher können auch an Berlins Schulen Verwendung finden; 81 % der in Berlin zugelassenen Bücher sind auch im Saarland zugelassen. Die Tabelle zeigt aber auch, daß solche hohen Übereinstimmungswerte nicht zwischen allen Bundesländern gegeben sind.

Um es noch einmal deutlich zu sagen: Auf Grund der zugelassenen Sozialkundebücher in den einzelnen Bundesländern sind keine Zulassungsnormen auszumachen, die auf landsmannschaftliche oder politische Orientierungen in den Entscheidungen der hierfür zuständigen Behörden schließen lassen.

Tabelle 77: Anteile der Sozialkundebücher, die in zwei Bundesländern zugleich zugelassen sind

Protokolleinheiten in Sozialkundebüchern	Bundesländer	zugelassene Sozialkundebücher	Schleswig-Holstein	Bayern	Berlin	Bremen	Hamburg	Hessen	Niedersachsen	Baden-Württemberg	Nordrhein-Westfalen	Rheinland-Pfalz	Saarland
2218	Schleswig-Holstein	33		15 45.5	14 57.6	9 27.3	18 54.5	4 12.1	12 36.4	14 42.4	10 30.3	11 33.3	23 69.7
1654	Bayern	32	15 46.9		10 31.3	0 28.1	12 37.5	2 6.3	7 21.9	11 34.4	8 25.0	8 25.0	15 46.9
1947	Berlin	31	19 61.3	10 32.3		10 32.3	17 54.8	5 16.1	14 45.2	17 54.8	15 48.4	12 38.7	25 80.6
880	Bremen	12	9 75.0	9 75.0	10 83.3		10 83.3	3 25.0	8 66.7	9 75.0	9 75.0	5 41.7	12 100.0
1907	Hamburg	27	18 66.7	12 44.4	17 63.0	10 37.0		4 14.8	10 37.0	12 44.4	9 33.3	9 33.3	17 63.0
539	Hessen	7	4 57.1	2 28.6	5 71.4	3 42.9	4 57.1		4 57.1	5 71.4	5 71.4	3 42.9	6 85.7
1473	Niedersachsen	24	12 50.0	7 29.2	14 58.3	8 33.3	10 41.7	4 16.7		9 37.5	12 50.0	11 45.8	22 91.7
1627	Baden-Württembg.	27	14 51.9	11 40.7	17 63.0	9 33.3	12 44.4	5 18.5	9 33.3		11 40.7	7 25.9	27 100.0
1288	Nordrhein-Westfalen	22	10 45.5	8 36.4	15 68.2	9 40.9	9 40.9	5 22.7	12 54.5	11 50.0		6 27.3	22 100.0
1197	Rheinland-Pfalz	21	11 52.4	8 38.1	12 57.1	5 23.8	9 42.6	3 14.3	11 52.4	7 33.3	6 28.6		21 100.0
2922	Saarland		23 46.0	15 30.0	25 50.0	12 24.0	17 34.0	6 12.0	22 44.0	27 54.0	22 44.0	21 42.0	

Anmerkung:
In der Matrix sind die absoluten Anzahlen der in zwei Bundesländern zugleich zugelassenen Sozialkundebücher eingetragen; die unter diesen Absolutzahlen stehenden Zahlen (z.B. 46.9) sind Relativwerte, die den Anteil der Sozialkundebücher, die in beiden verglichenen Ländern zugelassen sind, bezogen auf die Anzahl der Sozialkundebücher, die im links davon benannten Land (Zeile) zugelassen sind, angegeben.

Z.B. bedeutet der Eintrag $^{15}_{46.9}$ (Kreuzungspunkt Bayern/Schleswig-Holstein), daß 15 Sozialkundebücher sowohl in Bayern als auch in Schleswig-Holstein zugelassen sind. Die Zahl 46.9 gibt an, daß diese 15 Sozialkundebücher einen Anteil von 46.9% aller (nämlich 31) in Bayern zugelassenen Sozialkundebücher ausmachen.

4. Zum sicherheitspolitischen Lehrstoffangebot nach Schultypen

Obwohl die Abschlüsse, die die einzelnen Schulen bzw. Schularten, die in der Bundesrepublik Deutschland institutionalisiert sind, vorsehen, recht unterschiedlicher Art sind und diese Schulen auch von Bundesland zu Bundesland voneinander abweichende Bezeichnungen oder Namen tragen, kann man grundsätzlich diese Vielfalt auf vier Grundtypen reduzieren: Auf Hauptschulen,Realschulen (Mittelschulen), Gymnasien (Oberrealschulen) und Berufs(bildende)schulen. Überprüft man anhand der Zulassungslisten der einzelnen Bundesländer die Verteilung der zugelassenen Sozialkundebücher auf diese Schultypen, so ist die erste Feststellung die, daß Gymnasien und Berufs(bildende)schulen einen höheren Anteil an zugelassenen Sozialkundebüchern aufweisen als Haupt- und Realschulen. Den Gymnasial- oder Berufsschülern stehen also entsprechend der zugelassenen Vielfalt an Sozialkundebüchern sowohl qualitativ als auch quantitativ möglicherweise mehr sicherheitspolitische Inhalte als Lehrstoff zur Verfügung als den Haupt- oder Realschülern.

Tabelle 78: Zugelassene Sozialkundebücher nach Bundesländern und Schultypen

Schultypen	Hauptschule		Realschule		Gymnasium		Berufs (bildende) schule	
Bundesland	Anzahl Sozialkundebücher	sicherheitspolitische Protokolleinheiten	Anzahl Sozialkundebücher	sicherheitspolitische Protokolleinheiten	Anzahl Sozialkundebücher	sicherheitspolitische Protokolleinheiten	Anzahl Sozialkundebücher	sicherheitspolitische Protokolleinheiten
Schleswig-Holstein	2	65	4	291	19	783	12	1375
Bayern	7	210	3	235	11	631	12	626
Berlin	6	229	7	264	27	245	4	1797
Bremen	4	165	5	261	7	91	1	619
Hamburg	3	242	4	282	10	1544	23	777
Hessen	3	218	3	218	1	346	5	97
Niedersachsen	10	374	10	464	7	915	14	571
Baden-Württembg.	12	449	12	443	17	-	-	1174
Nordrhein-Westfalen	8	331	10	418	12	617	8	806
Rheinland-Pfalz	3	162	5	200	6	873	14	321
Saarland	18	658	17	585	25	1480	21	1583

Welche Sozialkundebücher für welche Schultypen überhaupt zugelassen werden, zeigt Tabelle 79 (60); die Kennzeichnung in dieser Tabelle, daß ein Buch für den Unterricht in einer der 4 ausgewiesenen Schultypen zugelassen ist,bedeutet noch nicht

- daß dieses Buch überhaupt Verwendung findet,
- daß dieses Buch in allen Bundesländern für den ausgewiesenen Schultyp zugelassen ist; vielmehr weist der Eintrag darauf hin, daß dieses Schulbuch mindestens von einem Kultusministerium, d.h. also in einem Bundesland, für diesen Schultyp als Lehrstoff geeignet gehalten wird.

Tabelle 79: Zugelassene Sozialkundebücher nach Schultypen

Buch-Nr.	Hauptschule	Realschule	Gymnasium	Berufs(bild.)-schule	Protok. Einheit. %	Buch-Nr.	Hauptschule	Realschule	Gymnasium	Berufs(bild.)-schule	Protok. Einheit. %
1				x	19.4	42			x		20.8
2			x	x	15.8	43			x		17.4
3			x		12 6	44			x	x	16.5
4				x	7.2	45				x	12.8
5			x	x	13.1	46	x	x			24.8
6				x	13 1	47			x		7.6
7				x	15.4	48			x	x	16.1
8	x	x			3.2	49			x	x	22.5
9			x	x	18.5	50	x	x	x	x	12.9
10				x	5 6	51	x	x			17.9
11		x		x	12.1	52			x		22 0
12				x	6.8	53			x	x	2.5
13	x	x			8.7	54			x	x	21.1
14			x		3.7	55		x			17.8
15			x		15.6	56	x	x			6.6
16				x	19 6	57				x	12 5
17				x	22.0	58			x		3.0
18			x	x	18.5	59			x	x	6.0
19			x	x	12.3	60			x	x	8.2
20			x	x	18.8	61	x	x			7.9
21	x	x	x	x	17.1	62		x	x		17.2
22	x	x	x		9.7	63	x	x	x		6.4
23			x	x	16.4	64	x	x	x	x	25.2
24			x	x	15.0	65				x	11.2
25			x	x	15.6	66			x	x	12.3
26		x	x		12.8	67				x	17.5
27	x	x	x		10.1	68			x	x	4.3
28	x	x			1.1	69		x	x		0.9
29			x		22.5	70	x				3.0
30			x		5.8	71				x	21.3
31			x		47.2	72	x				3.8
32	x			x	2.9	73				x	29.0
33				x	14.6	74				x	9.6
34				x	29.8	75				x	14.8
35			x	x	13.9	76	x				5.0
36				x	13.1	77		x			4.5
37	x		x		11.0	78				x	20.5
38			x		27.0	79				x	11.7
39	x	x			6.3	80	x	x			14.1
40	x	x	x	x	12.1	81				x	16.2
41	x	x	x	x	11.9	insgesamt:					14.4

Daß Sozialkundebücher von den Kultusministerien, die für deren Zulassung zum Unterricht verantwortlich sind, recht unterschiedlich eingeordnet und bewertet werden, geht auch daraus hervor, daß diese Sozialkundebücher je nach zulassendem Bundesland in voneinander abweichenden Schultypen zur Verwendung vorgesehen sind. Es ist also nicht so, daß Sozialkundebücher, die durch bestimmte Inhalte gekennzeichnet sind, ausschließlich in Hauptschulen oder in Gymnasien als Unterrichtsmittel zur Verfügung stehen, vielmehr können dieselben Bücher nach Bundesländern unterschiedlich z.T. im Lehrmittelkatalog aller Schultypen ausgewiesen sein. Trotzdem zeigt sich (vgl. Tabelle 80), daß eine stärkere Verknüpfung des Unterrichtsmittels Sozialkundebuch zwischen Hauptschule und Realschule bzw. zwischen Gymnasium und Berufs(bildende)schule festzustellen ist. Von 23 Sozialkundebüchern mit sicherheitspolitischen Inhalten, die z.B. in der Bundesrepublik Deutschland für Realschulen zugelassen sind, können auch 17 in Hauptschulen Verwendung finden, d.h. 73,9 %. Von 42 den Gymnasien zur Verfügung stehenden Sozialkundebüchern sind aber nur 8, d.h. 19,0 % auch für Hauptschulen oder 12, d.h. 28,6 %, für Realschulen zugelassen. Dagegen ist die Hälfte der 48 Sozialkundebücher, die im Lehrmittelkatalog der Berufs(bildenden)schulen enthalten sind, auch als Lehrunterlage für Gymnasien zugelassen bzw. 57,1 % der für Gymnasien zugelassenen Schulbücher sind auch in den Lehrmittelkatalogen der Berufs(bildenden) schulen aufgenommen, während nur 26,1 % von den für Realschulen zur Verfügung stehenden Sozialkundebüchern auch zum Tragen in den Berufs(bildenden)schulen kommen; die 6 Sozialkundebücher, die sowohl für Realschulen als auch für Berufs(bildende)schulen zugelassen sind, machen, bezogen auf die 48 für Berufs(bildende)schulen zugelassenen Sozialkundebücher sogar nur 12,5 % aus.

Tabelle 80: Überschneidungen nach Schultypen von zugelassenen Sozialkundebüchern

Sozialkundebücher mit sicherheitspolitischen Inhalten	Schultypen	Hauptschule	Realschule	Gymnasium	Berufs(bildende)schule
22	Hauptschule		17 77,3 %	8 36,4 %	5 22,7 %
23	Realschule	17 73,9 %		12 52,2 %	6 26,1 %
42	Gymnasium	8 19,0 %	12 28,6 %		24 57,1 %
48	Berufs(bildende)schule	5 10,4 %	6 12,5 %	24 50,0 %	

Eine gewisse Trennung in der Zulassung von Sozialkundebüchern für Hauptschule/ Realschule und Gymnasium/Berufs(bildende)schule wird also deutlich. Von diesen Blockbildungen ausgehend, kann man nun fragen, ob auch die sicherheitspolitischen Inhalte mit unterschiedlicher mengenmäßiger Gewichtung in das Lehrmittelangebot dieser beiden Blöcke - Hauptschule/Realschule und Gymnasium/Berufs(bildende)schule - aufgenommen sind. Man kann also überprüfen, ob die Nennhäufigkeiten sicherheitspolitischer Inhalte - hier auf Subdimensionsebene - in den Sozialkundebüchern, die für die beiden Schulblöcke zugelassen sind, einer gleichen Verteilungsfunktion folgen. Der Kolmogoroff-Smirnoff-Test findet hierzu Anwendung (61).

Die absolut größte Differenz der auf die jeweiligen Belegungsgesamtheiten relativierten kumulierten Nennhäufigkeiten zu den ausgewählten sicherheitspolitischen Inhalten, die in den für die beiden Schulblöcke zugelassenen Sozialkundebüchern enthalten sind (a - b = D), ergibt sich zu D = 0,021, einem Wert, der den kritischen Wert

$$D_{max(0,01)} = K_{(0,01)} \sqrt{\frac{6327+27328}{6327 \cdot 27328}} = 1,63 \cdot 0,014 = 0,023 \quad (62),$$

nicht erreicht. Die Homogenitätsthese ist beizubehalten: Anhand der vorliegenden Stichproben von Nennhäufigkeiten sicherheitspolitischer Inhalte in Sozialkundebüchern, die in Real- und Hauptschulen bzw. in Gymnasien und Berufs(bildenden)schulen zugelassen sind, besteht keine Ursache, an einer gemeinsamen Grundgesamtheit der aufgefundenen Lehrinhalte zu zweifeln (63). Trotz der Unterschiedlichkeit der absoluten Nennhäufigkeiten, mit denen sicherheitspolitische Inhalte im Bereich von Real-/ Hauptschule und Gymnasium/Berufs(bildende)schule angesprochen werden - insgesamt stehen 6327 Nennungen sicherheitspolitischer Inhalte in Sozialkundebüchern, die für Haupt- und Realschulen zugelassen sind, 27328 Nennungen sicherheitspolitischer Inhalte in Büchern, die für Gymnasien und Berufs(bildende)schulen zugelassen

Tabelle 81: Überprüfung des sicherheitspolitischen Lehrstoffangebots auf Unterschiedlichkeit zwischen Haupt-/Realschule (R/H) und Gymnasium/Berufs(bildender) Schule (G/B)

Subdimensionen → (Inhalte aggregiert) Einträge (1) ↓	Deutschlandpolitik der Alliierten nach 1945	Teilung Deutschlands	Entnazifizierung	Entmilitarisierung Deutschlands	Gründe für die Wiederbewaffnung Deutschlands	Entwicklung zur Wiederbewaffnung der Bundesrepublik	Öffentliche Meinung zur Wiederbewaffnung	Notstandsgesetze/-verfassung	Institutionalisierung der Bundeswehr	Organisation/Struktur der Bundeswehr	Gesetzliche Regelung der militärischen Dienstpflicht	Kriegsdienst-/Wehrdienstverweigerung	Innere Führung	Ausbildung in der Bundeswehr	Bundeswehr als Wirtschaftsfaktor	NATO	WEU	Warschauer Pakt/Ostblockstaaten	SEATO
$f_{(R/H)kum}$	104	399	411	441	457	502	517	550	591	681	751	786	809	813	818	946	976	1103	1107
$f_{(G/B)kum}$	578	1784	1855	2004	2098	2348	2412	2571	2753	3083	3276	3401	3497	3522	3544	4111	4273	4804	4858
$\frac{f_{(R/H)kum}}{n} = a$	0,016	0,063	0,065	0,070	0,072	0,079	0,082	0,087	0,093	0,108	0,119	0,124	0,128	0,128	0,129	0,150	0,154	0,174	0,175
$\frac{f_{(G/B)kum}}{m} = b$	0,021	0,065	0,068	0,073	0,077	0,086	0,088	0,094	0,101	0,113	0,120	0,124	0,128	0,129	0,130	0,150	0,156	0,176	0,178
$\|a - b\| = \|D\|$	0,005	0,002	0,003	0,003	0,005	0,007	0,006	0,007	0,008	0,005	0,001	0,000	0,000	0,001	0,001	0,000	0,002	0,002	0,003

(1) Es bedeuten: $f_{(R/H)kum}$ die kumulierte Anzahl aufgefundener sicherheitspolitischer Inhalte (nach Kategorienbelegung) in Protokolleinheiten der analysierten Sozialkundebücher, welche in Haupt- und/oder Realschulen zugelassen sind;

$f_{(G/B)kum}$ die kumulierte Anzahl aufgefundener sicherheitspolitischer Inhalte (nach Kategorienbelegung) in Protokolleinheiten der analysierten Sozialkundebücher, welche in Gymnasien und/oder Berufs(bildenden)schulen zugelassen sind;

n die Summe aller aufgefundener sicherheitspolitischer Inhalte (nach Kategorienbelegung) in Protokolleinheiten der analysierten Sozialkundebücher, welche in Haupt- und/oder Realschulen zugelassen sind;

m die Summe aller aufgefundener sicherheitspolitischer Inhalte (nach Kategorienbelegung) in Protokolleinheiten der analysierten Sozialkundebücher, welche in Gymnasien und/oder Berufs(bildenden)schulen zugelassen sind;

Fortsetzung ↓↓↓

Fortsetzung ↓↓↓

Subdimensionen (Inhalte aggregiert) → / Einträge ↓	OAS	Bagdad-Pakt Cento-Pakt	Bilaterale Abkommen	Institutionalisierung der NVA	Organisation/ Struktur der NVA	Gesetzliche Regelung der militärischen Dienstpflicht	Kriegsdienst-/ Wehrdienstverweigerung	Die innere Ordnung der NVA	Ausbildung in der NVA	NVA als Wirtschaftsfaktor	Notstandsgesetze	Strukturen d.internat. Beziehungen auf sicherheitspolit. Ebene	Konflikt-/ Spannungspotentiale	Rüstung, Waffen, Truppen	Abrüstung, Rüstungskontrolle, Rüstungsbegrenzung	Phasen des Ost-West-Verhältnisses	Ostpolitik/Deutschlandpolitik der Bundesregierung	Programme der Parteien zur Sicherheitspolitik
$f_{(R/H)kum}$	1110	1113	1147	1170	1196	1205	1207	1217	1219	1220	1223	1471	1701	1957	2037	2287	2437	2467
$f_{(G/B)kum}$	4880	4903	5076	5195	5264	5309	5326	5353	5370	5373	5382	6582	7923	8876	9215	10348	10845	10942
$\frac{f_{(R/H)kum}}{n} = a$	0,175	0,176	0,181	0,185	0,189	0,190	0,191	0,192	0,193	0,193	0,193	0,232	0,269	0,309	0,322	0,361	0,385	0,390
$\frac{f_{(G/B)kum}}{m} = b$	0,179	0,179	0,186	0,190	0,193	0,194	0,195	0,196	0,197	0,197	0,197	0,241	0,290	0,325	0,338	0,379	0,397	0,400
$\lvert a - b\rvert = \lvert\hat{D}\rvert$	0,004	0,003	0,005	0,005	0,004	0,004	0,004	0,004	0,004	0,004	0,004	0,009	0,021	0,016	0,016	0,018	0,012	0,010

Subdimensionen (Inhalte aggregiert) → / Einträge ↓	Militärpolitische und strategische Zielrichtungen	Zwischenstaatliche militärische Konflikte seit 1945	Kriegsarten/Kriegsbilder(i.d.Vergangenheit/Zukunftsvisionen)	Internationales Kriegsrecht	Vorstellungen von Friedenssicherung	Institutionalisierung der UNO	Organisation/Struktur der UNO	Ziele/Aufgaben/ Grundsätze der UNO	Bisherige UNO-Tätigkeit	Stellenwert der UNO	Politische und gesellschaftliche Kennzeichen	Werte	Politische Strömungen	Politiker der Bundesrepublik Deutschland	Politiker der DDR	Deutsche Militärs in der Bundesrepublik Deutschland	Ausländische Politiker seit 1939	Staaten
$f_{(R/H)kum}$	2522	2692	3014	3070	3221	3288	3408	3509	3537	3559	4405	4887	5143	5298	5349	5353	5510	6327
$f_{(G/B)kum}$	11245	11745	13266	13474	14173	14417	14909	15351	15510	15637	19160	21037	22330	22815	23036	23050	23906	27328
$\frac{f_{(R/H)kum}}{n} = a$	0,399	0,416	0,476	0,485	0,509	0,520	0,539	0,555	0,559	0,563	0,596	0,772	0,813	0,836	0,845	0,846	0,871	1,0
$\frac{f_{(G/B)kum}}{m} = b$	0,411	0,430	0,485	0,493	0,519	0,528	0,546	0,562	0,568	0,572	0,701	0,770	0,817	0,835	0,843	0,843	0,875	1,0
$\lvert a - b\rvert = \lvert\hat{D}\rvert$	0,012	0,014	0,009	0,008	0,010	0,008	0,007	0,007	0,009	0,009	0,005	0,002	0,004	0,001	0,002	0,003	0,004	0,000

sind, gegenüber -, werden diese Inhalte in ihrem Verhältnis zueinander im Lehrangebot dieser beiden Schulblöcke nicht mit gegensätzlichen Schwerpunktverlagerungen kommuniziert. Vom Lehrangebot her gesehen haben also Schüler von Haupt- und Realschulen die gleiche Chance wie Schüler von Gymnasien und Berufs(bildenden)schulen, sich mit Sicherheitspolitik vertraut zu machen.

Anmerkungen:

(1) Reine Quellenhefte oder -sammlungen wurden von vornherein aus der Grundgesamtheit ausgeschlossen, vgl. Teil II, Abschnitt 2.1.1.

(2) Ein möglicher Einwand, der den Aussagenwert dieser Tabelle einschränken könnte, nämlich daß die Anzahl an Protokolleinheiten, die auf einen Beitragstyp entfallen, nicht unabhängig von den Kriterien zu sehen ist, die zur Festlegung der Protokolleinheiten herangezogen wurden, ist begründet. Diese Kriterien hoben vornehmlich darauf ab, längere Textpassagen sinnvoll und inhaltsanalytisch handhabbar aufzuteilen. Insofern beschreibt die vorstehende Tabelle 7 nur die didaktische Lehrstoffaufbereitung zum Thema Sicherheitspolitik, nachdem der Kriterienfilter an die Originaltexte angelegt worden war.

(3) Geprüft wurden mittels des χ^2-Tests die auftretenden Häufigkeiten der Inhalte (Kategorien)
- Teilung Deutschlands allgemein,
- Westzonen vor der Gründung der Bundesrepublik Deutschland,
- Ostzone, sowjetisch besetzte Zone (vor Gründung der DDR),
- Viermächtestatus Berlin/alliierte Kommandantur,
- West-Berlin in seiner Zugehörigkeit zur Bundesrepublik Deutschland
- Gründung der Bundesrepublik Deutschland,
- Gründung der DDR,
- Fehlender Friedensvertrag für Deutschland,
- Wiedervereinigung Deutschlands

in bezug auf ihre Zuordnung zu den ersten sieben Beitragstypen (Lehrtext, Schema, Frageblock, Quelle, Lehrtext und Schema, Lehrtext und Frageblock, Lehrtext und Quelle). Bei 48 Freiheitsgraden ist der errechnete χ^2-Wert von 151,37 hochsignifikant gegenüber dem tabellierten Grenzwert von 84,04, d.h. auf einen Wesensunterschied der Belegungen der Beitragstypen mit den in den Test einbezogenen Merkmalen (Inhalten) ist mit einer Wahrscheinlichkeit, die über 99,9 % liegt, zu schließen.
Zur für viele ungewohnten Schreibweise sei verwiesen auf Zelinka, F.F.: Führerscheinbesitz, Lebensalter und Unfallgeschehen - ein soziales Phänomen in der modernen Verkehrsgesellschaft, in: Arbeits- und Forschungsgemeinschaft für Straßenverkehr und Verkehrssicherheit, Institut an der Universität zu Köln (Hrsg.), Buchreihe Bd. XXIII, Köln 1974, S. 130, S. 161 u. S. 369 f.; der dem χ^2 tiefstehend nachgesetzte Index (z.B. χ^2_{48}) bedeutet die Anzahl der Freiheitsgrade; ein dem χ^2 tiefstehend vorangestellter Index (z.B. ${}_{0,001}\chi^2$) gibt das Signifikanzniveau an, welches der Prüfung (dem Test) zugrunde liegt; durch das Gleichungszeichen sind die entsprechenden Zahlenwerte dem χ^2 zugeordnet; die Größer- ($>$) oder Kleinerzeichen ($<$) verweisen darauf, ob der errechnete χ^2-Wert - dem angesetzten Signifikanzniveau und den Freiheitsgraden entsprechend - bedeutsam über oder unter dem theoretisch zu erwartenden Grenzwert liegt.

(4) Vgl. Anmerkung (3); geprüft wurden mittels des χ^2-Tests die auftretenden Häufigkeiten der Inhalte (Kategorien)
- NATO allgemein,
- Mitgliedstaaten der NATO,
- Verteidigungsbündnis, gegen militärische Angriffe gerichtet

in bezug auf ihre Zuordnung zu den ersten sieben Beitragstypen

(5) Vgl. Anmerkung (3); geprüft wurden mittels des χ^2-Tests die auftretenden Häufigkeiten der Inhalte (Kategorien)
- Konfliktpotentiale/Spannungspotentiale allgemein,
- Rassen- und ethnische Fragen,
- staatstheoretische, ideologische Doktrinen,
- Aggressionspolitik (gegenüber anderen Staaten),

- Unterdrückungspolitik (im eigenen Staat),
- geteilte Staaten, Völker, Nationen

in bezug auf ihre Zuordnung zu den ersten sieben Beitragstypen.

(6) Vgl. Anmerkung (3); geprüft wurden mittels des χ^2-Tests die auftretenden Häufigkeiten der Inhalte (Kategorien)

- Phasen des Ost-West-Verhältnisses, allgemein,
- Eiserner Vorhang,
- Kalter Krieg,
- Berliner Mauer, Mauerbau,
- Grenzbefestigungen, Stacheldraht, Selbstschußanlagen,
- Koexistenz,
- Entspannung

in bezug auf ihre Zuordnung zu den Beitragstypen "Lehrtext", "Quelle", "Lehrtext und Tabelle", "Lehrtext und Quelle", "Lehrtext und Frageblock".

(7) Vgl. Anmerkung (3); geprüft wurden mittels des χ^2-Tests die auftretenden Häufigkeiten der Inhalte (Kategorien)

- Ostpolitik/Deutschlandpolitik der Bundesregierungen, allgemein,
- Ostpolitik ab 1969 (SPD-F.D.P., Brandt, Bahr, Scheel),
- Ostverträge Moskau/Warschau,
- Berlinvereinbarungen (Transitabkommen u.ä.),
- Viermächteabkommen Berlin,
- Grundlagenvertrag Bundesrepublik Deutschland/DDR

in bezug auf ihre Zuordnung zu den ersten sieben Beitragstypen.

(8) Vgl. Anmerkung (3); geprüft wurden mittels des χ^2-Tests die auftretenden Häufigkeiten der Inhalte (Kategorien)

- Zwischenstaatliche militärische Konflikte seit 1945 in Europa (auch Zypern),
- Zwischenstaatliche militärische Konflikte seit 1945 in Fernost,
- Zwischenstaatliche militärische Konflikte seit 1945 in Nahost (auch Suezkonflikt),
- Zwischenstaatliche militärische Konflikte seit 1945 in Afrika,
- Zwischenstaatliche militärische Konflikte seit 1945 in Mittel- und Südamerika (auch Kuba)
- Auflösung der Kolonialstaaten

in bezug auf ihre Zuordnung zu den Beitragstypen "Lehrtext", "Tabelle/Graphik/Foto", "Lehrtext und Tabelle", "Lehrtext und Frageblock", "Lehrtext und Quelle".

(9) Vgl. Siekaup, W.: Das Dickicht wird noch dichter. Das Zulassungsverfahren für Schulbücher im politischen Unterricht, in: Materialien zur Politischen Bildung 4/1977, S. 117 - 124, S. 119 f.

(10) Wegen Rundungsfehler von genau 100 % abweichend.

(11) Hays, W.L.: Statistics for the Social Sciences (2. Aufl.), London/Plymonth 1973, S. 519

(12) Vgl. zur Diskussion "erwarteter (theoretischer) Häufigkeiten" u.a. Lisch, R.u.J. Kriz: Grundlagen und Modelle der Inhaltsanalyse. Bestandaufnahme und Kritik, Reinbek b. Hamburg 1978, S. 167 f.

(13) Zur Prüfung der Signifikanz wird der jeweilige Standardfehler mit dem Z-Wert für die gewählte Irrtumswahrscheinlichkeit α bei zweiseitiger Fragestellung (dieser Wert, hier mit λ bezeichnet, nachzuschlagen in Tabellen zur Standardnormalverteilung) multipliziert.

(14) Lisch, R. u. J. Kriz, a.a.O., S. 169

(15) Representational Model = Osgood-Modell

(16) Weyman, A., a.a.O., S. 761 - 776

(17) Kriz, J.: Über den Unterschied zwischen Bedeutungsfeldern und Assoziationsstrukturen. Anmerkungen zu Ansgar Weymanns gescheitertem Versuch, ein neues Verfahren der Inhaltsanalyse zu entwickeln in: Kölner Zeitschrift für Soziologie und Sozialpsychologie, Heft 2/1975, S. 317

(18) Vgl. hierzu auch Lisch, R. u. J. Kriz, a.a.O., S. 169 f.

(19) Vgl. hierzu auch die Ausführungen zur Wahl des Signifikanzniveaus bzw. zum Formal-Kriterium "Z-Wert" in Teil III, Abschnitt 2.2.2.

(20) Lisch, R. u. J. Kriz, a.a.O., S. 171

(21) Unter dem Begriff "situativer Kontext" darf nicht nur eng der 'übrige' Text des Kommuniqes(welches analysiert wird) verstanden werden, "sondern letztlich das gesamte Wissen (einschließlich der Hypothesen usw.) der am Kommunikationsprozeß Beteiligten ... So hängt die Bedeutung, die der Begriff "Sozialismus" für mich in einem Text hat, nicht nur von diesem Text selbst ab, sondern auch davon, ob dieser Text dem ZDF-Magazin, der KVZ, dem Brockhaus, einer SPD- oder CDU-Verlautbarung entstammt, ob z.B. die CDU diesen Text vor 1950 oder nach 1970 verfaßt hat usw." (zitiert nach Lisch, R. u. J. Kriz, a.a.O., S. 42)

(22) Zu Bedeutung und Berechnung des Z-Wertes vgl. u.a. Sachs, L.: Statistische Auswertungsmethoden (3. Aufl.), Berlin/Heidelberg/New York 1972, S. 51 bis 54

(23) Die Forderung nach Berücksichtigung der Latenz bei Inhaltsanalysen wendet sich gegen die Maßgabe, ausschließlich "manifeste" Inhalte zu erfassen. Die Erfassung "manifester" Inhalte hat sich strikt an den operationalen Definitionen (der Kategorien) zu orientieren und sich auf offenbare Inhalte zu beschränken. Die Berücksichtigung der Latenz führt dazu, daß z.B. bei der Texterfassung "subjektive Interpretationen latenter Inhalte, das 'Zwischen-den-Zeilen-Lesen'" (zitiert nach Schulz, W.: Inhaltsanalyse, in: Noelle-Neumann, E. u. W. Schulz (Hrsg.), Publizistik (Fischer-Lexikon, 5. Aufl.), Frankfurt a.M. 1978, S. 54), nicht vermieden werden, um möglicherweise vorhandene Sinnstrukturen, die durch die alleinige Erfassung "manifester" Inhalte der Analyse unberücksichtigt bleiben müssen, nicht zu zerstören oder zu vernachlässigen. "Durch die Aufgabe einer -....- Unterscheidung zwischen manifester und latenter (Bedeutungs-)Realität zugunsten einer durch ein bestimmtes gewähltes Modell abgesteckten Folge von Entscheidungen, die aus der Interaktion Text-Inhaltsanalytiker eine bestimmte (relative) Realität konstruiert, wird das Objektivitätspostulat nicht aufgehoben, sondern erfährt eine sinnvolle Wendung: Die spezifische Erfahrung des Inhaltsanalytikers mit einem Text wird kommunizierbar, rekonstruierbar und damit soweit wie irgend möglich nacherfahrbar gemacht" (Lisch, R. u. J. Kriz, a.a.O., S. 46).

(24) Vgl. Anmerkung (22) und die vorstehenden Ausführungen zu Z-Wert und Signifikanzniveau.

(25) Vgl. Diehl, J.M. u. Kohr, H.-U.: Methoden in der Psychologie, Bd. 1. Deskriptive Statistik, Frankfurt a.M. 1977, S. 363

(26) Mayntz, R., Holm, K. und Hübner, P.: Einführung in die Methoden der empirischen Soziologie..., a.a.O., S. 229

(27) Vgl. Schnell, P.u.F. Gebhard: Hauptachsen-Faktorenanalyse PAFA, Faktorenanalyse nach der Hauptachsenmethode mit iterativer Kommunalitätenschätzung (Fortran IV), Deutsches Rechenzentrum, Bonn 1976; vgl. auch Gebhard, F.: A counter-example to two-dimensional varimaxrotation, in: Psychometrika, Jg. 33, 1968, S. 35 f.

(28) Vgl. hierzu z.B. Kriz, J.: Statistik in den Sozialwissenschaften, Reinbek b. Hamburg, April 1973, S. 253 ff.; Diehl, J.M. und Kohr, H.-U.: Methoden ..., a.a.O., S. 338 ff.; eine kurze Literaturzusammenstellung gibt auch Sachs, L.: Statistische Auswertungsmethoden (3. Aufl.), Berlin/Heidelberg/New York 1972

(29) Vgl. Diehl, J.M. u. H.-U. Kohr: Methoden ..., a.a.O., S. 362, Fußnote 1; vgl. auch Überla, K.: Faktorenanalyse, Berlin/Heidelberg/New York 1968, S. 127

(30) Diehl, J.M. u. H.-U. Kohr: Methoden ..., a.a.O., S. 362

(31) Vgl. ebenda

(32) Vgl. Cattell, R.B.: Personality and Motivation, Structure and Measurement, Harrap 1958; vgl. auch ders.: The Screetest for the Number of Factors, in: Multivariate Behavioral Research (1) 1966, S. 245 bis 276

(33) Zur 5-Faktorenlösung vgl. Abb. 3; auch die Anwendung des Verfahrens nach E. Fürntratt zur Bestimmung der optimalen Faktorenzahl (vgl. Fürntratt, E.: Zur Bestimmung der Anzahl interpretierbarer Faktoren in Faktorenanalysen psychologischer Daten, in: Diagnostica (15), 1969, S. 62 bis 75) bestätigte das Ergebnis des Screetests.

(34) Setzt man die von den 5 extrahierten Faktoren nach der Rotation erklärte Varianz zu 100 %, so entfallen auf Faktor 1 21,52 %, auf Faktor 2 23,25 %, auf Faktor 3 20,42 %, auf Faktor 4 17,38 % und auf Faktor 5 17,43 %.

(35) Zur Erläuterung der Kategorienart "allgemein, sonstiges" siehe Teil II, Abschnitt 2.2.5.

(36) Die möglichen Skalierungspunkte für die zu kodenden Inhalte lauteten verkürzt: vom Autor sachlich dargestellt; mit positiver Wertung; mit negativer Wertung; aus problematisierender Sichtweise. Falls in einer Tabelle ein Skalenpunkt überhaupt nicht ausgewiesen ist - wie hier die "positive Wertung", wird er auch nicht aufgeführt. Das gilt auch für alle künftigen Tabellen dieses Aufbaus.

(37) Z.B. West-Berlin in seiner Zugehörigkeit zur Bundesrepublik Deutschland - Viermächte-Abkommen: 16.93; d.h., diese beiden Inhalte treten überdurchschnittlich häufig gemeinsam auf. Der angegebene Z-Wert beruht auf Berechnungen nach der Kontingenzanalyse Osgoods.

(38) Diese wie auch die künftigen zumeist in Klammern und mit zwei Dezimalstellen ausgewiesenen Zahlen verweisen auf das häufige gemeinsame Auftreten zweier Inhalte und stellen den sich ergebenen Z-Wert unter Zugrundelegung des 'Representation Model's' nach C. Osgood dar.

(39) Vgl. Anmerkung (3); geprüft wurden mittels des χ^2-Tests die auftretenden Häufigkeiten der Protokolleinheiten, die Kodierungen zu
- Wiedervereinigung Deutschland aufwiesen gegen
- eine "theoretische" Häufigkeitsverteilung, die aus der Gesamtverteilung aller sicherheitspolitischen Texteinheiten nach Beitragstypen (vgl. Tabelle 7) gewonnen wurde

in bezug auf ihre Zuordnung zu den ersten sieben Beitragstypen; die Nullhypothese, die der Prüfung zugrunde liegt, lautet: die Häufigkeitsverteilung nach Beitragstypen jener Texteinheiten, die Kodierungen der zu prüfenden Kategorie aufweisen, folgt der "theoretischen" Häufigkeitsverteilung aller sicherheitspolitischen Protokolleinheiten nach Beitragstypen.

(40) Z.B. Westzonen und Annahme des Marshallplanes (15.65)

(41) Kaufmann, F.-X.: Sicherheit als soziologisches und sozialpolitisches Problem(2. Aufl.), Stuttgart 1973, S. 55

(42) Ebenda, S. 59

(43) Vgl. Anmerkung (3); geprüft wurden mittels des χ^2-Tests die auftretenden Häufigkeiten zu
- Verteidigungshaushalt (Bundesrepublik Deutschland) gegen
- eine "theoretische" Häufigkeitsverteilung, die aus der Gesamtverteilung oder sicherheitspolitischen Texteinheiten nach Beitragstypen (vgl. Tabelle 7) gewonnen wurde

in bezug auf ihre Zuordnung zu den ersten sieben Beitragstypen; zur Nullhypothese vgl. Anmerkung (39).

(44) Vgl. Anmerkung (3); geprüft wurden mittels des χ^2-Tests die aufgetretenen Häufigkeiten der Protokolleinheiten, die Kodierungen zu
- "Wehrpflicht" aufwiesen,

gegen
- eine "theoretische" Häufigkeitsverteilung, die aus der Gesamtverteilung aller sicherheitspolitischen Texteinheiten nach Beitragstypen (vgl. Tabelle 7) gewonnen wurde,

in bezug auf ihre Zuordnung zu den ersten sieben Beitragstypen; zur Nullhypothese vgl. Anmerkung (39).

(45) Landeszentrale für politische Bildung Baden-Württemberg (Hrsg.): Sicherheitspolitik. Lehr- und Lernhilfen für den gesamten Sekundarbereich, in: Politik und Unterricht, Zeitschrift zur Gestaltung des politischen Unterrichts 1/1977, S. 38

(46) Ebenda, S. 37

(47) Vgl. Teil III, Abschnitt 1.4.

(48) Vgl. Teil III, Kap. 2.1.

(49) Vgl. die Besprechungen zur Subdimension "Militärpolitische und strategische Zielrichtungen", Teil III, Abschnitt 2.3.5.5.

(50) Militärgeschichtliches Forschungsamt (Hrsg.), a.a.O., S. 226

(51) Der Kommunismus wird vielmehr in seinen unterschiedlichen Ausprägungen und Stadien vermittels der Benennung einzelner Länder und Staaten in die Diskussion einbezogen; in erster Linie kommen hierbei die DDR, die UdSSR, China und Jugoslawien in Betracht.

(52) Vgl. Anmerkung (3); geprüft wurden mittels des χ^2-Tests die auftretenden Häufigkeiten der Protokolleinheiten, die Kodierungen zu
- Ostverträge Moskau/Warschau aufweisen

gegen
- eine "theoretische" Häufigkeitsverteilung, die aus der Gesamtverteilung aller sicherheitspolitischen Texteinheiten nach Beitragstypen (vgl. Tabelle 7) gewonnen wurde,

in bezug auf ihre Zuordnung zu den ersten sieben Beitragstypen; zur Nullhypothese vgl. Anmerkung (39).

(53) Vgl. Anmerkung (3); geprüft wurden mittels des χ^2-Tests die auftretenden Häufigkeiten der Protokolleinheiten, die Kodierungen zu
- Grundlagenvertrag Bundesrepublik Deutschland/DDR aufwiesen

gegen
- eine "theoretische" Häufigkeit, die aus der Gesamtverteilung aller sicherheitspolitischen Texteinheiten nach Beitragstypen (vgl. Tabelle 7) gewonnen wurde,

in bezug auf ihre Zuordnung zu den ersten sieben Beitragstypen; zur Nullhypothese vgl. Anmerkung (39).

(54) Vgl. Anmerkung (3); geprüft wurden mittels des χ^2-Tests die auftretenden Häufigkeiten der Protokolleinheiten, die Kodierungen zu
- Wettrüsten aufweisen

gegen
- eine "theoretische" Häufigkeitsverteilung, die aus der Gesamtverteilung aller sicherheitspolitischen Texteinheiten nach Beitragstypen (vgl. Tabelle 7) gewonnen wurde,

in bezug auf ihre Zuordnung zu den ersten sieben Beitragstypen; zur Nullhypothese vgl. Anmerkung (39).

(55) Zu den sich auf Subdimensionsebene abzeichnenden Kontingenzen im Hinblick auf "Abrüstung" vgl. Teil III, Abschnitt 2.2.2.

(56) In Protokolleinheiten, die Ideologien als Konfliktpotentiale oder Konfliktursachen benennen, treten gleichzeitig 263 mal die UdSSR, 137 mal die USA und 130 mal die Volksrepublik China auf.

(57) Vgl. Anmerkung (3); geprüft wurden mittels des χ^2-Tests die auftretenden Häufigkeiten der Protokolleinheiten, die Kodierungen zu
- bisherige Aktivitäten der UNO bei militärischen Auseinandersetzungen aufwiesen,

gegen
- eine "theoretische" Häufigkeitsverteilung, die aus der Gesamtverteilung aller sicherheitspolitischen Texteinheiten nach Beitragstypen (vgl. Tabelle 7) gewonnen wurde,

in bezug auf ihre Zuordnung zu den ersten sieben Beitragstypen; zur Nullhypothese vgl. Anmerkung (39).

(58) Vgl. hierzu Teil II, Abschnitt 2.1.2.

(59) Antwortschreiben des Hessischen Kultusministeriums vom 7.7.75 - Az.: III B 6 - 074/250 -

(60) Wie bereits in Teil III, Abschnitt 1.2. ausgewiesen wurde, finden sich durchschnittlich 58 (± 6) Protokolleinheiten je Buch mit sicherheitspolitischen Inhalten. Die unterschiedlich hohen Anteilswerte in der Tabelle sind zum größten Teil auf mehrbändige, zusammengehörende sozialkundliche Werke zurückzuführen (vgl. Hinweise zur Liste der analysierten Sozialkundebücher).

(61) Vgl. Sachs, L.: Statistische Auswertungsmethoden ... a.a.O., S. 228 ff., vgl. auch zur Angemessenheit des Kolmogoroff-Smirnoff-Tests für Fragestellungen dieser u.ä. Art, Zelinka, F.F.: Führerscheinbesitz ..., a.a.O., S. 130 f.

(62) Für mittlere bis große Stichprobenumfänge liegt K für die gängigen Irrtumswahrscheinlichkeiten tabelliert vor; vgl. Sachs, L., a.a.O., S. 228

(63) Auch der Wilcoxon-Test für Paardifferenzen (Rangdaten), dem die Nullhypothese 'beide verbundenen Stichproben entstammen der gleichen Grundgesamtheit; die Verteilungsfunktionen sind gleich' zugrunde liegt, zeigt mit einem Ergebnis von $R = 497 > R_{(45;0,05)} = 343$, daß die Nullhypothese nicht abgelehnt werden kann (vgl. hierzu Sachs, L., a.a.O., S. 245 f.); der Spearmansche Rangkorrelationskoeffizient r_s, der den Zusammenhang zwischen den beiden Häufigkeitsreihen der Kategorienbelegungen für H/R und G/B angibt und der sich auf einen Wert von $r_s = 0,985$ beläuft, weist eine auf dem 0,01-Signifikanzniveau bedeutsame Korrelation beider Reihen aus (zur Berechnungsmethode vgl. Sachs, L., a.a.O., S. 308 f.).

Teil IV: Zusammenfassung und Bewertung der Ergebnisse

Ein abschließendes Kapitel zu einem Forschungsbericht kann (und soll) auf unterschiedlichen Ebenen resümierend und bewertend einbinden. Zum einen muß aus der Vielzahl kleinerer und im Detail gewichtiger Einzelergebnisse Grundsätzliches herausgearbeitet werden, zum anderen verlangen die Ergebnisse eine Einordnung in den gesamtgesellschaftlichen Zusammenhang. Eine Rückbindung zu den abgeleiteten Forschungsfragen innerhalb der Rahmenbedingungen des theoretischen Zuganges der Studie ist zu leisten.

- Als erstes grundsätzliches Ergebnis bleibt festzuhalten: Die Autoren von Sozialkundebüchern bringen in ihren Lehrbüchern eine Vielzahl sicherheitspolitisch wesentlicher Inhalte. Insgesamt konnten 4693 Untersuchungsabschnitte (Protokolleinheiten) (d.h. 14,42 % des gesamten Lehrangebotes der 81 analysierten Bücher) aufgefunden werden, die sicherheitspolitische Themen ansprechen. Textstellen, die diese Inhalte aufweisen, finden sich in der Regel im Sozialkundebuch verstreut. Obwohl kaum eigentliche Blockbildungen sicherheitspolitisch abgehandelt werden, ist festzustellen, daß sicherheitspolitische Inhalte vorrangig eher etwa im letzten Drittel eines Buches verstärkt vorzufinden sind. Eine umfassende Behandlung von Sicherheitspolitik insgesamt wurde in keinem der analysierten Bücher geleistet.

Rückbindend an die Ausgangsüberlegungen dieser Studie, die zu der Annahme führten, daß Sicherheitspolitik (und Bundeswehr) nicht ihrem gesamtgesellschaftlichen und politischen Stellenwert entsprechend in den Sozialkundebüchern behandelt werden, läßt sich feststellen, daß sicherheitspolitische Inhalte quantitativ durchaus zahlreich in den Sozialkundebüchern enthalten sind. Man kann zwar an der Gewichtung der einzelnen Themen und der Art ihrer Darstellung Kritik üben (primär Institutionenkunde; Scheu der Autoren vor Problematisierung, wo sie angebracht wäre, usw.), im Grunde wird der sicherheitspolitische Themenkomplex aber nur ähnlich qualitativ unzureichend abgehandelt wie die sonstigen sozialkundlichen und politischen Themen auch [vgl. hierzu die Vorwürfe von anderweitigen öffentlichen Interessengruppen in bezug auf ihre Darstellung in Schulbüchern, z.B. Unternehmer, Frauen (1)]. Das bedeutet: Sicherheitspolitik wird weitgehend im durchaus üblichen Rahmen, also 'normal', abgehandelt. Die Anforderungen an den sozialkundlichen Unterricht, wie sie von den verschiedensten Seiten gestellt werden (vor allem aus politisch-pädagogischer Sicht), gelten erwartungsgemäß auch für die Behandlung sicherheitspolitischer Themen. Mit Sicherheit kann aus den vorgetragenen Untersuchungsergebnissen nicht geschlossen werden, daß die Autoren der Sozialkundebücher mit ihren sicherheitspolitischen Beiträgen eine Erziehung zur Wehrpflicht intendieren oder eine solche auch nur unterschwellig anregen. Die Verherrlichung von Kriegen und kriegerischen Auseinandersetzungen unterbleibt genauso wie z.B. die enthusiastische Beschreibung von mit Teilerfolgen gekrönten Friedens- und Koexistenzbemühungen.

Zur Vermittlung sicherheitspolitischer Themen im einzelnen lassen sich folgende zusammenfassende Anmerkungen treffen:

- Die Schulbuchverfasser widmen in der Regel der Teilung Deutschlands und der Einbindung beider deutschen Staaten unter ihre jeweiligen Schutzmächte aus zeitgeschichtlicher Perspektive großen Raum; in rund jeder fünften analysierten Protokolleinheit ist diese Thematik angesprochen. Insbesondere die historisch gewachsene enge sicherheitspolitische Ausgangslage und die sich daraus ergebenden Rahmenbedingungen für das heutige Militär in der Bundesrepublik Deutschland und in der DDR werden jedoch weitgehend ausgeklammert.

- Inhalte, die zum Themenkreis Bundeswehr zählen, finden in den Sozialkundebüchern zwar durchaus Berücksichtigung, jedoch selten in einer Gesamtschau 'Bundeswehr'. Ungeachtet der Tatsache, daß die Entstehung der Bundeswehr weitgehend aus der Darstellung ausgeklammert wird, streuen Inhalte zur Bundeswehr punktuell in jeweilig anderem Kontext im Buch (z.B. Wehrpflicht, Kriegsdienstverweigerung, Oberbefehl). Wesentliche Bundeswehrmerkmale wie Innere Führung, politischer Primat etc. erhalten wenig Beachtung - und wenn, dann eher schlagwortartig (z.B. Bürger in Uniform). Bestimmte Bundeswehrbezüge fehlen total (z.B. Wirtschaftsaspekt).

Die Vermutung, vor allem die Bundeswehr werde aufgrund einer mangelnden Einbindung in unseren Staat und in unsere Gesellschaft (tatsächlich oder nur im Empfinden weiter Bevölkerungsteile) auch in den Sozialkundebüchern tabuisiert, läßt sich in etwa bestätigen. Im Gegensatz zur sonstigen vorrangigen Darstellungsart eher unliebsamer oder brisanter Themen, erfährt die Bundeswehr nicht einmal die 'übliche' institutionenkundliche/formale Behandlung. Das kann mit dem Hinweis auf die langjährige Tabuisierung von Militär in der bundesdeutschen Öffentlichkeit und einer davon ableitbaren Haltung der Schulbuchautoren Erklärung finden. Auf der anderen Seite muß zur Beurteilung dieses Sachverhaltes aber auch die Aussage getroffen werden, daß eine herausragende Behandlung des bundesdeutschen Militärs gegenüber den anderen in Sozialkundebüchern aufgegriffenen Themenkreisen ebenso problematisch wäre, denn dies könnte in der Tat die Meinung stärken, daß der (West)Deutsche noch immer dem Militarismus wie in vergangenen Epochen huldige; auch könnten sich dadurch jene bestätigt fühlen, die explizite 'Wehrkunde' in den Schulen zurecht befürchten. Abgesehen davon gibt es durchaus Themen, die im Sozialkundebuch noch größere Defizite aufweisen: Würde man z.B. die Einrichtungen unseres Staates zur Sicherung nach außen und innen insgesamt untersuchen, so käme man zu dem Ergebnis, daß die Bundeswehr im Vergleich zur Polizei, zum Bundesgrenzschutz, zu den Staatssicherheitsorganen, Bundesnachrichtendienst und Verfassungsschutz, eine geradezu dominierende Stelle im Schulbuch einnimmt; dies ist möglicherweise eine Folge der 'Wehrkundedebatte'.

Eine weitere Auffälligkeit zum Thema Bundeswehr und Sicherheitspolitik ist folgende: Während es eine übliche Vorgehensweise im Sozialkundebuch ist, die Schüler vom engeren zum weiteren Umfeld mit bestimmten Sachverhalten vertraut zu machen, z.B. 'Individuum-Gruppe-Gesellschaft' oder 'Mitbestimmung in der Schule (Schülerverwaltung) - Mitbestimmung in der Wirtschaft', so bleibt festzuhalten, daß ein analoges Vorgehen derart, 'Bundeswehr-NATO-militärische weltpolitische Gesamtkonstellation', nicht auffindbar ist. Bei der Behandlung sicherheitspolitischer Themen dominieren eher die zeitgeschichtlichen Bezüge, die zum status quo der Bundesrepublik Deutschland führten (Westintegration) oder die weltpolitischen Konstellationen als solche (Ost-West-Spannungen). Der streng militärische Aspekt steht im Vergleich zu dem zeitgeschichtlichen und außenpolitischen zurück. Ist die Bundeswehr also Lehrstoff eines Buches, so

wird sie eher isoliert ohne Einbindung in den größeren internationalen sicherheitspolitischen Rahmen und dessen Gegebenheiten vorgestellt.
Die Annahme, Schüler werden vom Lehrstoffangebot her umfassend über die Notwendigkeit der Wehrpflicht und ebenso über das auch historisch begründete Grundrecht auf Kriegsdienstverweigerung unterrichtet, ist zu verwerfen. Qualitativ werden beide Inhalte zumeist völlig unzureichend dargeboten, da sich die meisten Schulbuchautoren mit dem bloßen Vermerk, 'hier Staatsbürgerpflicht, dort Grundrecht' begnügen. Eine zusammenhängende Ausarbeitung des Stellenwertes von Wehrpflicht und Wehrdienstverweigerung ist kaum auffindbar. Darüber hinaus wird das Recht auf Kriegsdienstverweigerung zumindest im Lehrangebot der Sozialkundebücher nicht häufiger und intensiver behandelt als die Wehrpflicht. Weder Intentionen und Aussagen zur Erziehung zum noch zur Abweisung des Wehrgedankens sind erkennbar.
Die durchgeführte Inhaltsanalyse bundesdeutscher Sozialkundebücher beschränkte sich aber nicht nur auf kommunizierte Inhalte zum Thema 'Bundeswehr', sondern versuchte auch - so umfassend wie möglich - sicherheitspolitische Inhalte in weltweitem Bezug zu erfassen, um auf diese Weise 'Erziehung zur Wehrpflicht?' nicht zu stark einzuengen und ausschließlich auf Bundeswehrbelange zu begrenzen. Diesbezüglich sind folgende Aussagen gerechtfertigt:

- Das Thema 'Nationale Volksarmee' wird von den Schulbuchautoren im Gegensatz zu anderen Bereichen der DDR inhaltlich ausgespart. Bis auf wenige Besonderheiten eher systemspezifischer Art - wie z.B. paramilitärische Einrichtungen oder vormilitärische Erziehung von Heranwachsenden - ist das Ergebnis dieser Inhaltsanalyse zum Thema NVA zum allergrößten Teil mit *Defiziten* belastet.
- Die NATO wird vor allem als Verteidigungsbündnis vermittelt. Die weitere Behandlung des Atlantikpaktes läßt sich am ehesten mit Institutionenkunde charakterisieren. Interne Probleme und Entwicklungen innerhalb der NATO-Mitgliedstaaten (z.B. Eurokommunismus) werden thematisch kaum aufgegriffen.
- Die Vorstellung des Warschauer Paktes erfolgt im Vergleich zur NATO - ebenfalls institutionell betrachtet - in geringerem quantitativen Umfang. Bezüglich der Lage der Ostblockstaaten greifen die Verfasser auf eine breite und engagierte Schilderung der Unterdrückung der Satellitenstaaten durch die Sowjetunion (DDR, Ungarn, CSSR) zurück.
- Der weltpolitischen Situation und den Einflußbereichen zweier bestehender Super(Welt-)mächte und einer kommenden Weltmacht wird häufig über gegenwärtige, gegenseitige Beziehungen und deren historische Etappen (Phasen des Ost-West-Verhältnisses) Rechnung getragen. Während die Bemühungen um Entspannung zwischen den Blöcken eine durchaus positive Darstellung erfahren, stehen die Autoren der friedlichen Koexistenz unterschiedlicher Systeme - vor allem was die UdSSR betrifft - eher skeptisch gegenüber. Auffallend ist die gesellschaftlich-politische Charakterisierung der Sowjetunion und der Volksrepublik China in ideologischer Hinsicht, während die USA kaum über sie tragende politische Werte gekennzeichnet wird.
- Entspannung wird vordergründig anhand der Verträge der sozialliberalen Koalition in Bonn mit der DDR, Moskau und Warschau sowie im Hinblick

auf die Berlinvereinbarungen (Berlin als Prüfstein!) inhaltlich gefüllt. Zurückliegende Aktivitäten bundesdeutscher Regierungen der CDU-CSU-Aera innerhalb der Ost-West-Konfrontation finden wenig Resonanz.

- Als gravierendes weltweites Konfliktpotential wird in erster Linie auf die ideologische Komponente abgehoben; auch verweisen die Sozialkundebuchautoren deutlich auf das Entstehen von Krisensituationen aufgrund von Aggressionspolitik und des neuzeitlichen Politikphänomens geteilter Staaten und Völker. Ökonomische Bedingungen als Ursachen für weltweite Spannungen werden weniger hervorgehoben. Spannungspotentiale, die militärische Konfliktaustragungen hervorrufen, kommen aber lediglich punktuell, selten in zusammenhängenden Abschnitten zur Sprache.
- Die weltweiten Rüstungspotentiale und Truppenkontingente finden in unterschiedlichem Maße Berücksichtigung. Atombomben mit ihren entsetzlichen Auswirkungen werden z.T. recht drastisch veranschaulicht. Rüstungs- und Truppenvergleiche sowie die Problematik des Wettrüstens finden ebenfalls hinreichend Beachtung. International brisante Maßnahmen wie Beschränkung des Waffenhandels oder die Verhängung eines Waffenembargos bleiben dagegen weitgehend unberücksichtigt.
- Mit Ausnahme von Querbezügen zwischen atomarer Rüstung und dem 'Gleichgewicht des Schreckens' vermitteln Schulbuchautoren Rüstungspolitik und Rüstungsproblematik eher isoliert, d.h. ohne auf den allgemeinen sicherheitspolitischen Stellenwert abzuheben. Die militärpolitische Zielrichtung 'Gleichgewicht des Schreckens' wiederum ist die einzige Strategie, die eine ausführlichere Behandlung erfährt.
- Sämtliche Abrüstungsbemühungen werden in den Büchern nur in bescheidenem Maße vorgestellt. In der Regel finden sich nur allgemeine Hinweise. Ausführlicher wird manchmal der Atomwaffensperrvertrag behandelt.
- Der Begriff 'Krieg' hat innerhalb der vorgenommenen Inhaltsanalyse die meisten Kodierungen erhalten. Er wird vorwiegend allgemein und negativ abschreckend vorgestellt. Bei der Behandlung tatsächlicher militärischer Auseinandersetzungen seit 1945 überwiegen die Kriegssituationen im Fernen Osten; aber auch der Krisenherd in Nahost wird durchschnittlich 2 mal pro Buch thematisiert.
- Weltweite Bemühungen um und Konzepte zur Friedenssicherung finden - mit Ausnahme der UNO-Prinzipien - nur in beschränktem Maße Aufnahme ins Sozialkundebuch. Obwohl Friede als solcher geradezu beschworen wird, sparen Schulbuchautoren Friedensvorstellungen auf nicht-militärischer Ebene - mit Ausnahme der Vision eines Vereinten Europas - weitgehend aus.
- Die Vereinten Nationen werden in der Regel je Buch mehrfach angesprochen. Über die ausführliche Institutionenkunde hinaus bieten Sozialkundebücher als Lehrstoff vorwiegend UNO-Maßnahmen und -eingriffe in Krisengebiete sowie eine kritische Würdigung der UNO an.

Gruppiert man die analysierten Sozialkundebücher nach dem zulassenden Bundesland und forscht nach, ob Verschiebungen im sicherheitspolitischen Lehrstoffangebot auftreten, so ist zu sagen, daß diese Verteilung keinen Hinweis auf ein 'Nord-Süd'-Zulassungsgefälle erbringt. Ebensowenig schlagen sich politische Orientierungen der unterschiedlich regierten Bundesländer in den zugelassenen

Sozialkundebüchern nieder.
Differenziert nach Schultypen lassen sich in bezug auf Qualität und Breite des Themenspektrums keine bedeutsamen Unterschiede festmachen. Hinsichtlich der Zulassung der Bücher besteht eine stärkere Verknüpfung des Materials zwischen Hauptschule und Realschule einerseits und Gymnasium und Berufsschule andererseits. In Büchern für letztere Schulen werden zwar quantitativ mehr, aber nicht grundsätzlich andere Lehrinhalte zu Sicherheitspolitik geboten.
Nachdem bislang zusammenfassend auf Quantität und Qualität der Wissensvermittlung sicherheitspolitischer Inhalte in zugelassenen Sozialkundebüchern eingegangen wurde, ist es - die in Teil I dieser Studie diskutierten Rahmenbedingungen ausschöpfend - erforderlich, Aussagen zur Einlösung des pädagogischen Anspruchs und zum politischen Stellenwert dieser in bundesdeutschen Sozialkundebüchern vermittelten Inhalte zu machen.

- Die Umsetzung der Anforderungen der politischen Bildung lassen sich am besten über den Themenkreis 'Wehrpflicht - Kriegsdienstverweigerung' veranschaulichen: Eine Vermittlung von Basiswissen - es besteht Wehrpflicht; es gibt das Grundrecht auf Kriegsdienstverweigerung - wird von den Schulbuchautoren in eingeschränktem Maße sicherlich geleistet. Für die Erarbeitung eines eigenen Standpunktes zu diesem Themenkomplex bieten die Bücher aber kaum Hilfestellung; dazu fehlt es in der Regel an der gesamtgesellschaftlichen Betrachtungsweise und an der mangelnden Gesamtschau überhaupt. Zur Aktivierungsfunktion läßt sich im Rahmen dieser inhaltsanalytischen Untersuchung keine Aussage treffen, da der Kodierbogen den Aufforderungscharakter einzelner Beiträge nicht erfaßte.

  Die exemplarische Beurteilung der Vermittlung sicherheitspolitischer Inhalte unter den Kriterien der Zielsetzung des mündigen Bürgers läßt sich auf eine ganze Reihe bedeutsamer Themen übertragen. Daß der bloßen Informationspflicht Genüge geleistet wird, zeigen die zahlreichen sicherheitspolitischen Inhalte, die formal/sachlich (zeitgeschichtliche Bezüge, Machtfaktoren und Spannungspotentiale etc.) oder, wo es sich anbietet, speziell über 'Institutionenkunde' (Militärbündnisse, UNO) vorgestellt werden. Daß die Verfasser von Sozialkundebüchern der Objektivierungsfunktion weniger gerecht werden, 'beweisen' die mangelnden Querverbindungen und Bezüge, die in der Ausweisung der Einzelergebnisse mehrfach herausgearbeitet wurden (z.B. geringe thematische Verbindung von Entmilitarisierung und Wiederbewaffnung Deutschlands, von Abrüstung und militärpolitischen Zielen und Strategien) und, wie schon häufiger betont, das Ausklammern problematisierender Betrachtungsweisen in den eigenen Beiträgen.
- Die Berücksichtigung friedenspädagogischer Forderungen kann im Rahmen dieser Untersuchung nicht grundsätzlich beurteilt, sondern nur exemplarisch anhand der eingangs ausgewählten Kriterien gestreift werden: Kriege sind in den Sozialkundebüchern nicht als unausweichliche Naturkatastrophen ausgewiesen; erwartungsgemäß bringen die Schulbuchverfasser Krieg allgemein häufig in negativ-abschreckendem Kontext. Insbesondere die entsetzlichen Folgen möglicher atomarer Auseinandersetzung finden z.T. drastische Veranschaulichung. Die Warnung vor Kriegen durchzieht beinahe jede Textpassage, welche sich in irgendeiner Weise mit der Beschreibung militärischer Konflikte befaßt.

Ebenso den Erwartungen entsprechend, wird demgegenüber 'Friede' stark befürwortend, aber nicht enthusiastisch, proklamiert. Zwischen der abschreckenden Beschreibung von 'Krieg' einerseits und der allgemeinen Beschwörung friedlicher Zustände andererseits vermißt man aber ein intensives Eingehen auf Friedensprophylaxen jeglicher Art, bevor militant geführte Auseinandersetzungen zum Zug kommen. Die Schulbuchautoren scheinen noch weitgehend einem 'negativen' Friedensbegriff verhaftet zu sein.
Mit letzteren Aussagen korrespondierend ist die Vermittlung des Prinzips vom grundsätzlich gewaltloser Konfliktaustragung zu sehen. Gewaltverzicht wird im engen inhaltlichen Zusammenhang mit den UNO-Zielen behandelt. Als Darstellungsmuster tritt der Wortlaut der UNO-Charta in Erscheinung oder die Autoren wählen wiederum konkrete UNO-Maßnahmen, die bereits mit Waffen ausgetragene Konflikte auf gewaltlose Formen der Bewältigung zurückführten.

Die Darstellungsform sicherheitspolitischen Lehrstoffes erlaubt insgesamt eine Stellungnahme zu den friedenspädagogischen Kriterien Abbau von Vorurteilen, Abrücken von Schwarz-Weißmalerei und Vermeidung von Freund-Feind-Denken: ein Urteil hierzu ist nur unter Berücksichtigung latenter Strukturen in Sozialkundebüchern zu erarbeiten. Es gibt wohl keinen Schulbuchautor, der Aussagen derart bringt, 'im Westen ist alles gut und im Osten schlecht'. Das Freund-Feind-Schema geht - wenn überhaupt - subtiler in den Aufbau und die Textaufbereitung eines Schulbuches ein. Ein solches Darstellungsmuster zeigt sich eher über defizitäre bzw. herausragende Behandlung bestimmter Themen. Als Beispiel hierzu möge die intensive Behandlung von Unterdrückungsmaßnahmen im Ostblock gelten. Um Mißverständnissen vorzubeugen sei betont, daß die Vorgänge in Berlin (17. Juni; Mauerbau), der Ungarnaufstand und der Einmarsch von Warschauer-Pakt-Truppen in die CSSR selbstverständlicher Bestandteil jedes Schulbuches für den Politikunterricht sein sollten. Aber ebenso sollte sich ein Schulbuchautor auch nicht scheuen, totalitäre Praktiken in 'westlichen' Staaten aufzuzeigen (z.B. Griechenland unter dem Regime der Militär-Junta) oder der Breschnew-Doktrin die Johnson-Doktrin gegenüberzustellen. Ein weiteres Beispiel für 'Schwarzmalerei' kann an der Vermittlung von Ideologien verdeutlicht werden. Obwohl Kommunismus und Faschismus nicht eigenständige, sondern nur an sicherheitspolitischen Inhalten festgemachte Untersuchungsgegenstände waren, läßt sich folgender Eindruck formulieren: Diese beiden 'Ismen' werden hauptsächlich als staatstheoretische Doktrinen unter negativem Bezug (Einparteiensystem; Nichtbeachtung der Menschenrechte) dargestellt. Für den Schüler ergibt sich die beinahe zwangsläufige Folgerung, wenn ein System weder als kommunistisch noch als faschistisch ausgewiesen ist, dann ist es demokratisch! Wie soll man z.B. die Verhältnisse im Iran (vor 1979) oder in Südkorea charakterisieren? Eine solche Verkürzung, nur kommunistische oder faschistische Doktrinen führen totalitäre Praktiken mit sich, haben ein zu pauschales Verständnis von Macht- und Herrschaftsstrukturen zur Folge. Dazu kommt, daß Nationalsozialismus i.d.R. am Dritten Reich festgemacht wird - und von daher für den Schüler keinerlei Aktualitätsbezug aufweist - und Kommunismus zwangsläufig mit den beiden Weltmächten UdSSR und China verbunden ist. Der Osten wird also - themenzyklisch betrachtet - durchaus

massiv als Feindbild vermittelt, wobei die Einseitigkeit der Feindzuweisung das Bedenkliche ist.
Demgegenüber tritt eine überaus positive Darstellung des eigenen Staates bzw. typisch westlicher 'Ideologien' im Sozialkundebuch nicht deutlich in Erscheinung. Dem kommunistischen Osten wird nicht ebenso explizit in 'Weißmalerei' der freie, demokratische, pluralistische, liberale, friedliebende Westen gegenübergestellt. Zwar kennzeichnen westliche Staaten Grundrechte, geheime und allgemeine Wahlen, ein breiteres Parteienspektrum, Interessenvertretungen usw., aber da dies mehr auf der staatsaufbauenden formal-institutionenkundlichen Ebene vermittelt wird, kommt das Freund-Schema nicht so klar zutage. Eine Erklärung für diesen Eindruck bietet sich an: die extensiv in den Vietnamkrieg verwickelten Vereinigten Staaten von Amerika, die zudem in Japan bisher die ersten Atombomben abwarfen, sind in Verbindung mit der Negativvermittlung von Krieg und Gewalt sowie atomaren Einsätzen kaum in ausschließlich positiver Sichtweise zu schildern. Darum hält man sich eher an formalen demokratischen Merkmalen fest. Und da sich auch die Deutschlandpolitik der westlichen Alliierten nicht ausnahmslos ohne kritische Anmerkungen abhandeln läßt, muß die Möglichkeit der 'Weißmalerei' als nicht durchführbar verworfen werden.

Alle Ergebnisse insgesamt resümierend, können gegen die Verfasser von Schulbüchern für den Politikunterricht keinerlei Vorwürfe in Richtung 'Wehrkunde' formuliert werden. Sicherheitspolitik wird inhaltlich zahlreich, aber meist eher unzusammenhängend, qualitativ überwiegend formal (Institutionenkunde), unter vorrangiger Beachtung zeitgeschichtlicher und außenpolitischer Bezüge dargeboten; militärische Aspekte scheinen hintangestellt.
Abschließend sei noch einmal an den Untersuchungsgegenstand Schulbuch zurückgebunden. Es wurde nicht die Behandlung sicherheitspolitischer Themen im Schulunterricht analysiert, vielmehr sind die Ergebnisse aus einem wesentlichen Faktor schulischen Einflusses, nämlich zugelassenen Sozialkundebüchern, gewonnen. Erinnert sei auch noch daran, daß der Sozialkundeunterricht eine Fülle von Themen bewältigen muß, so daß notgedrungen auch bei sicherheitspolitischen Inhalten Abstriche gemacht und eine Stoffauswahl getroffen werden müssen. Verständnis für und eine Urteilsfindung bei politischen Vorgängen bewirken beim Schüler sicherlich nicht die quantitativ hohe Behandlung jeglicher Themenkreise, sondern eher grundsätzliche Einblicke in politische Konstellationen und Entscheidungen. Gerade die sicherheitspolitische Problematik kann zudem nicht durch ein einziges Schulfach einspurig vermittelt werden, sondern sinnvoll nur im Fachverbund (Geschichte, Deutsch, Erdkunde, Religion u.a.), da fallweise und im engen Zusammenhang mit den Stoffgebieten dieser Fächer der Einbezug sicherheitspolitischer Gegebenheiten, Entwicklung und Problematiken es vermag, zusätzlichen Erkenntnisgewinn beim Schüler zu fördern und seine Urteilskraft zu schärfen - auch im Hinblick darauf, wie er sich selbst in Anbetracht des Problemfelds Wehrpflicht verhalten kann und soll.

Anmerkung:

(1) Vgl. z.B. Ebmeyer, K.-U.: Szenen aus der Arbeitswelt. Erfahrungen mit deutschen Lesebüchern - Eine Untersuchung des Instituts der deutschen Wirtschaft, Köln 1978. Vgl. ebenso Böttcher, W.: ... a.a.O.. Vgl. ebenso Silbermann, A. und U.M. Krüger: Abseits der Wirklichkeit - Das Frauenbild in deutschen Lesebüchern, Köln 1971

Anhang 1: Liste der analysierten Sozialkundebücher

Buch-Nr.	
1	Amann-Kellner-Pauly: Im Spannungsfeld der Politik. Eine Einführung in die Formen des Gemeinschafts- und Gesellschaftslebens. Neu bearbeitet von Oberstudiendirektor Dr. Peter P. Pauly, Darmstadt 1974, 55. Aufl.
2	Andreae, H.: Demokratie in unserer Zeit. Lehrbuch für den politischen Unterricht, Hamburg 1972, 3. Aufl.
3	Andreae, H.: Kleine Gemeinschaftskunde. Familie - Beruf - Wirtschaft - Gesellschaft - Recht - Staat, Hamburg 1968, 3. Aufl.
4	Andreae, H.: Sozialkunde für berufsbildende Schulen, Hamburg 1974, 11. Aufl.
5	Baumann, H.: Politische Gemeinschaftskunde, Porz am Rhein 1973, 11. Aufl.
6	Baumann, H.: Probleme der Gesellschaft. Lern- und Arbeitsbuch für den sozialkundlichen Unterricht, Porz am Rhein 1975, 2. Aufl.
7	Baumann, H.: Zusammen leben. Grundriß zur Sozialkunde und Zeitgeschichte, Porz am Rhein, 1973, 5. Aufl.
8	Baur, A.: Bundesrepublik Deutschland, Ausgabe B. Reihe: Zur Politik: Schöninghs Unterrichtswerk zur politischen Bildung, Paderborn 1975, 3. Aufl.
9	Bayer, E. Schmid, H.-D.: Wörterbuch zur Gemeinschaftskunde, Frankfurt 1972, 5. Aufl.
10	Beck, P.: Jugend von heute - Bürger von morgen. Sozialkunde für Berufsschulen in Bayern. 2. Teil: Die politische Ordnung, Neusäß 1974, 24. Aufl.
11	Beckert, H.: Staatsbürger von morgen. Ein Arbeitsbuch zur politischen Bildung für junge Menschen, Bad Homburg 1975, 52. Aufl.
12	Besson, W., Jasper, G.: Das Leitbild der modernen Demokratie. Bauelemente einer freiheitlichen Staatsordnung, München u.a. 1973, 5. Aufl.
13	Binder/Steinbügl: Unsere Zeit. Ein Lesebuch für politische Bildung, Düsseldorf 1966
14	Bohusch, O., Fiedler, R., Pawlowsky, W.: Der Mensch in seinen sozialen Ordnungen. Arbeits- und Quellenbuch für die Sozialkunde, München, Paderborn 1969
15	Buchner, R., Seidler, F.W., Schmidt, H.: Einigkeit und Recht und Freiheit. Ein Lehrbuch für die Gemeinschaftskunde, Köln - Braunsfeld 1969, 3. Aufl.
16	Bühler, O. u.a.: Sozialkunde. Information zum politischen Unterricht, Freising, Stuttgart o.J.
17	Deuschle, F., Gönner, K. u.a.: Du und die Politik. Lehrbuch für die politische Bildung, Gehlen Bad Homburg 1975, 4. Aufl.
18	Deuschle, F., Gönner, K. u.a.: Gesellschaft - Staat - Politik, Lehrbuch für die politische Bildung, Bad Homburg v.d.H. u.a. 1972, 5. Aufl.
19	Dickerhoff, W., Friedrichs, K., Pyzalla, G.: Mitentscheiden, mitverantworten. Lehrbuch für den politischen Unterricht, Porz am Rhein 1973, 2.Aufl.
20	Drechsler, H., Hilligen, W., Neumann, F.: Gesellschaft und Staat, Lexikon der Politik, Baden-Baden 1973, 3. Aufl.
21	Fischer, K.G. u.a.: Gesellschaft und Politik. Ein Arbeitsbuch für die Sozial- und Gemeinschaftskunde der Klassen 7 - 9/10 aller Schulen (Sekundarstufe I), Stuttgart 1973, 2. Aufl.
22	Fischer, K.G. u.a.: Mensch und Gesellschaft. Ein Arbeitsbuch für den Sozial- und Gesellschaftskundeunterricht der Klassen 5 und 6 aller Schulen, Stuttgart 1973
23	Fischer, K.G. u.a.: Politische Bildung. Ein Lehr- und Arbeitsbuch für den sozialkundlich-politischen Unterricht, Stuttgart 1973, 2. Aufl.
24	Frank: Mensch und Gemeinschaft. Staat und Gesellschaft, Rinteln 1975
25	Frank: Politik in der Industriegesellschaft. Lehr- und Sachbuch für den politischen Unterricht, Rinteln 1974, 6. Aufl.

Buch-Nr.

26 Frede, G., Kollnig, K.: Freiheit und Verantwortung. Lese- und Arbeitsbuch zur politischen Bildung, Stuttgart 1969, 6. Aufl.

27 Greiffenhagen, M., Hättich, M.: Sozialkunde. Lehr- und Arbeitsbuch zur politischen Bildung, Stuttgart 1973

28 Grix, R., Knöll, W.: Lernfeld Gesellschaft. Lehr- und Arbeitsbuch für den politischen Unterricht, Frankfurt 1974, 2. Aufl.

29 Grosche, H.: Politik und Recht. Arbeitsbuch für Sozial- und Gemeinschaftskunde. Reihe: Der junge Staatsbürger, Frankfurt 1970, 6. Aufl. (zugelassen zusammen mit Buch-Nr. 69)

30 Haas u.a.: Abriß der Sozialkunde, München 1963, 9. Aufl.

31 Hagen, M.: Europa - Idee und Wirklichkeit. Um Weltfrieden und übernationale Gemeinschaft. Reihe: Neue Gemeinschaftskunde für Gymnasien, Hannover 1968 (zugelassen zusammen mit Buch-Nr. 47, 48, 58, 68)

32 Hansen, R., Hintze, H., Wächter, K.: Politik - kritisch betrachtet. Ein Lehr- und Arbeitsbuch für den Politischen Unterricht. Hamburg 1975, 3. Aufl.

33 Hanser, H.: Unsere politische Ordnung. Abriß der Gemeinschaftskunde, 2. Teil, Bad Homburg 1971, 9. Aufl.

34 Hanser, H.: Sozialkunde, Teil 3: Zeitgeschichte und Weltpolitik, Bad Homburg u.a. 1973 (zugelassen mit Buch-Nr. 77)

35 Hartwich u.a.: Politik im 20. Jahrhundert, Braunschweig 1973, 3. Aufl.

36 Heindl, K.: Sozialkunde für Bayern, Wolfenbüttel 1969

37 Heinrich, H.: Wir leben in Freiheit. Ein Arbeits- und Lesebuch zur Gemeinschaftskunde für das Land Baden-Württemberg, bearbeitet von A. Eckenfels, München 1973, 2. Aufl.

38 Heise, G.: Der Staat bist Du. Eine Hilfe zum Verständnis der Demokratie als Lebensform, Bad Homburg u.a. 1974

39 Heumann, H.: Mensch und Gemeinschaft in Geschichte und Gegenwart. Längsschnitte unter besonderer Berücksichtigung der letzten 150 Jahre, Frankfurt/M. 1971, 6. Aufl.

40 Hilligen, W.: sehen - beurteilen - handeln. Arbeits- und Lesebuch zur Politischen Bildung und Gemeinschaftslehre, 7. - 9. Schuljahr, Frankfurt/M. 1975, 7. Aufl.

41 Hilligen, W.: sehen - beurteilen - handeln. Arbeits- und Lesebuch zur Politischen Bildung und Gesellschaftslehre, 7. - 10. Schuljahr, Frankfurt/M., 1973, 7. Aufl.

42 Klein, J.K.: Demokratien und Diktaturen. Zur Geschichte und Politik im 20. Jahrhundert, Köln 1971, 2. Aufl.

43 Krautkrämer, E., Radbruch, E.: Wandel der Welt - von der großen Französischen Revolution bis zur Gegenwart, Bad Homburg 1972, 5. Aufl.

44 Kühn, P.: Das geht uns alle an. Ein Buch zum Lesen, Lernen und Nachdenken, um sich dann eine eigene Meinung zu bilden, Wolfenbüttel 1972, 5. Aufl.

45 Kühn, P., Büning, U.: Arbeitsbuch Politik, Wolfenbüttel, o.J.

46 Mann, H.: Wir leben nicht allein. Eine kleine Gemeinschaftskunde. Reihe: Lebendige Geschichte. Heimat, Vaterland und Welt im Wandel der Jahrhunderte, 4. Teil, Bonn 1972, 7. Aufl.

47 Meyer, E.: Das europäische Nationalstaatensystem - Völker und Staaten Zwischeneuropas. Reihe: Neue Gemeinschaftskunde für Gymnasien, Hannover 1966 (zugelassen zusammen mit Buch-Nr. 31, 48, 58, 68)

48 Meyer, H.: Rönnebeck, G.: USA und UdSSR. Entwicklung und Gegenwartsprobleme zweier Weltmächte. Reihe: Neue Gemeinschaftskunde für Gymnasien, Hannover u.a. 1975, 4. Aufl. (zugelassen zusammen mit Buch-Nr. 31, 47, 58, 68)

Buch-Nr.

49 Mickel u.a.: Politik und Gesellschaft. Grundlagen und Probleme der modernen Welt. Lehr- und Arbeitsbuch für die Gemeinschaftskunde/Politische Weltkunde, Bd. 2, Frankfurt/M. 1972

50 Monsheimer, O., Hilligen, W.: Aktionsfeld Politik. Orientierungshilfen zur Politischen Bildung, Frankfurt/M. 1972, 6. Aufl.

51 Müller, W.F.: Lebensregeln für junge Staatsbürger - Staatsbürgerfibel - , Karlsruhe 1964

52 Nebelsiek, K.: Der Gemeinde-, Staats- und Weltbürger. Ein Grundriß der Bürgerkunde und Sozialkunde (Gemeinschaftskunde), Köln-Braunsfeld 1969, 95. Aufl.

53 Ritscher, H. (Hrsg.): Welt der Politik I. Lehrbuch der Sozial- und Gemeinschaftskunde, Frankfurt/M. 1972, 5. Aufl. (zugelassen zusammen mit Buch-Nr. 54)

54 Ritscher, H. (Hrsg.): Welt der Politik II. Lehrbuch der Zeitgeschichte, Frankfurt/M. 1972 (zugelassen zusammen mit Buch-Nr. 53)

55 Schmitzer, H., Zollner, L.: Sozialkunde für bayerische Schulen. Ein Lehr- und Lesebuch zur politischen Bildung, Darmstadt 1974

56 Scholz, G.: Bürger in einem freien Staat, München 1966, 5. Aufl.

57 Scholz, G.: Sozialkunde, Lehrbuch für den Unterricht in Sozial- und Wirtschaftskunde an Berufsschulen, München 1974, 5. Aufl.

58 Seiters, J., Walz, J.B.: Das Werden der modernen Welt durch die wirtschaftliche und gesellschaftliche Revolution. Reihe: Neue Gemeinschaftskunde für Gymnasien, Hannover 1974, 3.Aufl., (zugelassen zusammen mit Buch-Nr. 31, 47, 48, 68)

59 Seitzer, O. u.a.: Einer für alle - alle für einen, Stuttgart 1971, 11. Aufl.

60 Seitzer, O. u.a.: Einer und alle. Staat und Gesellschaft, Arbeit, Wirtschaft, Stuttgart 1971

61 Seitzer, O.: Miteinander, Füreinander. Ein Lese- und Arbeitsbuch zur politischen Bildung, Stuttgart 1975

62 Süß, G.A.: Grundzüge der Sozialkunde. Arbeits- und Lehrbuch, Frankfurt/M. u.a. 1973, 10. Aufl.

62 a Süß, G.A.: Grundzüge der Sozialkunde. Bayern-Ausgabe. Arbeits- und Lehrbuch, Frankfurt/M. 1972, 2. Aufl.

63 Sundermann, K.-H.: Vergangenheit und Gegenwart. Sozialkundliches Arbeits- und Nachschlagebuch, Frankfurt/M. 1972, 10. Aufl.

64 Thurich, E., : Endlich, H.: Zweimal Deutschland. Lehrbuch für Politik und Zeitgeschichte, Frankfurt/M. 1973, 4. Aufl.

65 Ullmer-Schulz, E., Fleischhammer, O.: Der Staatsbürger. Gemeinschaftskunde in Fragen und Antworten, Gütersloh 1969

66 Weiß, E. u.a.: Ordnung in Freiheit. Lehrbuch für die politische Bildung, Bad Homburg 1973, 9. Aufl.

67 Wengert, R., Behringer, K., Scherm, W.: Sozialkunde mit Bildtafeln, Ingolstadt 1975, 34.Aufl.

68 Wiener, J., Meyer, H.: Demokratie als Lebensform. Reihe: Neue Gemeinschaftskunde für Gymnasien, Hannover u.a. 1971, 2. Aufl. (zugelassen zusammen mit Buch-Nr. 31, 47, 48, 58)

69 Wimmer, M., Hartwig, K.: Gesellschaft und Wirtschaft. Ein Lehr- und Arbeitsbuch, Frankfurt/M. 1973, 5. Aufl. (zugelassen zusammen mit Buch-Nr. 29)

70 Albert, K., Krause, R.: Arbeiten und Leben in der Gesellschaft. Sozialkunde für den 7. Schülerjahrgang, Ansbach o.J.

71 Amann, L., Kellner, H.: Person, Staat, Politik. Ein Lehrbuch für den politischen Unterricht an berufsbildenden Schulen, Darmstadt 1975, 37. Aufl.

72 Ammon, H. (Hrsg.): Die Gesellschaft, in der wir leben. Sozialkunde - Politische Bildung, 7. Jahrgangstufe, München 1976

Buch-Nr.

Buch-Nr.	
73	Baumann, H.: Deutschland - gestern und heute. Kurzgefaßte Geschichte des 19. und 20. Jahrhunderts. Köln o.J., 3.Aufl.
74	Beckert, H.: Wissen - Wägen - Wollen - Wirken. Ein Lehr- und Arbeitsbuch zur Politischen Bildung für junge Menschen, Bad Homburg, u.a. 1976, 2. Aufl.
75	Blass, Küthmann: Politik - Gestalte mit! Lehr- und Arbeitsbuch für das Fach Politik an beruflichen Schulen, Neusäß 1974, 3. Aufl.
76	Eberhardt, H., Loeschke, H., Winkler, K.: Soziallehre 9, Schülerarbeitsbuch für das 9. Schuljahr, Donauwörth 1976
77	Hanser, H.: Sozialkunde. Zweiter Teil: Die Staats- und Rechtsordnung, Bad Homburg u.a. 1976, 6. Aufl. (zugelassen zusammen mit Buch-Nr. 34)
78	Herold, R. (Hrsg.): Politisch urteilen + handeln. Ein Lehr- und Arbeitsbuch für den politischen und sozialkundlichen Unterricht, Wolfenbüttel o. J.
79	Mausolf, W., Zens, P. A.: Mitdenken, mithandeln. Politik, Information, Analyse, Diskussion, Neuss 1975
80	Mickel, W.W. (Hrsg.): Arbeitsbuch: Politik. 7. - 10. Schuljahr. Sekundarstufe I, Düsseldorf 1977
81	Frank: Politik heute. Eine Entscheidungshilfe für Politik und Zeitgeschichte in der Sekundarstufe II, Rinteln 1975, 4. Aufl.

ANHANG 2: Kodierbogen / Kategorienschema

Angaben		Spalte(n)	Lochung
Lochkartenfolge Nr. (KARTE 1)		1 2	blank 1
Kennzeichnung der recording unit RCU (vierstellig)		3 - 6	Nummer eintragen!
Buchnumerierung (zweistellig 01 - 81)		7 - 8	Nummer eintragen!
BEITRAGSTYP	Lehrtext	9	1
	Schema / Tabelle / Grafik / Photo / Übersicht	9	2
	(Kontroll-) Frageblock / Diskussionsthemen	9	3
	Quelle / Zitat	9	4
	Lehrtext u. Schema / Tabelle / Grafik	9	5
	Lehrtext u. (Kontroll-) Frageblock / Diskussionsthemen	9	6
	Lehrtext u. Quelle	9	7
	Schema / Tabelle / Grafik u. (Kontroll-) Frageblock / Diskussionsthemen	9	8
	Schema / Tabelle / Grafik u. Quelle	9	9
	(Kontroll-) Frageblock / Diskussionsthema u. Quelle	10	1
	Lehrtext u. Schema u. Frageblock	10	2
	Lehrtext u. Schema u. Quelle	10	3
	Lehrtext u. Frageblock u. Quelle	10	4
	Schema u. Frageblock u. Quelle	10	5
	Lehrtext u. Schema u. Frageblock u. Quelle	10	6

Dimension	Subdimension	Kategorie	Spalte
WESTINTEGRATION	Deutschlandpolitik der Alliierten nach 1945	allgemein, sonstiges	11
		Konferenzen der Siegermächte in Potsdam und Jalta	12
		Außenministerkonferenzen 1945 - 1947 (z.B. London, Moskau, Paris, New York)	13
		Außenministerkonferenzen 1948 - 1954 (z.B. Paris, Berlin)	14
		Genfer Gipfelkonferenz 1955	15
	Teilung Deutschlands	allgemein, sonstiges	16
		amerikanische Zone	17
		britische Zone	18
		französische Zone	19
		Westzone(n) (vor Gründung der Bundesrepublik Deutschland)	20
		Ostzone, sowjetisch besetzte Zone (vor Gründung der DDR)	21
		Saarfrage	22
		Alliierter Kontrollrat / Viermächte-Kontrolle Deutschland	23
		Viermächte-Status Berlin / Alliierte Kommandantur	24
		Sektoren in Berlin	25
		West-Berlin in seiner Zugehörigkeit zur Bundesrepublik Deutschland	26
		Währungsreform in der Bundesrepublik Deutschland	27
		Währungsreform in der DDR	28
		Gründung der Bundesrepublik Deutschland	29
		Gründung der DDR	30
		Berlinblockade	31
		Waffenstillstandsabkommen	32
		fehlender Friedensvertrag für Deutschland	33
		Wiedervereinigung Deutschlands	34
	Entnazifizierung	allgemein, sonstiges	35
		Kriegsverbrechen / Völkermord	36
		Nürnberger Prozesse	37
		re-education / (demokratische) Umerziehung	38
	Entmilitarisierung Deutschlands	allgemein, sonstiges	39
		Auflage der Alliierten	40
		Forderung der deutschen Bevölkerung	41
		als Element der Wiederbewaffnungsdiskussion	42
		Neutralitätspläne für Mitteleuropa allgemein	43
		Stalin-Plan	44
		Rapacki-Plan	45
		Demontage	46
		Ruhrgebiet / Montanlösung	47
	Gründe für die Wiederbewaffnung Deutschlands (Bundesrepublik)	allgemein, sonstiges	48
		Bedrohung aus dem Osten	49
		geographische Lage Deutschlands	50
		Militärbeitrag Deutschlands als Voraussetzung zur Bündnisfähigkeit/Westintegration	51
		Militärbeitrag Deutschlands zur eigenen Verteidigung / Schutz	52
		Militärbeitrag eines eigenständigen souveränen Deutschlands	53
		Koreakrieg (als Anlaß)	54
		russische Atombombe (als Anlaß)	55

Dimension	Subdimension	Kategorie	Spalte
Forts. WESTINTEGRATION	Entwicklung zur Wiederbewaffnung der Bundesrepublik Deutschland	allgemein, sonstiges	56
		Vorläufer der deutschen Wiederbewaffnung (Bundesgrenzschutz, Arbeitseinheiten, Bereitschaftspolizei der Länder)	57
		alliierte Pläne zur Wiederbewaffnung	58
		Plevenplan/EVG	59
		Ablehnung der EVG durch Frankreich	60
		Pariser Verträge: Deutschlandvertrag, Bonner Vertrag, allgemein	61
		Pariser Verträge: Erlangung der Souveränität Deutschlands	62
		Pariser Verträge: Beitritt der Bundesrepublik Deutschland zur NATO	63
		Pariser Verträge: Beitritt der Bundesrepublik Deutschland zur WEU	64
	Öffentliche Meinung zur Wiederbewaffnung Bundesrepublik Deutschland	allgemein, sonstiges	65
		Äußerungen der Bundesregierungen	66
		Auseinandersetzungen im Parlament	67
		Haltungen der Parteien, allgemein	68
		Haltung der CDU/CSU	69
		Haltung der SPD	70
		Haltung der F.D.P.	71
		Haltung der KPD	72
		Regierungskrise 1950/51 (Rücktritt Heinemanns als Minister)	73
		Auseinandersetzungen in der Bevölkerung	74
		Position der Kirchen	75
		Position der Gewerkschaften	· 76

	Spalte(n)	Lochung
Lochkartenfolge Nr. (KARTE 2)	1	blank
	2	2
Kennzeichnung der recording unit	3 - 6	Nummernfolge vierstellig

Dimension	Subdimension	Kategorie	Spalte
WESTINTE-GRATION	Notstandsgesetze/-verfassung Bundesrepublik Deutschland	allgemein, sonstiges	7
		geschichtlicher Rückblick / Kontext	8
		Ablösung der Notstandsrechte der Alliierten	9
		grundgesetzliche Verankerung der Regelungen für den inneren Notstand	10
		Beschränkung der Grundrechte im Notstandsfall	11
		Zusammenarbeit der Staatsorgane im Fall des inneren Notstandes	12
		grundgesetzliche Verankerung des Einsatzes der Bundeswehr im Fall des inneren Notstandes	13
		grundgesetzliche Verankerung des Widerstandsrechtes	14
		Dienstverpflichtung von Zivilpersonen und Gestellung von Materialien	15
		Ausrufung des Notstandes durch Bundesregierung/Parlament	16
		Ausrufung des Notstandes durch internationales Organ mit Zustimmung der Bundesregierung	17
BUNDESWEHR	Institutionalisierung der Bundeswehr	allgemein, sonstiges	18
		administrative Vorbereitungen (z.B. Blank)	19
		Grundgesetzänderung / Wehrgesetzgebung	20
		politische Führung durch die Regierung,allgemein	21
		politische Führung durch den Verteidigungsminister	22
		Kontrolle durch das Parlament, allgemein	23
		Verteidigungsausschuß als Kontrollorgan des Parlamentes	24
		Wehrbeauftragter als Kontrollorgan des Parlaments	25
		Verteidigungsministerium / Verteidigungsminister	26
		Oberbefehl im Frieden: Verteidigungsminister	27
		Oberbefehl im Krieg: Bundeskanzler	28
		territoriale Verteidigung / Heimatschutztruppe	29
	Organisation / Struktur der Bundeswehr	allgemein, sonstiges / Bundeswehr allgemein	30
		Zuständigkeit des Bundes für die Verteidigung	31
		Zuständigkeit des Bundes für den Schutz der Zivilbevölkerung	32
		Ernennung und Entlassung der Soldaten durch den Bundespräsidenten	33
		Verteidigungshaushalt (nicht Rüstungshaushalt)	34
		Verteidigungsausgaben im Vergleich zu anderen Ausgaben	35
		Untergliederung der Streitkräfte	36
		Umfang der Streitkräfte	37
		Rekrutierung der Armeee aus Wehrpflichtigen und Freiwilligen	38
		soziale Herkunft der Offiziere	39
		soziale Herkunft der einfachen Soldaten und Unteroffiziere	40
		Hierarchie der Dienstgrade	41
		Zivilverwaltung der Streitkräfte	42
		Einfluß der Technik auf die Organisation	43
	Gesetzliche Regelung der militärischen Dienstpflicht	allgemein, sonstiges	44
		Einschränkung der Grundrechte	45
		Wehrpflicht	46
		Berufssoldaten	47
		Zeitsoldaten	48
		Wehrdienstzeit	49

Dimension	Subdimension	Kategorie	Spalte
Forts.	Gesetzliche Regelung der ...	Einberufungsalter	50
		Sicherung des Arbeitsplatzes für den Wehrpflichtigen	51
		Wehrgerechtigkeit	52
		Sonderstatus Berlin (keine Wehrpflicht)	53
BUNDESWEHR	Kriegsdienst-/Wehrdienstverweigerung	allgemein, sonstiges	54
		Kriegsdienstverweigerung als Grundrecht	55
		Kriegsdienstverweigerung in anderen (westlichen) Staatsverfassungen	56
		Kriegsdienstverweigerung aus Gewissensgründen	57
		Kriegsdienstverweigerung aus religiösen Gründen	58
		Kriegsdienstverweigerung aus politischen Gründen	59
		Kriegsdienstverweigerung aus persönlichen/familiären Gründen	60
		Kriegsdienstverweigerung aus anderen (vorgeschobenen) Gründen	61
		Prüfungsverfahren für Kriegsdienstverweigerer	62
		Quote der Kriegsdienstverweigerer	63
		Ersatzdienst	64
	Innere Führung	allgemein, sonstiges	65
		Grundlagen, Verordnungen, Erlasse	66
		Soldatengesetz/Rechtsstellung der Soldaten	67
		Wehrbeschwerdeordnung	68
		Vertrauensmann	69
		Militärgerichtsbarkeit	70
		Wehrdisziplinarordnung	71
		Grundsätze	72
		Integration von Militär und Gesellschaft	73
		Staatsbürger in Uniform	74
		Personalführung/Menschenführung	75
		Verwirklichung der Inneren Führung	76
		Besonderheiten des militärischen Berufes (sui generis)	77
		Vorrang militärischer Erfordernisse	78
		Prinzip von Befehl und Gehorsam	79
		militärische Disziplin	80

	Spalte	Lochung
Lochkartenfolge Nr. (KARTE 3)	1	blank
	2	3
Kennzeichnung der recording unit	3 - 6	Nummernfolge vierstellig

Dimension	Subdimension	Kategorie	Spalte
Forts.	Forts. I.F.	Gelöbnis / Fahneneid	7
		Beispiele aus dem Bereich der Inneren Führung	8
BUNDESWEHR	Ausbildung	allgemein, sonstiges	9
		politische Bildung	10
		militärische Ausbildung	11
		fachliche, zivil verwertbare Ausbildung (z.B. Bundeswehrschulen)	12
	Bundeswehr als Wirtschaftsfaktor	allgemein, sonstiges	13
		Bundeswehr als Arbeitsplatz / -geber	14
		militärisch-industrieller Komplex	15
		infrastrukturelle Auswirkungen der Bundeswehr	16
		Verhältnis Bundeswehr – regionale Wirtschaft	17
BÜNDNISPOLITIK	NATO	allgemein, sonstiges	18
		Gründung	19
		20-jährige Laufzeit des Vertrages	20
		Mitgliedsstaaten (nur bei namentlicher oder zahlenmäßiger Spezifikation)	21
		innenpolitische Entwicklungen in den Mitgliedstaaten und ihre Rückwirkungen auf die NATO, allgemein	22
		Frankreich entzieht seine Truppen dem NATO-Oberbefehl	23
		'linke' Regierungen in Mitgliedstaaten der NATO	24
		'rechte' Regierungen in Mitgliedstaaten der NATO	25
		militärische Organisation (global, nicht detailliert aufgeführt)	26
		Militärausschuß in Washington	27
		NATO-Kommandostellen (z.B. SACEUR, SHAPE, SACLANT, Europa-Mitte)	28
		Stationierung von NATO-Truppen	29
		Kosten für verbündete NATO-Truppen in der Bundesrepublik	30
		NATO-Manöver	31
		Bundeswehr-Truppen sind insgesamt der NATO unterstellt	32
		Die Truppen anderer Mitgliedstaaten sind partiell der NATO unterstellt	33
		regionale / geographische Begrenzungen des NATO-Bündnisses	34
		Einfluß der USA auf die NATO	35
		Vorbehaltrecht des US-Präsidenten / der USA bei atomarem Einsatz	36

Forts.	Forts.	nationale Atomwaffen in England und Frankreich	37
		Verfügung der Bundesrepublik Deutschland über Atomwaffen	38
		Einfluß der EURO-Group auf die NATO	39
		Einfluß der Bundeswehr auf die NATO	40
		politische Organisation der NATO (global, nicht detailliert aufgeführt)	41
		NATO-Rat als oberstes politisches Gremium	42
		Generalsekretär	43
		administrative Organisation	44
		Ziele und Aufgaben der NATO (global, nicht detailliert aufgeführt)	45
		Beistandsverpflichtung im Falle eines Angriffs auf ein NATO-Land,allgemein	46
		Entscheidungsfreiheit der Bündnispartner über Art des Beistandes im Angriffsfall	47
		Sicherung und Schutz der Territorien aller Mitgliedstaaten	48
	NATO	Verteidigungsbündnis / gegen militärische Angriffe gerichtet	49
BÜNDNISPOLITIK		Bündnis gegen Aggressionen aus dem Osten / gegen den Kommunismus	50
		Förderung der wirtschaftlichen Zusammenarbeit in den NATO-Ländern	51
		Förderung der kulturellen Zusammenarbeit in den NATO-Ländern	52
		Förderung der politischen Zusammenarbeit in den NATO-Ländern	53
		Förderung der technischen Zusammenarbeit in den NATO-Ländern	54
	WEU	allgemein, sonstiges	55
		Gründungsphase (z.B. Dünkirchen, Brüsseler Pakt)	56
		ursprünglich Verteidigungsbündnis gegen Deutschland/deutschen Militarismus (im Brüsseler Pakt)	57
		Mitgliederstaaten (nur bei namentlicher oder zahlenmäßiger Spezifikation)	58
		Organisation / Struktur (global, nicht detailliert aufgeführt)	59
		WEU ist keine Organisation mit eigenständigem Militär	60
		Ziele und Aufgaben (global, nicht detailliert aufgeführt)	61
		gemeinsame Sicherheit / automatischer militärischer Beistand der WEU-Staaten	62
		Rüstungskontrolle u. -begrenzung der WEU gegenüber der Bundesrepublik Deutschland	63
		freiwillige Verpflichtung zur Rüstungsbegrenzung in der Bundesrepublik Deutschland	64
		Alternativkonzeptionen für ein europäisches Sicherheitsbündnis	65
	Warschauer Pakt/Ostblockstaaten	allgemein, sonstiges	66
		Gründung, allgemein	67
		Gründung als Reaktion auf den Beitritt der Bundesrepublik in die NATO	68
		Warschauer Pakt als Rechtsgrundlage für die Stationierung sowjetischer Truppen in Osteuropa	69
		20-jährige Laufzeit des Vertrages	70
		Mitgliedstaaten (nur bei namentlicher oder zahlenmäßiger Spezifikation)	71
		innenpolitische Entwicklung in den Mitgliedstaaten und ihre Rückwirkungen auf den Warschauer Pakt, allgemein	72
		17. Juni (Arbeiteraufstand in der DDR)	73
		Ungarnaufstand	74
		Austritt Albaniens aus dem Warschauer Pakt	75
		Einmarsch in die CSSR	76
		militärische Organisation (global, nicht detailliert aufgeführt)	77
		Kommando der Streitkräfte des Warschauer Paktes	78
		Stationierung von Warschauer-Pakt-Truppen in den einzelnen Ländern	79

	Spalte	Lochung
Lochkartenfolge Nr. (KARTE 4)	1 2	blank 4
Kennzeichnung der recording unit	3 - 6	Nummernfolge vierstellig

Dimension	Subdimension	Kategorie	Spalte
Forts.	Forts.	nationale Truppenkontingente sind insgesamt dem Warschauer Pakt unterstellt	7
BÜNDNISPOLITIK	Warschauer Pakt/Ostblockstaaten	keine regionale / geographische Begrenzung des Warschauer Paktes	8
		Einfluß der UdSSR im Warschauer Pakt, allgemein	9
		militärische Führung des Warschauer Paktes durch sowjetischen General	10
		Einfluß der NVA im Warschauer Pakt	11
		politische Organisation des Warschauer Paktes (global, nicht detailliert aufgeführt)	12
		Breschnew-Doktrin (jedes Mitgliedsland ist politisch nur beschränkt handlungsfähig)	13
		politisch beratender Ausschuß / politischer Konsultativausschuß	14
		administrative Organisation	15
		Ziele und Aufgaben des Warschauer Paktes (global, nicht detailliert aufgeführt)	16
		gegenseitige, automatische Beistandspflicht im Falle eines Angriffs	17
		Sicherung der Territorien sozialistischer / kommunistischer Mitgliedstaaten	18
		Bündnis gegen westlichen Imperialismus / Kapitalismus	19
		Bündnis gegen China	20
		Förderung der wirtschaftlichen Zusammenarbeit in den Warschauer-Pakt-Ländern	21
		Förderung der kulturellen Zusammenarbeit in den Warschauer-Pakt-Ländern	22
		Förderung der politischen Zusammenarbeit in den Warschauer-Pakt-Ländern (Zusammenarbeit der kommunistischen Parteien)	23
		Förderung der technischen Zusammenarbeit in den Warschauer-Pakt-Ländern	24

Dimension	Subdimension	Kategorie	Spalte
Forts. BÜNDNISPOLITIK	SEATO	allgemein, sonstiges	25
		Mitgliedstaaten (nur bei namentlicher oder zahlenmäßiger Spezifikation)	26
		gegen kommunistische Angriffspolitik gerichtet	27
	OAS	allgemein, sonstiges	28
		Mitgliedstaaten (nur bei namentlicher oder zahlenmäßiger Spezifikation)	29
		gegen kommunistische Angriffspolitik gerichtet	30
	Bagdad-Pakt CENTO-Pakt	allgemein, sonstiges	31
		Mitgliedstaaten (nur bei namentlicher oder zahlenmäßiger Spezifikation)	32
		gegen kommunistische Angriffspolitik gerichtet	33
	bilaterale Abkommen	allgemein, sonstiges	34
		der USA mit einem anderen Staat (Stützpunktabkommen)	35
		der Sowjetunion mit einem anderen Staat	36
		Chinas mit einem anderen Staat	37
		der Bundesrepublik Deutschland mit einem anderen Staat (nicht NATO)	38
		der DDR mit einem anderen Staat (nicht Warschauer Pakt)	39
NATIONALE VOLKSARMEE NVA	Institutionalisierung der NVA	allgemein, sonstiges	40
		administrative Vorbereitungen (z.B. kasernierte Volkspolizei)	41
		Gesetz zur Schaffung der NVA/Wehrgesetzgebung	42
		politische Führung durch die Partei der Arbeiterklasse / SED	43
		politische Führung durch die Exekutive (Staatsrat/Ministerrat/Volkskammer/ nationaler Verteidigungsrat)	44
		Ministerium für nationale Verteidigung	45
		Betriebskampfgruppen / territoriale Verteidigungseinrichtungen	46
	Organisation/ Struktur der NVA	allgemein, sonstiges / NVA allgemein	47
		Verteidigungshaushalt (nicht Rüstungshaushalt)	48
		Untergliederung der Streitkräfte	49
		Umfang der Streitkräfte	50
		Rekrutierung der NVA-Soldaten	51
		Hierarchie der Dienstgrade	52
	Gesetzliche Regelung der militärischen Dienstpflicht	allgemein, sonstiges	53
		Wehrpflicht	54
		Berufssoldaten	55
		Wehrdienstzeit	56
		Einberufungsalter	57
		Wehrpflicht für Berliner (Ost)	58
	Kriegsdienst-/Wehrdienstverweigerung	allgemein, sonstiges	59
		rechtliche Regelung der Kriegsdienstverweigerung	60
		Kriegsdienstverweigerung aus Gewissensgründen	61
		Kriegsdienstverweigerung aus religiösen Gründen	62
		Kriegsdienstverweigerung aus politischen Gründen	63
		Kriegsdienstverweigerung aus persönlichen/familiären Gründen	64
		Kriegsdienstverweigerung aus anderen (vorgeschobenen) Gründen	65
		Quote der Kriegsdienstverweigerer	66
		Ersatzdienst/Dienst in den Baueinheiten	67
	Die innere Ordnung der NVA	allgemein, sonstiges	68
		Grundlagen, Verordnungen, Erlasse	69
		Beschwerdeordnung	70
		Militärgerichtsbarkeit	71
		Disziplinarordnung	72
		Grundsätze der Führung und Leitung	73
		Integration von Militär und Gesellschaft	74
		Besonderheiten des militärischen Berufes (sui generis)	75
		Vorrang militärischer Erfordernisse	76
		Prinzip von Befehl und Gehorsam	77
		militärische Disziplin	78
		Gelöbnis/Fahneneid	79
		Beispiele der Menschenführung	80

	Spalte	Lochung
Lochkartenfolge Nr. (KARTE 5)	1 2	blank 5
Kennzeichnung der recording unit	3 - 6	Nummernfolge vierstellig

Dimension	Subdimension	Kategorie	Spalte
Forts. NVA	Ausbildung	allgemein, sonstiges	7
		politische Bildung	8
		militärische Ausbildung	9

Forts.

NVA	NVA als Wirtschaftsfaktor	allgemein	10
	Notstandsgesetze	allgemein, sonstiges	11
		Einsatz der NVA im Innern	12
MACHTFAKTOREN UND INTERNATIONALES KRÄFTEVERHÄLTNIS	Strukturen der internationalen Beziehungen auf sicherheitspolitischer Ebene	allgemein, sonstiges	13
		Weltmacht (ausschließlich USA, UdSSR, China)	14
		Großmacht (England, Frankreich, Japan usw.)	15
		Blockfreier Staat (Jugoslawien, Indien, Ägypten usw.)	16
		Neutraler Staat (Schweden, Österreich, Schweiz)	17
		Beziehungen der Weltmächte untereinander	18
		Beziehungen der Weltmächte zu den Großmächten	19
		Beziehungen der Großmächte untereinander	20
	Konfliktpotentiale/Spannungspotentiale	allgemein, sonstiges	21
		Bodenschätze, Rohstoffe	22
		Grad der Industrialisierung, Technisierung	23
		Abhängigkeiten durch Entwicklungshilfe	24
		Hunger, Existenzerhaltung, ökonomische Lage	25
		soziale Ungleichheit	26
		Rassen- und ethnische Fragen	27
		religiöser Fanatismus, religiöse Doktrinen	28
		staatstheoretische, ideologische Doktrinen	29
		Aggressionspolitik (gegenüber anderen Staaten)	30
		Unterdrückungspolitik (im eigenen Staat)	31
		geteilte Staaten, Völker, Nationen	32
		militärische Ungleichheit	33
	Rüstung, Waffen, Truppen	allgemein, sonstiges	34
		Rüstungsvergleich, Waffenvergleich	35
		Truppenstärke (außer Bundeswehr und NVA)	36
		Truppenvergleich	37
		Wettrüsten (am Wort festhalten)	38
		Konventionelle Rüstung, konventionelle Waffen (Panzer, Schiffe, Flugzeuge, Abwehrwaffen usw. ohne atomare Sprengsätze)	39
		atomare Rüstung, Atomwaffen, Atombomben, atomare Sprengsätze, Raketen	40
		biologisch-chemische Rüstung, biologisch-chemische Waffen, bakteriologische Waffen, Napalm	41
		Rüstungskosten, Rüstungsausgaben, Rüstungsetat, Verteidigungs- und Rüstungshaushalt (nicht Verteidigungshaushalt der Bundesrepublik und DDR)	42
		Rüstungsausgaben im Vergleich zu Ausgaben für andere gesellschaftliche Bedürfnisse	43
		Waffenembargo	44
		Rüstungshandel, Waffenhandel	45
	Abrüstung/Rüstungsbegrenzung/-kontrolle	allgemein, sonstiges	46
		Rüstungsstop	47
		Abrüstungsgespräche/-übereinkommen, allgemein	48
		Meeresbodenvertrag	49
		Südamerikaabkommen	50
		Teststopabkommen	51
		NV-Vertrag/Atomwaffensperrvertrag	52
		Weltraumabkommen	53
		MBFR (Ausgewogenheit der Truppenstärke)	54
		SALT	55
		Ächtung biologischer und chemischer Waffen	56
		Kellog-Pakt	57
	Phasen des Ost-West-Verhältnisses	allgemein, sonstiges	58
		Truman-Doktrin	59
		Marshallplan	60
		Eiserner Vorhang	61
		Kalter Krieg	62
		Berliner Mauer (Mauerbau)	63
		Grenzbefestigungen, Stacheldraht, Selbstschußanlagen	64
		Koexistenz	65
		Tauwetterperiode	66
		Entspannung	67
		Heißer Draht, rotes Telefon	68
		KSZE/Helsinki-Gipfel	69
	Ostpolitik/Deutschlandpolitik der Bundesregierungen	allgemein, sonstiges	70
		Aufnahme diplomatischer Beziehungen zu Moskau 1955 (Adenauer)	71
		Hallsteindoktrin/Alleinvertretungsanspruch	72
		Ostpolitik 1961 - 1968 (CDU/CSU; Kiesinger/Schröder)	73
		Ostpolitik ab 1969 (SPD - F.D.P. Brandt/Bahr/Scheel)	74

Dimension	Subdimension	Kategorie	Spalte
Forts. MACH. FAKT.	Ostpolitik/Deutschlandpolitik der Bundesregierungen	Erfurt/Kassel; Treffen der Regierungschefs der BRD und der DDR	75
		Ostverträge Moskau/Warschau	76
		Verkehrsvertrag	77
		Berlinvereinbarungen (Transitabkommen u.a.)	78
		Viermächteabkommen Berlin	79

		Spalte	Lochung
Lochkartenfolge Nr. (Karte 6)		1	blank
		2	6
Kennzeichnung der recording units		3 - 6	Nummernfolge vierstellig

Dimension	Subdimension	Kategorie	Spalte
Forts.	Forts.	Grundlagenvertrag Bundesrepublik Deutschland/DDR	7
MACHTFAKTOREN UND INTERNATIONALES KRÄFTEVERHÄLTNIS	Programme der Parteien zur Sicherheitspolitik (Außenpolitik) Deutschlandpolitik	allgemein	8
		Haltung der SPD	9
		Haltung der F.D.P.	10
		Haltung der CDU/CSU	11
		Haltung der NPD	12
		Haltung der DKP	13
	Militärpolitische und strategische Zielrichtungen	allgemein, sonstiges	14
		Strategien der NATO, allgemein	15
		Massive Vergeltung (Schild und Schwert)	16
		flexible response	17
		Vorne-Verteidigung	18
		globale Präsenz der USA auf den Weltmeeren	19
		Strategien des Warschauer Paktes, allgemein	20
		strategisches Ziel der Sowjetunion: Mitteleuropa	21
		weltweite Ausbreitung durch maritime Rüstung der Sowjetunion	22
		Gleichgewicht des Schreckens/Sicherheit durch nukleare Abschreckung	23
		Fähigkeit zum zweiten atomaren Schlag	24
	zwischenstaatliche militärische Konflikte seit 1945 (Ende des 2. Weltkriegs)	allgemein, sonstiges	25
		in Europa (auch Zypern)	26
		in Fernost	27
		in Nahost (Suezkonflikt)	28
		in Afrika	29
		in Mittel- und Südamerika (Kuba)	30
		Auflösung der Kolonialstaaten	31
	Kriegsarten/Kriegsbilder (in der Vergangenheit/Zukunftsvisionen)	allgemein, sonstiges	32
		Bürgerkrieg	33
		Präventivkrieg	34
		Angriffskrieg	35
		Verteidigungskrieg	36
		Revolutionskrieg/Befreiungskrieg	37
		Guerilla-/Partisanenkampf	38
		konventionell geführte militärische Auseinandersetzung (ohne Einsatz von Atomwaffen)	39
		atomare Auseinandersetzung, mit Atomwaffen geführter Krieg	40
		Hiroshima/Nagasaki	41
		Atomkrieg in Mitteleuropa (Selbstvernichtung)	42
		Zivile Schutzmaßnahmen vor ABC-Waffen	43
		Materielle Kosten bei militärischen Auseinandersetzungen/materielle Verluste	44
		Menschliches Leid bei militärischen Auseinandersetzungen (Tote, Verletzte, Familientrennungen usw.)	45
		Verluste im 1. und/oder 2. Weltkrieg (menschlich, materiell) (ohne Hiroshima/Nagasaki)	46
	Internationales Kriegsrecht	allgemein, sonstiges	47
		(Rechts-) Konventionen (Genf, Den Haag) Völkerrecht	48
		Status und Eingriffsmöglichkeiten von Hilfsorganisationen (z.B. Rotes Kreuz)	49
		Status bewaffneter Streitkräfte und Soldaten	50
		Status der Zivilbevölkerung	51
		Behandlung von Kriegsverbrechern	52
		Behandlung neutraler Staaten	53
		Schiedsgerichtsbarkeit	54

Dimension	Subdimension	Kategorie	Spalte
Forts. MACHT/FAKTOR	Vorstellungen von Friedenssicherung/friedlicher Ordnung/friedlichem Zusammenleben	allgemein, sonstiges	55
		Neutralität Gesamtdeutschlands	56
		Politisch vereintes Westeuropa	57
		Politisch vereintes Gesamteuropa	58
		Gesamteuropäisches Sicherheitssystem	59
		Weltregierung/Weltparlament	60
		Zivile Verteidigung anstelle militärischer Verteidigung	61
		Friedens-/Konfliktforschung	62
		gewaltlose Bereinigung von Interessengegensätzen/Konflikten	63
		grundsätzliche Ächtung von Kriegen (am Wort festmachen)	64
UNO VEREINTE NATIONEN	Institutionalisierung	allgemein, sonstiges	65
		Vorläufer/Vorgeschichte (Völkerbund)	66
		Gründungsphase	67
		Mitgliedstaaten (nur bei namentlich oder zahlenmäßiger Spezifikation)	68
		Aufnahme der Bundesrepublik Deutschland und DDR	69
	Organisation, Struktur	allgemein, sonstiges, UNO allgemein	70
		Sitz	71
		Hauptorgane, allgemein (global angesprochen)	72
		Vollversammlung	73
		(Welt) Sicherheitsrat allgemein	74
		Ständige Mitglieder des Weltsicherheitsrates	75
		Gewählte Mitglieder des Weltsicherheitsrates	76
		Wirtschafts- und Sozialrat	77
		Treuhandschaftsrat	78
		Internationaler Gerichtshof	79

	Spalte	Lochung
Lochkartenfolge Nr. (Karte 7)	1	blank
	2	7
Kennzeichnung der recording units	3 - 6	Nummernfolge vierstellig

Dimension	Subdimension	Kategorie	Spalte
Forts. UNO VEREINTE NATIONEN	Organisation, Struktur	Sekretariat/Generalsekretär	7
		Sonderorganisationen: WHO, UNICEF u.a.	8
		UNO-Finanzierung	9
		UNO-Truppen/Internationale Streitkräfte	10
		VETO-Recht	11
	Ziele, Grundsätze, Aufgaben	allgemein	12
		Deklaration der Menschenrechte	13
		Präambel	14
		UNO-Charta (als oberstes Völkerrecht)	15
		Kriegsloser Zustand in der Welt (Weltfrieden)/Internationale Sicherheit	16
		Gleichberechtigung und Selbstbestimmung der Völker	17
		internationale Zusammenarbeit der Staaten allgemein	18
		soziale, wirtschaftliche, kulturelle, humanitäre Zusammenarbeit in der Welt	19
		gegen Rassenhaß, Unfreiheit, religiöse Unterdrückung in der Welt	20
		Gewaltverzicht als Ziel der UNO	21
		Beilegung von Konflikten (z.B. Entsendung von UNO-Truppen, Waffenstillstand usw.)	22
		souveräne Gleichheit aller Mitglieder	23
		Eingreifen der UNO nur bei internationalen Konflikten/kein Recht zum Eingreifen in innere Angelegenheiten eines Staates	24
		Resolutionen	25
		Feindstaatklausel/Behandlung der Feindstaaten des 2. Weltkrieges	26
	Bisherige UNO-Tätigkeit	allgemein	27
		(bisherige) Aktivitäten bei militärischen Auseinandersetzungen	28
		Humanitäre Hilfsaktionen der UNO	29
	Stellenwert der UNO	allgemein	30
		Stätte der Begegnung von Politikern	31
		Austragungsort politischer Konflikte/Ausspracheforum	32
		Weltregierung	33
		moralische Instanz	34
		Instrument der Weltmächte	35
		Instrument der USA	36
		Instrument der UdSSR	37
		Instrument der Entwicklungsländer	38

Dimension	Subdimension	Kategorie	Spalte
Forts. POLITISCHE MERKMALE IDEOLOGIEN WERTE	Politische und gesellschaftliche Kennzeichen	Geschichte, Geschichtsbewußtsein, geschichtlich, Tradition, traditionell, Historie, historisch	39
		Sicherheit, Sicherheits-	40
		Widerstands(recht)	41
		Christentum, christlich, Abendland, abendländisch, Okzident, okzidental	42
		Religion, religiös, Konfession, konfessionell, Kirche, kirchlich (und alle Religionsarten, z.B. Islam, Katholizismus usw.)	43
		Atheismus, atheistisch, Gottlosigkeit, gottlos	44
		Pluralismus, pluralistisch	45
		Demokratie, demokratisch (nicht Volksdemokratie)	46
		Volksrepublik, Volksdemokratie (nicht Demokratie)	47
		Diktatur, diktatorisch, Totalitarismus, totalitär, Tyrannei, tyrannisch	48
		Gewalt, gewalttätig, Unterdrückung, unterdrückt, Verfolgung, verfolgt, Zwang	49
		Neutralität, neutral	50
		(Staats-) Verfassung, Verfassungs-, Grundgesetz, grundgesetzlich, Konstitution, konstitutionell	51
		Militär, militärisch, Streitkräfte, Heer, Armee, Truppen, Kompanie (u.ä., auch in Zusammensetzungen)	52
		Soldaten, soldatisch, Offizier (u.ä., auch in Zusammensetzungen)	53
		Waffenbrüder (schaft)	54
		westlich, Westen, West-	55
		östlich, Osten, Ost-	56
		Revolution, Revolutions-, revolutionär, Umsturz, umstürzlerisch	57
		Konservatismus, konservativ	58
		revanchistisch	59
		Reform, Reform-, reformerisch, reformbezogen	60
		restaurativ	61
		Fortschritt, Fortschritts-, fortschrittlich, progressiv	62
		Bürger, Bürger-, bürgerlich, bürgerschaftlich, Staatsbürger	63
		Klassengesellschaft, Klassen (im sozialen und gesellschaftlichem Sinn) Klassen-	64
		Arbeiterstaat, Bauernstaat	65
	Werte	Freiheit, frei (heitlich)	66
		Toleranz, tolerant, Duldung, geduldet, Rücksicht (nahme), rücksichtsvoll	67
		Gewissen, Gewissens-	68
		Moral, moralisch	69
		Gleichheit, gleich	70
		Brüderlichkeit, Solidarität	71
		Menschenrechte, Menschlichkeit, menschlich, Humanität, human	72
		Friede, friedlich, friedvoll	73

	Spalte	Lochung
Lochkartenfolge Nr. (Karte 8)	1	blank
	2	8
Kennzeichnung der recording units	3 - 6	Nummernfolge vierstellig

Dimension	Subdimension	Kategorie	Spalte
Forts. POLIT. MERKMALE	Politische Strömungen	Sozialismus, sozialistisch	7
		Marxismus, marxistisch, Lehre von Marx	8
		Kommunismus, kommunistisch	9
		Liberalismus, liberal (listisch)	10
		Kapitalismus, kapitalistisch	11
		Nationalismus, nationalistisch	12
		Bolschewismus, bolschewistisch	13
		Leninismus	14
		Stalinismus, stalinistisch	15
		Faschismus/Nationalsozialismus, faschistisch, nationalsozialistisch	16
		Imperialismus, imperialistisch	17
		Pazifismus, pazifistisch	18
FÜHRENDE POLITIKER	Politiker der Bundesrepublik Deutschland	allgemein (andere Namen genannt)	19
		Adenauer	20
		Bahr	21
		Barzel	22
		Blank	23
		Brandt	24
		v. Brentano	25
		Dehler	26
		Erhard	27
		Erler	28
		Gerstenmeier	29
		v. Hassel	30

Kategorie	Gruppe	Ausprägung	Code
Forts. FÜHRENDE POLITIKER MILITÄRS STAATEN	Politiker der Bundesrepublik Deutschland	Heinemann	31
		Heuß	32
		Kiesinger	33
		Ollenhauer	34
		Scheel	35
		Schmid, Carlo	36
		Schmidt, Helmut	37
		Schröder	38
		Schumacher	39
		Strauß	40
		Wehner	41
	Politiker der DDR	allgemein (andere Namen genannt)	42
		Ebert(Junior)	43
		Grotewohl	44
		Honecker	45
		Kohl	46
		Pieck	47
		Stoph	48
		Ulbricht	49
	Deutsche Militärs in der Bundesrepublik Deutschland	allgemein, (andere Namen genannt)	50
		Graf Baudissin	51
		Heusinger	52
		de Maiziere	53
		Speidel	54
		Steinhoff	55
	Ausländische Politiker seit Beginn des 2. Weltkrieges	allgemein, (andere Namen genannt)	56
		Breschnew	57
		Castro	58
		Chruschtschow	59
		Churchill	60
		Dulles	61
		Eden	62
		Eisenhower	63
		de Gaulle	64
		Heath	65
		Johnson	66
		Kennedy	67
		Kissinger	68
		Luns	69
		Mao-Tse-Tung	70
		McMillan	71
		Molotow	72
		Nixon	73
		Pompidou	74
		Roosevelt	75
		Stalin	76
		Tito	77
		Tschiang Kai-schek	78
		Wilson	79

	Spalte	Lochung
Lochkartenfolge Nr. (Karte 9)	1	blank
	2	9
Kennzeichnung der recording units	3 - 6	Nummernfolge vierstellig

Kategorie	Gruppe	Ausprägung	Code
Forts. FÜHRENDE POLITIKER MIL. STAAT.	Staaten	allgemein (andere Namen genannt)	7
		Deutsches Reich bis 1945	8
		Bundesrepublik Deutschland, BRD, (West-) Deutschland, Bonn (nicht Westzone)	9
		DDR, Deutsche demokratische Republik, Mitteldeutschland, Ostdeutschland, Pankow (nicht Ostzone oder sowjetisch besetzte Zone vor Gründung der DDR)	10
		Frankreich	11
		Beneluxstaaten (Belgien, Luxemburg, Holland/Niederlande)	12
		Spanien, Portugal	13
		England, Schottland, Nordirland, Ulster, Wales, Großbritannien, Vereinigtes Königreich	14
		Republik Irland	15
		Nordeuropäische Staaten (Dänemark, Schweden, Finnland, Norwegen, Island)	16

Forts. FÜHRENDE POLITIKER	Forts. MILITÄRS STAATEN		
		Österreich, Schweiz	17
		Italien	18
		Griechenland, Türkei, Zypern	19
		Jugoslawien	20
		UdSSR, Rußland, Sowjetunion, Sowjetrußland, Kreml	21
		Staaten des Ostblocks (Ungarn, Polen, Rumänien, Bulgarien, Tschechoslowakei/CSSR) (nicht DDR, Albanien, Jugoslawien)	22
		Albanien	23
		USA, Vereinigte Staaten, Nordamerika, Weißes Haus (nicht Kanada)	24
		Kanada	25
		Mittel- und südamerikanische Staaten	26
		Kuba	27
		Australien, Neuseeland	28
		Nordafrikanische Staaten (Ägypten, Libyen, Algerien, Marokko)	29
		Schwarzafrikanische Staaten (ohne Südafrika)	30
		Südafrika	31
	Staaten	Israel	32
		Staaten des Vorderen Orients (Iran/Persien, Irak, Syrien, Kuweit, Libanon, Jemen, Jordanien, Saudi-Arabien, Oman, Katar, südarabische Republik)	33
		China, Rotchina	34
		Korea, Vietnam, Kambodscha, Laos, Thailand, Siam, Malaysia, Indochina	35
		Indonesien (Philippinen, Borneo, Sumatra, Java)	36
		Indien, Pakistan	37
		Tibet	38
		Mongolei	39
		Japan	40
		Formosa, Nationalchina	41
		"Palästina"	42

Bewertungsskala zu den erfaßten Inhalten	
Bewertung (für die Kategorien der Dimensionen 1 - 6)	Lochung
Der Autor erwähnt einen Sachverhalt (= die erfaßte Kategorie), behandelt ihn formal, stellt ihn ohne Wertung dar.	1
Der Autor bewertet einen Sachverhalt (= die erfaßte Kategorie) positiv, zustimmend, als richtig, als begrüßenswert, als gute Sache.	2
Der Autor bewertet einen Sachverhalt (= die erfaßte Kategorie) negativ, ablehnend, als nicht richtig, als schädlich, als schlechte Sache.	3
Der Autor behandelt einen Sachverhalt (= die erfaßte Kategorie) sowohl positiv als auch negativ, spricht sich sowohl dafür als auch dagegen aus.	4
Die Kategorien der Dimensionen 7 und 8 werden nicht bewertet, sondern nur als "erfaßt" behandelt.	9
Die Lochungen 1, 2, 3, 4, 9 schließen sich gegenseitig aus.	

Anhang 3: Literaturverzeichnis

Ackermann, P.: Politiklehrerausbildung. Analyse und Dokumentation, Schriftenreihe der Bundeszentrale für politische Bildung, Bd. 124, Bonn 1978

Andrä, S.: Das Informationsangebot der Bundeswehr im Bereich der politischen Bildung, in: Sozialwissenschaftliches Institut der Bundeswehr (Hrsg.), Berichte, H. 13, München 1978

Anker, I., Ellwein, Th., Kohr, U., Lippert, E., Wakenhut, R., Zelinka, F.F. u. R. Zoll, Forschungsgruppe Ellwein/Zoll für Systemanalyse und politische Planung: Voraussetzungen für soziales und bürgerschaftliches Engagement als einem Inhalt von freier Zeit und Ansätze zu einer Beeinflussung dieser Rahmenbedingungen, Fischbachau/München, Januar 1977

Arbeitskreis Saarbrücker Geschichtsstudien: Einstellungen Saarländischer Schüler gegenüber Osteuropa, in: Aus Politik und Zeitgeschichte - Beilage zur Wochenzeitung Das Parlament, B. 46/74 - 16. November 1974

Assel, H.-G.: Friedenspädagogik als Problem politischer Bildung, in: Bundeszentrale für politische Bildung (Hrsg.), Schriftenreihe der Bundeszentrale für politische Bildung, H. 88, Bonn 1971

Bald, D.: Rechtsstaat, in: Fuchs, W., Klima, R., Lautmann, R., Rammstedt, O. u. H. Wienold (Hrsg.), Lexikon zur Soziologie, Opladen 1973

Baudissin, W. Graf v.: Soldat für den Frieden. Entwürfe für eine zeitgemäße Bundeswehr, München 1969

Baumann, G.: "Wehrkunde" im Schulunterricht?, in: Wehrkunde, Zeitschrift für alle Wehrfragen, H. 2/1972

Behrmann, G.C.: Politik, in: Herder (Hrsg.), Wissen im Überblick. Die moderne Gesellschaft, Freiburg/Basel/Wien 1972

Berelson, B.: Content Analysis in Communication Research, Clencoe 1952

Berelson, B.: Content Analysis, in: Lindzey, G. (Hrsg.), Handbook of Social Psychology, Vol. 1, New York 1967

Berelson, B. u. P.F. Lazarsfeld: Bedeutungsanalyse von Kommunikationsmaterialien, in: König, R. (Hrsg.), Praktische Sozialforschung, Köln usw. 1952

Beyme, K. v.: Die politischen Theorien der Gegenwart. Eine Einführung (2. Aufl.), München 1974

Böttcher, W.: Werbung im Schulbuch. Eine Schulbuchanalyse für Grundstufe und Sekundarstufen, Bonn - Bad Godesberg 1977

Borelli, M.: Lernzielermittlung und -operationalisierung im Bereich politischer Didaktik zwischen Ideologie und Wissenschaft, in: Fischer, K.G. (Hrsg.), Politische Pädagogik zwischen Pädagogik und Politik, Stuttgart 1976

Bosse, H. u. F. Hamburger: Friedenspädagogik und Dritte Welt. Voraussetzungen einer Didaktik des Konflikts, Stuttgart u.a. 1973

Bredow, W. v.: Die unbewältigte Bundeswehr. Zur Perfektionierung eines Anachronismus, Frankfurt/Main 1973

Bredow, W. v. u.a.: Militär-Politik. Materialien zu einer Wehrkunde, Starnberg 1974

Büschges, G.: Empirische Sozialforschung, in: Herder (Hrsg.), Wissen im Überblick. Die Moderne Gesellschaft, Freiburg i.Br./Basel/Wien 1973

Bundesminister der Verteidigung (Hrsg.): Weißbuch 1971/72 - Zur Sicherheit der Bundesrepublik Deutschland und zur Entwicklung der Bundeswehr -, Bonn 1971
Bundesminister der Verteidigung: Erklärung der Bundesregierung zur Sicherheitspolitik und zur Lage der Bundeswehr, Bonn (Bundestag) am 23.5.1971
Bundesminister der Verteidigung (Hrsg.): Weißbuch 1973/74 - Zur Sicherheit der Bundesrepublik Deutschland und zur Entwicklung der Bundeswehr, Bonn 1974
Caplow, Th.: Principles of Organization, New York/Chicago/Burlingame 1964
Cartwright, D.: Analysis of Qualitative Material, in: Festinger, L. u. D. Katz (Hrsg.), Research Methods in the Behavioral Sciences, New York 1966
Cattel, R.B.: Personality and Motivation, Structure and Measurement, Harrap 1958
Cattel, R.B.: The Screetest for the Number of Factors, in: Multivariate Behavioral Research (1), 1966
Cornelsen, F.: Schulbücher - sorgfältig vorbereitet und preiswert, in: Börsenblatt für den Deutschen Buchhandel, Nr. 16, Frankfurt a.M., 25. Februar 1975
Deutsch, K.W.: Staat, Regierung, Politik. Eine Einführung in die Wissenschaft der vergleichenden Politik, Freiburg/Br. 1976
Diehl, J.M. u. H.U. Kohr: Methoden in der Psychologie, Bd. 1, Deskriptive Statistik, Frankfurt a.M. 1977
Ebmeyer, K.U.: Szenen aus der Arbeitswelt. Erfahrungen mit deutschen Lesebüchern. Eine Untersuchung des Instituts der deutschen Wirtschaft, Köln 1978
Engelhardt, K.u. K.-H. Meise: Militär-Industrie-Komplex, im staatsmonopolitischen Herrschaftssystem, Berlin (Ost) 1974
Erb, G.: Zum Friedens- und Kriegsbegriff in Schulbüchern, in: Neumann, S. u. K.G. Fischer (Hrsg.), Option für Freiheit und Menschenwürde, Frankfurt a.M. 1976
Eßer, A.: Das Schulbuch im politischen Unterricht der Sekundarstufe II - Vorüberlegungen und Anregungen zu einer (über)fälligen Schulbuchanalyse (1), in: Materialien zur Politischen Bildung, H. 2, 1978
Esser, J.: Zur Theorie und Praxis der Friedenspädagogik. Kritische Konzepte für Schule und Erwachsenenbildung, Wuppertal 1973
Fischer, K.G. (Hrsg.): Politische Pädagogik zwischen Pädagogik und Politik, Stuttgart 1976
Flick, B.: Emanzipation und soziokulturelle Bedingungen der Jugend, in: Schörken, R. (Hrsg.), Curriculum "Politik". Von der Curriculumtheorie zur Unterrichtspraxis, Opladen 1974
Forschungsgruppe Ellwein/Zoll für politische Planung und Systemanalyse, siehe unter Anker, I. et al.
Freiwald, H., Moldenhauer, G., Hoof, D. u. H.J. Fischer: Das Deutschlandproblem in Schulbüchern der Bundesrepublik, Düsseldorf 1973
Friedrichs, J.: Methoden empirischer Sozialforschung, Reinbek b. Hbg. 1973
Fröchling, J.: Deutschsprachige Schulbuchanalysen seit 1958 - eine vorläufige Bibliographie, in: Georg Eckert - Institut für internationale Schulbuchforschung und Conseil de la Coopération Culturelle des Europarats (Hrsg.), Internationales Jahrbuch für Geschichts- und Geographieunterricht, Band XVI, Braunschweig 1975

Fuchs, W.: Friedensforschung, in: Fuchs, W., Klima, R., Lautmann, R., Rammstedt, O. u. H. Wienold (Hrsg.), Lexikon zur Soziologie, Opladen 1973
Fürntratt, E.: Zur Bestimmung der Anzahl interpretierbarer Faktoren in Faktorenanalysen psychologischer Daten, in: Diagnostica (15), 1969
Gamm, H.J.: Dreißig Jahre Befreiung vom Faschismus und die bundesdeutsche Erziehungswissenschaft. Bemerkungen zur pädagogischen Zeitgeschichte, in: Demokratische Erziehung 3/1975
Gebhard, F.: A counter-example to two-dimensional varimaxrotation, in: Psychometrika, Jhg. 33, 1968
Gebhardt, B.: Handbuch der deutschen Geschichte, Bd. 4, Die Zeit der Weltkriege, Stuttgart 1965
George, A.: Quantitative and Qualitative Approach to Content Analysis, in: De Sola Pool, I. (Hrsg.), Trends in Content Analysis, Urbana 1959
Giesecke, H.: Didaktik der politischen Bildung, München 1970
Grundmann-Roch, A.: Übersicht über das curriculare Verfahren, in: Schörken, R. (Hrsg.), Curriculum "Politik". Von der Curriculumtheorie zur Unterrichtspraxis, Opladen 1974
Hamann, R.: Politische Soziologie für den Sozialkundeunterricht. Eine Einführung in das politisch-soziale System der Bundesrepublik, Hamburg 1974
Hays, W.L.: Statistics for the Social Sciences (2. Aufl.), London/Plymouth 1973
Herkner, W.: Inhaltsanalyse, in: Koolwijk, J.v. u. M. Wieken-Mayser (Hrsg.), Techniken der empirischen Sozialforschung, H. 3, Erhebungsmethoden: Beobachtung und Analyse von Kommunikation, München/Wien 1974
Hillers, E.: Zwischenbericht über ein multilaterales UNESCO-Arbeitsprojekt zur Begutachtung von Lehrbüchern der Geschichte, Geographie und Gemeinschaftskunde (UNESCO-Projekt: EDS/312/63), in: Internationales Schulbuchinstitut, Conseil de la Coopération Culturelle des Europarats u. Gewerkschaft Erziehung und Wissenschaft im DGB (Hrsg.), Internationales Jahrbuch für Geschichts- und Geographieunterricht, Band XIV, Braunschweig 1972/73
Holsti, O.R.: Content Analysis for Social Sciences and Humanities, Reading (Mass.)/Menlo Park/London/Amsterdam/Don Mills/Sidney 1969
Holtmann, A.: Die Anforderungen der politischen Didaktik an die Entwicklung von Lehr- und Lernmitteln, in: Lehr- und Lernmittel im politischen Unterricht, Schriftenreihe der Bundeszentrale für politische Bildung, H. 89, Bonn 1970
Hornung, K.: Zwischen offener Gesellschaft und ideologischem Dogmatismus. 30 Jahre politische Bildung und Erziehung in der Bundesrepublik, in: Gutjahr-Löser, P., Knütter, H.-H. (Hrsg.), Der Streit um die politische Bildung. Was man von Staat und Gesellschaft wissen und verstehen sollte, München 1975
Institut für angewandte Sozialwissenschaft (Infas): Einstellungen von Lehrern, Meistern und Jugendvertretern zur Bundeswehr und zu Verteidigungsproblemen, Bonn/Bad Godesberg, Oktober 1975
Institut für angewandte Sozialwissenschaft (Infas): "Verteidigungsklima 1976" - Bericht, Tabellenband, Bonn/Bad Godesberg 1976
Institut für Bildungsmedien e.V.: Börsenblatt für den Deutschen Buchhandel, Sonderdruck Lehr- und Lernmittel, Frankfurt 3. März 1977

Jörissen, J.: Die Darstellung des Atombombenabwurfs auf Hiroshima in Schulbüchern der BRD, in: Fischer, K.G. (Hrsg.), Politische Pädagogik zwischen Pädagogik und Politik, Stuttgart 1976
Kahn, H.: Eskalation - Die Politik mit der Vernichtungsspirale, Berlin (West) 1966
Kaiser, K. u. K.M. Kreis (Hrsg.): Sicherheitspolitik vor neuen Aufgaben, Frankfurt a.M. 1977
Kaufmann, F.-X.: Sicherheit als soziologisches und sozialpolitisches Problem (2. Aufl.), Stuttgart 1973
Kidron, M.: Rüstung und wirtschaftliches Wachstum, Frankfurt/M. 1971
Klein, P. u. F.F. Zelinka: Fernsehanalyse - Zur Präsentation der Bundeswehr in ARD und ZDF, in: Bundesministerium der Verteidigung (Hrsg.), SOWI INFO 2, Schriftenreihe Innere Führung, Reihe Ausbildung und Bildung, H. 23, 1976
Köllner, L.: Rüstung und Abrüstung, Militär- und Verteidigungsausgaben - Eine deutsch- und fremdsprachige Auswahlbibliographie -, in: Sozialwissenschaftliches Institut der Bundeswehr (Hrsg.), Berichte, H. 10, München 1977
Korte, H.-J.: Kriegsdienst-Wehrdienstverweigerung, in: Zoll, R., Lippert, E. u. T. Rössler (Hrsg.), Bundeswehr und Gesellschaft - Ein Wörterbuch, Opladen 1977
Kozdon, B.: Wird das Schulbuch im Unterricht noch gebraucht? Situationsanalyse eines Mediums, Bad Heilbrunn 1974
Kracauer, S.: Challenge of Qualitative Content Analysis, in: Public Opinion Quarterly, Vol. 16, Nr. 4/1959
Kriz, J.: Statistik in den Sozialwissenschaften, Reinbek b. Hbg., April 1973
Kriz, J.: Über den Unterschied zwischen Bedeutungsfeldern und Assoziationsstrukturen. Anmerkungen zu Ansgar Weymanns gescheitertem Versuch, ein neues Verfahren der Inhaltsanalyse zu entwickeln, in: Kölner Zeitschrift für Soziologie und Sozialpsychologie, Heft 2/1975
Kühnl, R. (Hrsg.): Geschichte und Ideologie - Kritische Analyse bundesdeutscher Geschichtsbücher, Reinbek b. Hbg., Juli 1973
Kuhn, A.: Friedenserziehung in der bestehenden Schulorganisation, in: Materialien zur politischen Bildung. Analysen, Berichte, Dokumente, H. 2/1974
Landeszentrale für politische Bildung Baden-Württemberg (Hrsg.): Sicherheitspolitik. Lehr- und Lernhilfen für den gesamten Sekundarbereich, in: Politik und Unterricht, Zeitschrift zur Gestaltung des politischen Unterrichts 1/1977
Lasswell, H.D. u. N. Leites (Hrsg.): Language of Politics, Cambridge (Mass.) 1965
Lautmann, R.: Frieden, positiver-negativer, in: Fuchs, W., Klima, R., Lautmann, R., Rammstedt, O. u. H. Wienold (Hrsg.), Lexikon zur Soziologie, Opladen 1973
Leber, G.: Einleitungsreferat zur Vorstellung des Weißbuchs 1973/74, in: Bundespresseamt, Chef vom Dienst, Wortprotokoll der Pressekonferenz Nr. 7/74, Bonn, den 15. Januar 1974
Lippert, E. u. K. Puzicha: Die Bundeswehr als Objekt von Meinungen und Einstellungen, in: Aus Politik und Zeitgeschichte - Beilage zur Wochenzeitung Das Parlament, B 37/75 - 13. September 1975

Lisch, R. u. J. Kriz: Grundlagen und Modelle der Inhaltsanalyse. Bestandsaufnahme und Kritik, Reinbek b. Hbg. 1978
Mahncke, D.: Die Sicherheitspolitik der BRD, in: Schwarz, K.-D. (Hrsg.), Sicherheitspolitik. Analysen zur politischen und militärischen Sicherheit, Bad Honnef/Erpel 1976
Maletzke, G.: Psychologie der Massenmedien, Hamburg 1963
Mayntz, R., Holm, K. u. P. Hübner: Einführung in die Methoden der empirischen Soziologie (3. Aufl.), Opladen 1972
Mechtersheimer, A.: Der militärisch-industrielle Komplex in den USA und der Bundesrepublik Deutschland, in: Das Parlament, Beilage B 28/1971
Medick, M.: Militärisch-Industrieller Komplex, in: Zoll, R., Lippert, E. u. T. Rössler (Hrsg.), Bundeswehr und Gesellschaft - Ein Wörterbuch, Opladen 1977
Messerschmid, F.: Zur gegenwärtigen Situation des politischen Unterrichts in der Schule, in: Lehr- und Lernmittel im politischen Unterricht, Schriftenreihe der Bundeszentrale für politische Bildung, H. 89, Bonn 1970
Meyer, E.: Stereotypen über Russen, Polen und die Bedeutung der Deutschen im östlichen Europa, in: Internationales Schulbuchinstitut. Conseil de la Coopération Culturelle des Europarats u. Gewerkschaft Erziehung und Wissenschaft im DGB (Hrsg.), Internationales Jahrbuch für Geschichts- und Geographieunterricht, Band XV, Braunschweig 1974
Militärgeschichtliches Forschungsamt (Hrsg.): Verteidigung im Bündnis, Aufbau und Bewährung der Bundeswehr 1950-1972, München 1975
Mischke, F.O.: Rüstungswettlauf - Ursachen und Auswirkungen, Stuttgart 1972
Mollenhauer, K.: Erziehung und Emanzipation. Polemische Skizzen, München 1969
Müller, W.: Schulbuchzulassung - zur Geschichte und Problematik staatlicher Bevormundung von Unterricht und Erziehung, Kastellaun 1976
Naschold, F.: Politische Wissenschaft. Entstehung, Begründung und gesellschaftliche Einwirkung, Freiburg/München 1970
Nicklas, H. u. Ä. Ostermann: Zur Friedensfähigkeit erziehen. Soziales und politisches Lernen als Unterrichtsthema, München u.a. 1976
Nyssen, F.: Kinder und Politik. Überlegungen und empirische Ergebnisse zum Problem der politischen Sozialisation, in: betrifft: erziehung Nr. 1, 2. Januar 1970
Obermann, E. (Hrsg.): Verteidigung der Freiheit - Idee, Weltstrategie, Bundeswehr -, Stuttgart 1966
Osgood, C.E.: The Representational Model and Relevant Research Methods, in: De Sola Pool, I. (Hrsg.), Trends in Content Analysis, Urbana 1959
Pädagogische Mitarbeiter der Heimvolkshochschule "Haus Frankenwarte": Analyse sicherheitspolitischer Inhalte in ausgewählten Schulbüchern, Würzburg, im Juli 1975 (unv. Bericht)
Pappert, P.: Quantifizierung, in: Fuchs, W., Klima, R., Lautmann, R., Rammstedt, O. u. H. Wienold (Hrsg.), Lexikon zur Soziologie, Opladen 1973
Potyka, C.: Bundeswehr und Öffentlichkeit, in: Zoll, R., Lippert, E. u. T. Rössler (Hrsg.), Bundeswehr und Gesellschaft - Ein Wörterbuch, Opladen 1977
Priester, K.: Erziehung zum Frieden oder: Die Abrichtung zur Zufriedenheit, in: betrifft: erziehung 7/1972

Raumühl, C.A.: Außenpolitik, in: Görlitz, A. (Hrsg.), Handlexikon zur Politikwissenschaft, Bd. 1, Reinbek b. Hbg. 1973
Regling, H.: Militärausgaben und wirtschaftliche Entwicklung, Hamburg 1970
Ritsert, J.: Inhaltsanalyse und Ideologiekritik - Ein Versuch über kritische Sozialforschung, Frankfurt a.M. 1972
Röhrs, H.: Erziehung und Frieden. Ein Beitrag der Friedenspädagogik zur Friedensforschung, Stuttgart u.a. 1971
Rosenkranz, E.: Das Feindbild der NATO und die gebotene Korrektur dieser Planungsgrundlage, in: Hessische Stiftung Friedens- und Konfliktforschung (HSFR) u. Arbeitsgemeinschaft für Friedens- und Konfliktforschung (AFK) (Hrsg.), Friedensanalysen für Theorie und Praxis I, Vierteljahresschrift für Erziehung, Politik und Wissenschaft, Frankfurt a.M. 1975
Sachs, L.: Statistische Auswertungsmethoden (3. Aufl.), Berlin/Heidelberg/ New York 1972
Scheuch, E.K.: Entwicklungsrichtungen bei der Analyse sozialwissenschaftlicher Daten, in: König, R. (Hrsg.), Handbuch der empirischen Sozialforschung, Bd. 1 (2. Aufl.), Stuttgart 1967
Schierholz, H.: Wehrbereitschaft - Ziel politischer Erziehung? Zur Analyse des Einflusses der Bundeswehr auf das Curriculum des politischen Unterrichts, Heidelberg 1972
Schierholz, H.: Konzeptionen der Friedenspädagogik in der Bundesrepublik Deutschland. Darstellungen und Kritik, Schriftenreihe der Friedenspolitischen Studiengesellschaft, H. 4, Hamburg 1975
Schierholz, H.: Friedensforschung und politische Didaktik. Studien zur Kritik der Friedenspädagogik, Opladen 1977
Schlangen, W.: Theorie und Politik. Einführung in Geschichte und Grundprobleme der Politikwissenschaft, Stuttgart/Berlin/Köln/Mainz 1974
Schmidt, H.: Vorwort, in: Bundesminister der Verteidigung (Hrsg.), Weißbuch 1975/76 - Zur Sicherheit der Bundesrepublik Deutschland und zur Entwicklung der Bundeswehr -, Bonn, 20. Januar 1976
Schnell, P. u. F. Gebhard: Hauptachsen-Faktorenanalyse PAFA, Faktorenanalyse nach der Hauptachsenmethode mit iterativer Kommunalitätenschätzung (Fortran IV), Deutsches Rechenzentrum, Bonn 1976
Schulz, W.: Inhaltsanalyse, in: Noelle-Neumann, E. u. W. Schulz (Hrsg.), Publizistik (Fischer-Lexikon, 5. Aufl.), Frankfurt a.M. 1978
Schwamborn, W. u. Th. Schmitt: Wehrkunde. Militär in den Schulen, Köln 1972
Schwarz, H.P. (Hrsg.): Handbuch der deutschen Außenpolitik, München 1975
Schwarz, K.D. (Hrsg.): Sicherheitspolitik. Analyse zur politischen und militärischen Sicherheit, Bad Honnef/Erpel 1976
Scott, W.A.: Reliability of Content Analysis. The Case of Nominal Scale Coding, in: Public Opinion Quarterly, Bd. 19, 1955
Seidler, F.W. u. H. Reindl: Wehrpflicht, Kriegsdienstverweigerung, Zivildienst, Wehrgerechtigkeit, in: Bundeszentrale für politische Bildung (Hrsg.), Reihe Kontrovers, Bonn 1973
Senghaas, D.: Abschreckung und Frieden. Studien zur Kritik organisierter Friedlosigkeit, Frankfurt/Main 1969
Senghaas, D.: Rüstung und Militarismus, Frankfurt a.M. 1972
Siekaup, W.: Das Dickicht wird noch dichter. Das Zulassungsverfahren für Schulbücher im politischen Unterricht, in: Materialien zur politischen Bildung 4/1977

Silbermann, A.: Systematische Inhaltsanalyse, in: König, R. (Hrsg.), Handbuch der empirischen Sozialforschung, Bd. 1 (2. Aufl.), Stuttgart 1967
Silbermann, A. u. U.M. Krüger: Abseits der Wirklichkeit - Das Frauenbild in deutschen Lesebüchern, Köln 1971
Staehr, G. v.: Kritische Theorie und politische Didaktik, Bonn - Bad Godesberg 1973
Stein, G.: Das Schulbuch - ein permanent aktuelles Thema. Oder: Schulbuchschelte als Herausforderung wissenschaftlicher Schulbucharbeit, in: Pädagogische Rundschau 10/1977
Stone, P.J.: Content Analysis, in: Stone, P.J., Dunphy, D.C., Smith, M.S. u. D.M. Olgivie (Hrsg.), The General Inquirer, Cambridge (Mass.)/ London 1966
Stratmann, K.-B.: Vom Autismus kritischer Friedensforschung, in: Aus Politik und Zeitgeschichte - Beilage zur Wochenzeitung Das Parlament, B 40/73 - 6. Oktober 1973
Streitkräfteamt (SKA) (Hrsg.): Information für die Truppe. Hefte für staatsbürgerliche Bildung und Innere Führung, Heft 6/1971
Streitkräfteamt (SKA): Information für die Truppe, H. 6, Bonn 1976
Sutor, B.: Die Konzeption eines neuen Sozialkundeunterrichts für die Klassen 10 und 11 und die gegenwärtige Diskussion um die politische Bildung an den Gymnasien, in: Forster, H., Hachgenei, W.J. (Hrsg.), Curriculumtheorie und Lehrplanentwicklung. Diskussionsbeitrag zur politischen Bildung und zu den Fächern Sozialkunde und Geschichte in der gymnasialen Oberstufe, Mainz 1971
Sutor, B.: Philosophisch-anthropologische Grundlagen der politischen Bildung, in: Gutjahr-Löser, P., Knütter, H.-H. (Hrsg.): Der Streit um die politische Bildung. Was man von Staat und Gesellschaft wissen und verstehen sollte, München 1975
Überla, K.: Faktorenanalyse, Berlin/Heidelberg/New York 1968
Uhe, E.: Der Nationalismus in den deutschen Schulbüchern - Eine vergleichende Inhaltsanalyse von Schulgeschichtsbüchern aus der Bundesrepublik Deutschland und der Deutschen Demokratischen Republik, Bern/Frankfurt a.M. 1972
Wallraven, K.: Der unmündige Bürger. Ideologien und Illusionen politischer Pädagogik, München 1976
Warnke, R. u. H. Mosmann: Abiturient 74, Wehrdienst (I), Schule und Bundeswehr, in: Bundesministerium der Verteidigung, Führungsstab der Streitkräfte I/7 (Hrsg.), Schriftenreihe Innere Führung, Reihe Ausbildung und Bildung, Wehrsoziologische Studien, H. 21, Bonn-Beuel 1976
Wehrstrukturkommission: Bericht an die Bundesregierung, in: Information für die Truppe, Hefte für staatsbürgerliche Bildung und Innere Führung, H. 6, Bonn 1971
Welch, B.L.: The significance of the difference between two means when the population variances are unequal, in: Biometrica 29, 1937
Wersig, G.: Inhaltsanalyse - Einführung in ihre Semantik und Literatur, in: Schriftenreihe zur Publizistikwissenschaft 5, Berlin 1968
Wette, W.: Bundeswehr ohne Feindbild? in: Hessische Stiftung Friedens- und Konfliktforschung (HSFK) u. Arbeitsgemeinschaft für Friedens- und Konfliktforschung (AFK) (Hrsg.), Friedensanalysen für Theorie und Praxis I, Vierteljahresschrift für Erziehung, Politik und Wissenschaft, Frankfurt a.M. 1975

Weymann, A.: Bedeutungsfeldanalyse - Versuch eines neuen Verfahrens der Inhaltsanalyse am Beispiel der Didaktik der Erwachsenenbildung, in: Kölner Zeitschrift für Soziologie und Sozialpsychologie, 25. Jhg., H. 4/1973

Wienold, H.: Gesamtgesellschaft, in: Fuchs, W.: Klima, R., Lautmann, R., Rammstedt, O. u. H. Wienold (Hrsg.), Lexikon zur Soziologie, Opladen 1973

Wulf, Ch.: Einleitung, in: Ders. (Hrsg.), Kritische Friedenserziehung, Frankfurt/Main 1973

Zelinka, F.F.: Zum Einfluß der Protokolleinheiten auf den Aussagewert von Inhalts(Frequenz-)analysen, in: Zeitschrift für Sozialpsychologie, H. 3, 1979

Zelinka, F.F.: Führerscheinbesitz, Lebensalter und Unfallgeschehen - ein soziales Phänomen in der modernen Verkehrsgesellschaft, in: Arbeits- und Forschungsgemeinschaft für Straßenverkehr und Verkehrssicherheit, Institut an der Universität zu Köln (Hrsg.), Buchreihe Bd. XXIII, Köln 1974

Zelinka, F.F.: Präferenzen sozialwissenschaftlicher Militärforschung in der Bundesrepublik Deutschland - Ein inhaltsanalytisches Modell zur Forschungsplanung -, Bern/Frankfurt a.M./Cirencester U.K. 1979

Zetterberg, H.: Theorie, Forschung und Praxis in der Soziologie, in: König, R. (Hrsg.), Handbuch der empirischen Sozialforschung, Bd. 1 (2. Aufl.), Stuttgart 1967

Zoll, R.: Militär und Gesellschaft in der Bundesrepublik Deutschland. Zum Problem der Legitimität von Streitkräften, in: Aus Politik und Zeitgeschichte. Beilage zur Wochenzeitung Das Parlament, B 36/78, 9.9.1978

Zwissler, T.: Probleme der Wehrwirtschaft und Rüstung, in: Wehrkunde, H. 5, 1971

Printed by
CPI books GmbH, Leck

Kolibri 360 GmbH
Ferdinand-Jühlke-Straße 7
99095 Erfurt, Deutschland
produktsicherheit@kolibri360.de